从零开始学
Python

微课视频版

何 明　编著

中国水利水电出版社
www.waterpub.com.cn
·北京·

内 容 提 要

《从零开始学Python（微课视频版）》是一本针对零基础的读者设计的Python程序设计的入门教程、视频教程。本书以基础知识、实例和实战案例相结合的形式全面详尽地介绍了Python编程必备知识。全书共20章，前17章为基础章节，详细地介绍了Python的安装、基本语法、变量、数据类型与转换、运算符、列表、元组、集合、字典、分支语句、循环语句、函数、模块、正则表达式、异常处理、类与对象、以及在Python中读/写文件、时间与日期的创建、与JSON格式的转换、输入和输出的深入探讨及绘图等；后3章为综合实战，应用Python语言编写访问与操作SQLite数据库和Oracle数据库的程序及应用系统的集成开发。

《从零开始学Python（微课视频版）》内容全面详尽，知识体系完整，讲解浅显易懂，基础知识的讲解配备了大量的实例来演示操作，并配备了140集的视频讲解和PPT课件，读者可以在没有计算机专业知识的背景下从头开始阅读此书，系统学习本书则可以实现一些数据库与应用系统的集成开发。

《从零开始学Python（微课视频版）》适合Python零基础的读者、对Python感兴趣的IT人员学习，非Python语言的数据库程序设计人员、数据库管理与维护人员可以选择本书快速入门Python编程，本书亦可作为高校和相关培训机构的教材使用。

图书在版编目（CIP）数据

从零开始学 Python：微课视频版 / 何明编著 . —北京：中国
水利水电出版社 , 2020.5（2020.7 重印）

ISBN 978-7-5170-8381-8

Ⅰ . ①从… Ⅱ . ①何… Ⅲ . ①软件工具—程序设计
Ⅳ . ① TP311.561

中国版本图书馆 CIP 数据核字 (2020) 第 015402 号

书　　名	从零开始学 Python（微课视频版） CONG LING KAISHI XUE Python
作　　者	何明　编著
出版发行	中国水利水电出版社 （北京市海淀区玉渊潭南路 1 号 D 座 100038） 网址：www.waterpub.com.cn E-mail：zhiboshangshu@163.com 电话：（010）62572966-2205/2266/2201（营销中心）
经　　售	北京科水图书销售中心（零售） 电话：（010）88383994、63202643、68545874 全国各地新华书店和相关出版物销售网点
排　　版	北京智博尚书文化传媒有限公司
印　　刷	河北华商印刷有限公司
规　　格	190mm×235mm　16 开本　25.5 印张　644 千字
版　　次	2020 年 5 月第 1 版　2020 年 7 月第 3 次印刷
印　　数	8001—13000 册
定　　价	89.80 元

前　言

为什么学Python

程序设计知识几乎是所有IT领域的基础，如网络、数据库、操作系统、信息系统、游戏、商业智能（BI）和人工智能（AI）等。从事了多年的程序开发和教学实践工作，我认为对于没有经验的初学者来说，程序设计本身并不难，难的是选择一种适合初学者的程序设计语言和合适的教材。这种语言不但本身要简单易学，而且要易于获得，最好是免费的，更重要的是安装要简单，并且不需要维护。这样初学者才能够把全部的精力集中在学习程序设计上。而Python正是众望所归。

Python是一种通用的解释性、可交互的、面向对象的高级程序设计语言，更是一种非常适合初学者的程序设计语言。Python是开源的、免费的。Python的安装非常简单，只要双击安装程序即可，对于一般的使用不需要进行任何设置。作为一种非常适合初学者的程序设计语言，Python具有易学、易读、易维护、易移植（从一种IT平台移植到另一种IT平台）、包含大量的标准程序库、提供所有主要的商业数据库的接口等特点。

为什么写本书

我很久之前就想写一本通俗的程序设计方面的教材，但是一直苦于没有寻找到合适的语言。我曾经想使用UNIX和Linux的Shell脚本语言或微软的PowerShell脚本语言来写，但是经过慎重考虑还是放弃了，因为它们主要目的是进行系统管理和维护。而且Linux的安装就不是一件容易的事，它需要一定的计算机知识和操作系统的背景。

由于工作的原因，我在多年前就开始使用Python程序设计语言。与许多IT专业人士将Python程序设计语言看作一种流行的通用目的动态脚本语言一样，我当时也只是把它当作一种脚本语言来使用。随着这种语言的广泛普及，除系统管理和维护外，Python也开始广泛应用于网络、科学计算和人工智能、金融、图形等的程序设计与开发。

依照我个人的学习和工作经历，我认为如果初学者要学习计算机程序设计，Python程序设计语言应该是最合适的选择。因为与目前流行的高级程序设计语言相比，**Python程序设计语言不仅是最容易掌握的一种高级程序设计语言，而且利用它可以从事绝大多数领域的程序开发工作**。初学者在学习计算机程序设计时所面临的一个重大问题是：他们必须首先学习和熟悉一大堆计算机与程序设计术语，必须学会像计算机一样思维之后才能开始编写程序。这无疑增加了学习的难度，有时可能在还没有搞懂计算机怎样思维之时就丧失了学习兴趣。使用Python程序设计语言学习计算机程序设计就没有这个问题，因为初学者在开始完全不懂计算机的情况下就可以学习编写简单的Python程序。

当人们看到或触摸到某一事物时，就更加容易理解这一事物。Python程序设计语言的程序设计也是一样，其实程序设计是一门实践性相当强的学科，要想真正理解某种程序设计语言，就必须不断地使用这一语言。无论学习什么程序设计语言，都要有机会经常使用这一语言，同时得到足够的学习资源，如比较好的教材（文档、参考手册、用户指南、宝典等一般不能作为教材，因为它们不是按由浅入深的顺序编排的，而且涉及的内容太多，不是为初学者学习设计的，主要供专业人员查疑解惑），最好还能得到一些其他的帮助（如从同事和朋友那儿得到帮助），否则学习起来将是异常艰难的，即使学完了也未必能应用于实际工作中，因为许多程序设计语言的用法是上机用出来的，不是读书读出来的。

正是基于以上原因，本书的知识体系是完整的，书中所有的例子都是自封闭的，即都可以利用本书的知识在计算机上完成。本书实战部分对接SQLight、Oracle数据库的开发应用，学完基础做项目，锻炼综合开发应用技能。

本书显著特色

1. 实战派讲师编著

作者有二十多年程序开发和数据库系统管理与维护经验，培训过的大客户有惠普（HP）、中国移动、中国民航、西门子、中国银行、中信银行和北京邮政总局等。书中实例具有重要参考价值。

2. 视频讲解

本书配备了140集教学视频（读者可以通过手机微信扫码观看或在计算机上下载视频后观看），涵盖了本书的重要知识点和实例注释，如同老师在身边手把手教学，可以使学习更轻松、更高效。

3. 内容浅显易懂

本书使用简单的现实生活中的例子来解释计算机和Python语言的概念，避免使用计算机的知识来解释。读者可以在没有计算机专业知识的背景下从头开始阅读此书。

4. 入门与实战相结合

本书知识点全面，实例丰富，除配备了大量的实例源码解析外，还提供了基于SQLight、Oracle数据库的开发应用和应用系统的集成开发，这对于从事数据库的程序设计人员、数据库的管理与维护人员意义重大。

5. 趣味教学

为了增加趣味性，在本书中使用了一个虚拟的故事来将书中的内容串联起来，避免了机器学习的单调与枯燥。

6. 本书的其他特点

（1）PPT教学讲义。本书提供PPT教学讲义，方便学校教学使用。

（2）实例源文件。本书提供实例源文件的下载服务，方便读者动手操作与对照学习。

（3）在线服务。本书提供QQ群，方便答疑，读者间也可以互相交流学习。

（4）版本编写。本书在Python 3.7的版本基础上编写。

读者适用对象

1. 计算机程序设计爱好者

本书可作为计算机程序设计爱好者的自学教材。本书知识体系完整，书中所有的例子都是自封闭的，都可以利用本书的知识在计算机上操作完成。读者即使没有任何计算机专业背景（会使用计算机就可以了），也可以阅读此书。每一章都配有教学视频、PPT课件，并提供书中所用到的绝大多数的数据和源程序文件，方便读者自学。

2. 高校学生

这本书的内容对于学生们将来从事基于数据库的程序设计、开发和部署（如毕业设计或毕业论文，或其他的信息系统项目）已经绰绰有余。因为如果学生们熟练地掌握了本书的主要内容之后，一个人（或几个人的项目小组）可以在短时间内开发出基于SQLite或Oracle数据库的应用系统——其访问、操作与实际的应用系统几乎没有差别（而且在数据量不大时效率也是很高的）。

3. 软件开发商或软件工作者

本书的内容对于许多软件开发商或软件工作者也非常有帮助。因为他们在招标或申请项目时可以在很短的时间内（如几周甚至一两周内）就可以实现未来系统的一些主要功能并可以展示给用户或领导，甚至用户或领导还可以进行实际操作以体验未来系统的魅力。这无疑会为招标的成功或项目申请的成功增加一个至关重要的筹码。

4. 操作系统管理员或数据库管理员

本书的内容对于许多操作系统管理员或数据库管理员同样是非常重要的。因为使用Python程序设计语言可以快速和方便地开发出一些管理与维护脚本，利用这些脚本可以自动化许多系统或数据库管理和维护工作，以减轻OS管理员和DBA的工作负担，并大大地提高管理和维护系统的效率。

5. 程序开发人员

本书的内容对于许多程序开发人员也同样非常重要。因为利用Python程序设计语言可以将现有的在不同数据库系统上使用不同语言开发的程序集成为一个完整的应用系统。这样可以明显地加快开发应用系统的速度和降低开发成本。

本书学习资源获取方式

1. 本书提供全书的视频和源文件的下载，有需要的读者可微信关注右侧的公众号（人人都是程序猿），然后输入"Py83818"，并发送到公众号后台，即可获取本书资源的下载链接，然后将此链接复制到计算机浏览器的地址栏中，根据提示下载即可。

2. 可加入QQ群1050297925（请注意加群时的提示，根据提示加入对应的群），与笔者及广大技术爱好者在线交流学习。

关于作者

何明，商业荣誉硕士（新西兰梅西大学）、信息系统研究生（新西兰奥克兰大学）、工科学士（成都理工大学），获OCP（8～11g）专业证书。有二十多年程序开发和数据库系统管理与维护工作经验。

在大学期间学习了与计算机相关的课程和Fortran等高级程序设计语言，并用穿孔纸带和卡片开始了程序员生涯。1982年初被分配到国家地震局地质研究所从事数据处理工作，继续在PDP-11、VAX-780等计算机上进行Fortran、PASCAL、C和汇编的编程工作。

1991年出国。在国外期间除了读书之外，先后在多家外国公司（包括跨国企业）从事信息系统管理员和分析员的工作，并有幸接触了Oracle的一些早期的版本。1999年开始专职从事Oracle的培训与服务，同时还在Unitec（新西兰公立理工学院）任兼职讲师，为大学本科生讲授数据库课程。主要培训和服务的大客户包括NEC、惠普（HP）、壳牌（Shell）、北电网络、中国移动、中国网通、天津地税局和财政局、中国民航、唐山承德钢铁集团、酒泉钢铁集团、索贝数码、西门子、中国银行、华夏银行、中信银行、TOM在线和北京邮政总局等。

参与本书编写和资料整理的还有王莹、万妍、王逸舟、王威、程玉萍、万群柱、王静、王洁英、王超英、万新秋、王莉、黄力克、万节柱、万如更、李菊、万晓轩、赵菁、张民生、何茜颖、高盼、刘飞和杜蘅等。在此对他们辛勤和出色的工作表示衷心的感谢。

最后，预祝读者Python程序设计的学习之旅轻松而愉快！

何 明

目　录

第10章　Python的模块及PIP 165

📺 视频讲解：8集

第11章　Python的正则表达式 185

📺 视频讲解：8集

第0章 Python简介及安装

扫一扫，看视频

本章首先介绍Python的概况、应用范围，以及对初学者的要求，随后介绍Python的下载、安装和使用。

0.1 Python简介

Python是一种非常容易学习、功能强大的程序设计语言。它是一种解释性的高级、通用程序设计语言。在20世纪80年代后期，荷兰国家数学和计算机科学研究所的吉多·范罗苏姆（Guido van Rossum）开始构思Python，并于1991年首次发布。由于Python的一个重要的设计理念是强调程序（代码）的易读性，所以它提供了大量能够使程序设计清晰易懂的程序结构，而这些结构既适用于小型程序设计，也适用于大型程序设计。

有读者可能对Python这个名字的由来感到困惑，其实该名字与爬行类的蟒蛇毫无关系，它来自20世纪70年代英国BBC公司的一档搞笑电视节目巨蟒飞行马戏团（Monty Python's Flying Circus），Python的作者年轻时很可能是这一节目的忠实粉丝。

Python程序设计语言设计的初衷就是它的易读性，因此与其他程序设计语言不同，它在语言中并不使用标点符号，而是经常使用英语的关键字。另外，与其他程序设计语言相比，它的语义结构也更少。简单地说，Python是一种非常适合初学者的程序设计语言，同时它也是一种功能强大的软件开发语言，它所支持开发的应用程序的范围非常广泛——从简单的正文处理到WWW浏览器、游戏、数据分析等。总而言之，Python可以用在绝大多数的IT领域，具体如下。

（1）在服务器上创建互联网应用程序。

（2）处理大数据和执行复杂的数学运算。

（3）与数据库系统连接，直接读取或操作数据库中的数据，从而开发出以数据库为后台的信息系统。

（4）可以快速开发出原型系统，并能快速和方便地转换成生产系统。

（5）快速地开发系统维护脚本等。

尽管许多教学机构仍然将一些传统的结构化和静态类型语言（如Java、C++、C或Pascal）作为首选。但是这种情况已经开始发生改变，2016年以来这种变化开始加速。越来越多的教学机构将Python作为学习程序设计的起步语言。因为Python具有一致的语法而且非常简单，所以在使用Python教授程序设计课程之初，就可以使学生们将注意力集中在程序设计的技巧上，如分解问题和数据类型设计上。使用Python，学生们可以很快地学习到一些程序设计的基本概念（如分支、循环和过程等，甚至还可以学到用户定义的对象等）。

对于那些之前从来没有接触过程序设计的学生，如果使用传统的静态类型语言来教他们程序设计，会有一定的难度而且也显得不自然。因为学生们首先要试着学会计算机思维——用计算机的方法来分解问题、设计一致的接口和封装数据等。这无疑大大增加了学习难度，拖慢了学习的进度。

作为初学者的首选程序设计语言，Python在许多方面都具有明显的优势。与Java相似，Python有大量的程序库，因此学生们在课程开始不久就具有了开发一些简单的程序设计的能力。通过利用标准程序库，学生们可以在学习程序设计基础知识的同时就工作在真实的应用程序上，从而获得极大的满足感。通过使用标准程序库，学生们还可以学到如何重用程序代码，而一些第三方的模块（如PyGame）也可以进一步扩展学生们的视野。Python的交换型解释器可以使学生们在进行程序设计的同时测试语言特性。学生们可以同时打开两个窗口：一个窗口输入源程序代码；另一个窗口启动了解释器的运行源程序代码。利用这样的方法可以简化和加快程序开发与调试的速度。

0.2　Python的主要特性

与PERL和PHP类似，Python是一种解释性语言，即由Python程序设计语言编写的程序是在运行时由Python解释器来处理和执行的。所以，Python程序执行之前是不需要编译的。这实际上降低了Python程序开发和调试的难度，当然也减少了开发和调试的时间。

Python本身也是一个交互的系统。如果愿意，您可以直接坐在计算机前在Python提示符下，直接输入程序并让Python解释器直接处理和运行程序。这使得编写简短的程序变得非常简单和快捷。

可能读者会担心Python这么简单、便捷，它能用来开发大型和复杂的应用软件吗？其实您的担心是多余的，因为Python不但拥有传统的结构化高级程序设计语言的功能，而且也支持面向对象的程序设计技术。它不但可以用于网络软件和基于数据库的信息系统的开发，甚至还用于数据挖掘和人工智能领域（如数据序列分析和机器学习等）。

通过上面的简单介绍，应该对Python的概况有一个基本的了解了。为了进一步加强读者学习Python的信心，现将它的一些主要特性（或者称为优势）总结如下。

（1）易学习。 Python的关键字较少，结构简单，而且定义清晰。这使得初学者很容易快速掌握该语言。

（2）易阅读。 由Python定义的代码更清楚，而且更容易识别。此外，它还支持内存垃圾的自动回收。

（3）易维护。 Python的源程序代码相当容易维护。

（4）交互模式。 Python支持交互模式，这方便测试和调试代码。

（5）可移植。 Python可以运行在众多的不同硬件平台上，而且在所有平台上都具有相同的界面（接口）。

（6）广泛的标准程序库。 Python带有数量庞大的移植性非常好的标准程序库，而且是跨平台兼容的（即无论在UNIX和Linux操作系统上，还是Windows操作系统，抑或Macintosh操作系统上都是兼容的）。

（7）连接数据库。 Python提供了所有主要商业数据库的接口。

（8）可扩展。 有经验的程序员可以在Python解释器中加入低级的模块，这些模块可能使程序员添加一些个性化的工具以提高他们的工作效率。

（9）图形化编程。 Python支持开发图形化的应用程序。

（10）开发大型程序。 与一般的脚本语言相比，Python提供了一种较好的结构以支持大型程序的开发。

（11）支持OOP。 Python既支持结构化的程序设计，也支持面向对象的程序设计。

（12）支持脚本编程。 Python可以被当作一种脚本语言来使用。

0.3　Python的下载与安装

为了降低学习Python程序设计的难度，本书将使用Windows操作系统。实际上，在许多操作系统上可能已经预安装了Python。如果无法确定所使用的计算机上是否已经安装了Python，则可以启动Windows的命令行界面（cmd.exe）进行检测。

可以使用以下的方法快速启动命令行界面：同时按下Windows和R键（Windows+R），其中Windows键就是在键盘上标有Windows标志的键，Windows的标志如图0-1所示。之后将出现运行窗口，在Open文本框中输入cmd，单击OK按钮，即可启动cmd（命令行界面）了，如图0-2所示。

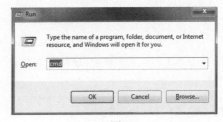

图0-1　　　　　　　　　　　　　图0-2

随即在命令行（也就是所谓的DOS界面）窗口中输入如例0-1所示的命令（其中MOON是用户名，在您的计算机上应该不同）。

例0-1

```
C:\Users\MOON>python --version
Python 3.7.2
```

◁» 约定：

　C:\Users\MOON>为命令行（DOS）提示符。为了清楚起见，在本书中所有的例子都将显示命令行提示符和Python提示符。粗体部分为显示结果。

如果显示了Python的版本号就表示该系统已经安装了Python，否则就表示没有安装。如果没有安装，则要首先下载Python，其网址是https://www.python.org/，该软件是免费的。登录Python的官方网站，按照提示下载Windows操作系统上的最新版本Python安装程序即可，注意最好下载可执行文件的安装程序，这样安装起来比较方便。安装也非常简单，只要双击Python安装程序即可，在目前阶段一切都接受默认。Python安装程序很小，只有大约25MB。

0.4　学习环境的搭建和测试

为了方便后面的学习，可以在计算机上找一个有足够空间的硬盘（也可能只是一个逻辑盘），如E盘，在该盘上创建一个名为python的目录，并在该目录下创建一些子目录，如图0-3所示。

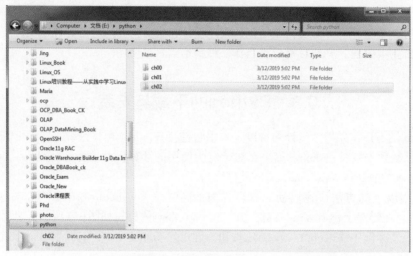

图0-3

接下来，测试一下所安装的Python是否正常工作。首先启动命令行界面，随后在命令行提示符下输入例0-2的切换目录（文件夹）命令切换到E盘的python目录的ch00子目录下。

例 0-2

```
C:\Users\MOON>cd E:\python\ch00
```

以上命令执行完之后，系统的提示符依然是原来的C:\Users\MOON。此时，输入例0-3的切换到E盘的命令。当以上命令执行完之后，系统的提示符就改变为E:\python\ch00>了。

例 0-3

```
C:\Users\MOON>e:
E:\python\ch00>
```

现在就可以开始写第一个Python程序了。在命令行提示符下输入例0-4的命令，使用"记事本"在当前目录开启（创建）名为first.py的文件。

例 0-4

```
E:\python\ch00>notepad first.py
E:\python\ch00>
```

随即会出现"记事本"对话框，提示是否要创建新文件，此时单击Yes按钮。之后，系统将开启"记事本"，随后在"记事本"中输入print("This is my first python program !")，存盘——在菜单中依次选择File（文件）→Save（存储）命令。接下来，输入例0-5的命令运行刚刚创建的这个first.py的Python源程序文件。

例 0-5

```
E:\python\ch00>python first.py
This is my first python program !
```

看了屏幕上显示的结果，您是不是也对自己这么快就学会了Python编程而感到兴奋？

提示：

所有的Python源程序文件必须以.py作为文件的扩展名。在运行Python程序时，Python可以缩写成py，如例0-5的命令可以简写成py first.py。

可以在命令行窗口输入例0-6的命令直接启动Python进入其交互模式，默认Python的提示符是>>>（三个大于号），如图0-4所示。系统会显示Python的版本号等信息，为了节省篇幅省略了显示输出。

例 0-6

```
E:\python\ch00>python
```

图0-4

此时可以在Python提示符下直接输入print("This is my first python program !")，如例0-7所示，随后按Enter键，系统的显示与例0-5完全相同。这就是在交互模式下执行Python程序。是不是挺神奇的？

例 0-7

```
>>> print("This is my first python program!")
This is my first python program !
```

在Python的交互模式下运行或调试较短的Python源程序有时会非常方便，而且也很快捷，在这种模式下还可以直接运行Python程序。

在本节中所介绍的运行Python源程序的方法都是使用操作系统的编辑器（Windows操作系统上一般使用"记事本"，在UNIX和Linux操作系统上一般使用vi）和Python命令行解释器（工具）来完成的，实际上Python也有一个自带的图形化的解释器（工具）和编辑器。

0.5 Python图形编辑器和解释器

还记得在例0-4中所生成的Python源程序文件first.py吗？您会发现在目录（文件夹）

E:\python\ch00中有一个名为first、类型为Python file的文件。右击first.py文件，在弹出的快捷菜单中选择Edit with IDLE→Edit with IDLE 3.7 (64-bit)命令，如图0-5所示，即可以在Python的图形编辑器中打开first.py文件，如图0-6所示。

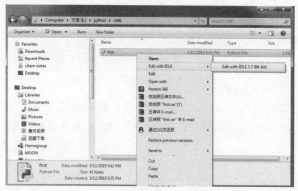 

图0-5　　　　　　　　　　　图0-6

☞ **指点迷津：**

　　IDLE有两种解释：一种是集成的开发环境（Integrated Development Environment）；另一种是集成的开发和学习环境（Integrated Development and Learning Environment）。还有一点需要说明的是，在使用图0-5的方式打开Python类型的文件时，由于版本的不同，快捷菜单上的显示可能会略有不同。

　　可以在Python的图形工具中创建、修改、调试和运行Python源程序代码。因为之前已经使用Python的图形编辑器打开了first.py文件，所以可以直接运行这一程序。其方法是：选择Run→Run Module F5命令，如图0-7所示，系统会开启一个Shell窗口并在其中运行这段程序，如图0-8所示。

图0-7　　　　　　　　　　　图0-8

　　在图0-8中，程序运行的结果与Python命令行工具运行的结果完全相同。实际上，IDLE包括两个主窗口：一个是编辑器窗口（如图0-7所示）；另一个是Shell窗口（如图0-8所示）。也可以使用如下方法直接启动Shell窗口：选择"开始"→IDLE（Python 3.7 64-bit）命令，如图0-9所示；打开图形化的Shell窗口，如图0-10所示。与命令行交换方式相同，也可以在这一界面中以交换方式执行或调试Python源程序代码。

图0-9

图0-10

Python的图形工具(IDLE)为大型软件的开发和调试提供了便利,它提供了许多对程序开发和调试及错误追踪的功能。如果感兴趣,可以通过选择Help→IDLE Help命令,打开IDLE的简要使用说明。

实际上有许多Python的图形工具,如PyCharm。不过基于本书是在教授Python程序设计,所以在本书中将只使用Python自带的工具,而且以命令行界面(工具)为主。

之所以主要使用命令行界面,是因为它在Python的所有版本中都能得到支持,而且几乎没有任何改变。只要安装了Python,就一定有命令行工具。也就是说,如果学会了使用Python命令行工具,就等于有了一个"看家"的本领。当遇到实际的Python应用程序时,无论它运行在哪种IT平台上,也无论它使用的是哪种工具,都可以立即开始工作。

要想在无情的商海中生存,能够立即开始工作这一点是很重要的。特别是刚刚找到一份新工作的读者,或者作为一名Python顾问到现场为客户解决实际问题而对客户的操作系统的配置又一无所知时,Python命令行工具就非常有用了。

与图形工具相比,命令行工具更稳定。有时在系统出问题时,可能图形工具本身也出了问题,甚至无法启动,可能根本无法使用图形工具,此时,命令行工具就成了救活系统(或应用程序)的最后一线希望。

0.6 Python命令行界面与图形界面的简单比较

其实,要真正确定Python命令行解释器与IDLE两者的优劣是一项高难度的工作。一般只是要运行已经调试好的Python源程序代码,则倾向于使用命令行工具,因为比较简单而且快捷。在开发和调试大型或复杂的Python源程序时,一般倾向于使用IDLE。因为IDLE可以帮助程序员及时发现一些错误,而且还能帮助完成一些例行的工作(如自动输入缩进所需的若干个空格),从而提高程序员的代码生产率。

在Python命令行解释器中，读者可以使用键盘上的上箭头找到之前执行的命令，然后加以修改并运行，读者也可以利用上下箭头在使用过的命令之间移动。一些Python的"大虾"喜欢使用这种命令行工具，特别是在用户面前。读者知道为什么吗？

有人认为是操作方便，其实Python的图形工具也很方便；也有人认为是保护眼睛，因为黑屏辐射小。真实答案是看上去非常专业。因为许多用户根本就没使用过命令行界面，一看到就觉得眼晕。生活当中也是一样，曾经流行的一句话是"喜欢的歌静静地听，喜欢的人远远地看"，因为远远地看就看不清，看不清的就美，就是所谓的朦胧美。从现在起也可以在其他用户面前朦胧起来了，这样很快在其他用户眼里您就成了"大虾"，甚至"泰斗"或"宗师"，是不是？

0.7　虚拟场景

正值学校放假期间，一帮半大孩子正在一个培训中心的教室里玩着用Python程序设计语言写的游戏。每次学校放假都是父母们最伤脑筋的日子，因为这帮半大孩子们不上学又没人看着，指不定会搞出什么乱子来。

该培训中心及时抓住了商机，专门为那些假期没人看管的中学生们开设了Python程序设计的假期培训班。孩子们可以全天待在培训中心，除了上课和上机实验以外，还有好多其他的活动，培训中心的宗旨就是培养孩子们的团队精神和学习兴趣。

我们的主人公就是这群非常聪明但又十分顽皮的孩子。其中有一个是有名的淘气包，他有一个贴切的外号——泼猴。因为他是同龄孩子的孩子头，当着他的面没有孩子敢叫他泼猴，后来也不知哪个孩子发现了一个意思差不多但是更好听的名字——大师兄。从此之后，孩子们当着他的面就都尊称他为大师兄，他也挺喜欢这一尊称。一同参加培训的还有他的好朋友——小胖子，这个孩子没有那么多鬼心眼，但对大师兄却是言听计从，孩子们都称他为二师兄。

"泼猴"的父母把他送来参加这个培训课程本来没指望他能学到多少东西，只是想把培训中心当成一个大孩子的托儿所，但是当他们看到儿子的飞速进步之后，感慨的却是孩子对Python的痴迷。

人们总是对未知的东西持有浓厚的兴趣，因此，外星文明是我们一直积极追求和探索的文明，但是类似的外星文明也可能对人类文明产生强烈的好奇心，他们也想研究人类文明。以此为前提，本书虚拟了一个故事，即外星人和Python培训班孩子们的"较量"。他们将这些孩子作为外星人窥探人类文明的"卧底"。渐渐熟悉以后，这些外星人被孩子们称为"大神"……

第1章 Python基本语法及变量

本章主要介绍Python程序设计语言的一些基本概念，主要是让读者对Python程序设计语言有一个整体的、概括的了解，如果有个别概念不能完全理解，请读者不用惊慌，因为在后面的章节中还要进一步详细介绍。

1.1 Python解释器的使用

在真正启动Python解释器之前，一般要设置一下工作的环境。一种比较简单的方法是，在操作系统上创建所需的目录和子目录。命令的形式通常是disk:\python[version]\project_name，如E:\python\ch01，这里E是硬盘的盘符（可以是逻辑盘）、ch01可以理解成项目名或应用系统名，python后可以加版本号，如python3.7。之后在Windows的命令行界面中使用cd命令将当前目录切换到项目名所在的目录。随后启动Python解释器就可以保证默认Python所操作和创建的文件都在您所指定的项目所在的目录中。另一种方法是在Windows的命令行界面中设置Windows操作系统的环境变量path，在path路径的最后添加上所需目录的绝对路径，如例1-1所示。接下来，可以使用例1-2来列出path的完整路径。为了节省篇幅，省略了显示输出。

例 1-1

```
C:\Users\MOON>set path=%path%;E:\python\ch00
C:\Users\MOON>
```

例 1-2

```
C:\Users\MOON>path
```

☞ **指点迷津：**

有些书和网上论坛建议在计算机属性中修改变量path，建议读者最好按本书的方法来修改，因为使用这种方法只改变了当前Windows的命令行界面中所使用的path变量值，一旦退出命令行窗口，这一设置也就失效了。因此不会影响其他程序。

虽然Python程序设计语言与C、Java和Perl有许多相似之处，但它与这些语言之间还是存在着一些明显的差别。正如本书上一章所提及的那样，Python能够以两种不同方式来执行程序，即一种是交互模式编程；另一种是脚本模式编程。

交互模式编程就是在启动Python解释器时不输入Python脚本文件名（即输入python或py之后就按Enter键），随即就启动了Python解释器并出现Python解释器的提示符"＞＞＞"，如图1-1所示。

现在就可以在这一提示符下输入并执行Python语句了。如输入print语句，按Enter键之后Python立即执行这一语句并显示执行的结果，如图1-2所示。如果使用的是Python早期的版本，其print语句为print "This is my first python program !"。

图 1-1   图 1-2

如果需要退出Python解释器，则可以同时按下Ctrl和Z键（Ctrl+ Z），如果在UNIX操作系统中则同时按下Ctrl和D键（Ctrl+ D）。或者输入quit命令，输入exit命令也可以退出Python解释器。

如果在命令行窗口中以一个脚本文件(以.py结尾的Python源程序文件)作为参数来启动Python解释器，Python将解释执行这一脚本文件中的"全部"语句。执行完脚本后，Python解释器就自动关闭。假设已经将上一章中的first.py文件复制到了当前目录（E:\python\ch01）中，则可以使用如图1-3所示的py first.py执行first.py这一Python源程序文件，并随即获得该程序的运行结果。

```
E:\python\ch01>py first.py
This is my first python program !
E:\python\ch01>
```

图1-3

◀🔊 提示：

　　以上全部语句中的"全部"之所以用引号引起来，是因为在有些情况下，如多个分支语句（条件语句），每次执行这一分支语句只可能有一个语句满足条件，而除了该分支之外的其他分支并没有执行。

可以将一些经常使用的Python程序代码放入一个文件名以.py结尾的正文文件中，这个文件就是所谓的Python脚本文件。一旦生成了Python脚本文件并测试无误之后，就可以通过反复执行这个Python脚本文件来获取所需的信息或完成所需的操作。

脚本的英文是script，有讲稿的含义。可能是因为Python的script（脚本）文件就像Python解释器的讲稿一样，Python解释器就照着这个讲稿顺序地"念"就行了（即顺序地执行Python脚本文件中的语句）。

1.2　Python中的标识符和保留关键字

Python标识符是用来标识变量、函数、类、模块或其他对象的。标识符以英文大写或小写字母或下画线"_"开始，其后跟0个或多个字母、下画线或数字（0～9），即以字母或下画线开头的字母、下画线或数字序列。

Python程序设计语言不允许在标识符中使用标点符号，如%、@、$等。这里需要指出的是，

Python是一种区分字母大小写的程序设计语言，因此在Python中Dog和dog是两个不同的标识符。为了增加源程序的易读性（也是为了提高标准化的程度），Python程序设计语言推荐如下的命名约定。

(1)类名以大写字母开始，而所有其他的标识符都以小写字母开始。

(2)私有标识符以单个下画线"_"开始。

(3)强私有标识符以两个下画线"__"开始。

(4)语言定义的特殊名字以两个下画线"__"开始并以两个下画线结尾。

在Python源程序中定义标识符（如变量或常量）时，任何标识符都不能与Python的保留关键字相同。Python的关键字如下：and、exec、not、assert、finally、or、break、for、pass、class、from、print、continue、global、raise、def、if、return、del、import、try、elif、in、while、else、is、with、except、lambda、yield。

上面列出的关键字的含义和用法在后续章节中将陆续介绍，此时给出的目的主要是向读者在为变量或常量等命名时提供参考。

1.3 Python缩进与程序块的标识

扫一扫，看视频

与其他高级程序设计语言不同，在Python中并没有标识一个程序块开始和结束的关键字（如Pascal和PL/SQL中的Begin、End）或大括号（如C和Java中的"{"和"}"）。那么，在Python程序设计语言中怎样表示一个程序块呢？答案是使用缩进来标识一个程序块。

虽然在其他的程序设计语言中也经常使用缩进，但是那只是为了增加程序代码的易读性，是可有可无的；而在Python中缩进变得非常重要，因为Python是使用缩进来标识一个程序块的。虽然缩进的空格数是变化的，但是在同一个程序块中的所有已经缩进的空格数必须完全相同。如例1-3所示，其中第二行缩进了几个空格，这表示print语句与if语句属于同一个程序块。如果在Python解释器中执行这段程序代码，Python就会显示"4 should be a lucky number !!!"的结果。如果删除了print前面的空格之后再执行这段程序代码，Python就会显示出错信息，如图1-4所示。

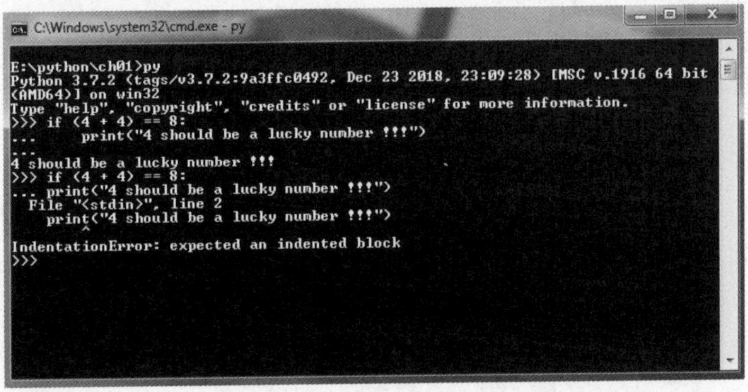

图1-4

例1-3

```
if (4 + 4) == 8:
```

```
print("4 should be a lucky number !!!")
```

例1-3中Python源程序代码的含义是，如果4+4等于8，那么就输出4应该是一个幸运数字。

☞ **指点迷津：**

实际上，在Python程序设计语言中，print是用函数实现的，print是Python程序设计语言的一个内置函数。在本书中，并不严格地区分语句与函数，而只着重介绍它们所完成的功能。

也可以在Windows命令行界面输入例1-4的命令，启动"记事本"，并在当前目录中创建一个名为luckynumber.py的Python源程序文件。随后在记事本中输入例1-3中的程序代码并存盘退出。

例1-4

```
E:\python\ch01>notepad luckynumber.py
```

随即使用例1-5的命令直接以脚本模式运行luckynumber.py这个Python源程序文件，系统会直接显示程序执行的结果。

例1-5

```
E:\python\ch01>py luckynumber.py
4 should be a lucky number !!!
```

1.4 为Python程序代码添加注释

几乎在所有的程序设计语言中都包含了注释语句，Python也不例外。引入注释语句的目的就是为一些比较复杂或很难理解的语句添加解释性信息，Python解释器并不解释这些注释语句。实际上，Python解释器也不需要任何注释语句。为一些重要的、复杂的或难以理解的程序语句添加注释是一种非常好的编程习惯，也是软件工程所推崇的方法。在程序语句上添加注释信息会使您的代码更容易阅读，也为代码的重用奠定了坚实的基础。其实，为程序代码添加注释信息不但可以帮助别人理解您的程序代码，而且也帮助您今后阅读自己的代码，因为随着时间的流逝，您完全有可能不记得自己写过的程序代码了。

为程序代码添加注释信息不但能增加代码的易读性，而且也有助于代码的调试和维护。如果注释信息只有一行，那么使用#号作为注释操作符，#号之后的一切都是注释信息；如果注释信息不止一行，那么使用三个引号将注释部分引起来，即在注释信息开始和结尾处各使用三个引号，引号既可以是双引号也可以是单引号。

许多程序员会在逻辑流程的关键部位（如条件语句的开始和结束，进入循环语句之前和之后等）加上注释语句，也会在一些复杂的语句上加上注释语句。例1-6是一个在程序代码之前添加了一行注释的Python程序代码。图1-5是使用图形编辑器编辑和运行这段代码的图示，图1-6则是使用图形解释器执行这段代码的结果。

例1-6

```
# This is a single line comment.
print("This is my first python program !")
This is my first python program !
```

图1-5 　　　　　　　　　　　　　　　　　　　　图1-6

例1-7是一个在程序代码之前使用三个双引号添加了多行注释的Python程序代码，例1-8则是一个在程序代码之前使用三个单引号添加了多行注释的Python程序代码。

例 1-7

```
""" This is a
    multiline comments !!! """
print("This is my first python program !")
This is my first python program !
```

例 1-8

```
''' This is a
    multiline comments !!! '''
print("This is my first python program !")
This is my first python program !
```

细心的读者可能已经发现了例1-6、例1-7和例1-8的程序代码除了注释部分以外完全相同，当然它们执行的结果也是一模一样的，而且与例0-7中没有加注释的print语句执行的结果也是一模一样的。现在读者对Python解释器并不解释任何注释语句这一点应该没什么疑虑了吧。

虽然在程序中添不添加注释对程序代码的功能没有影响，但是显然添加了合适的注释之后的程序代码要清晰多了、易读性也明显增强了。其他程序员能读懂的程序代码才有可能被重用。记得好多年前，一位很有经验的程序员曾自豪地说："我编写的程序只有我能看懂，其他程序员根本看不懂，也不可能修改。离开了我，他们什么也做不了。"可以说，这位程序达人是没有认真学习过软件工程或信息系统开发与设计的课程（也可能没有参加过大项目），因为别人看不懂的代码，就意味着随着时间的流逝自己也可能看不懂了。还有代码的重用主要是供其他人使用，人家看不懂就干脆不用了，也就丢失了重要的意义了。所以，读者在学习Python程序设计的初期就要养成良好的习惯，一定要编写简单、易读的代码。

☞ **指点迷津：**
　　在实际工作中经常遇到的问题是程序往往不缺少注释，但是注释可能比程序的源代码还难懂。其实这也不难理解，因为一个程序员的价值就是他/她的编程技巧。如果用注释将自己高超的编程技巧写得一清二楚，他/她的前程将会变得十分黯淡。但是按照软件工程的规范和公司的要求又必须写，所以就将那些可写可不写、写了跟没写一样的东西放在注释中。因此，如果将来发现看不懂程序的注释，那是再正常不过的事情了。您完全没有必要着急，因为人家压根就没想让别人看懂。

扫一扫，看视频

1.5 Python变量

在计算机中，所谓一个变量只是为存储某个值而预留的内存位置（空间），仅此而已。这也就意味着，当创建一个变量时，Python在计算机内存中预留了一定的内存空间。基于一个变量的数据类型，Python解释器分配内存并且决定在预留的内存中可以存储什么。在Python程序中，可以通过将不同数据类型的数据赋予变量的方式来存储整数、浮点数（带有小数点的数）或字符串。

与许多程序设计语言（如C、Java或PL/SQL）不同，Python变量不需要显式地声明以预留内存空间，当然Python也没有声明变量的命令。变量是在首次赋值时自动创建的，而变量的赋值是使用等号 "=" 来实现的。变量的名字放在 "=" 运算符左侧，而在 "=" 运算符右侧的则是要存入变量中的值。

为了演示方便，首先进入Python的交互模式（即在命令行输入python或py之后直接按Enter键）。在例1-9中首先定义了两个变量age和name（一个狗狗的年龄和名字——Black Tiger），其中，age为整数型变量，name为字符串型变量，之后输出这两个变量的值。

例1-9

```
>>> age = 3
>>> name = 'Black Tiger'
>>> print(name, age)
Black Tiger 3
```

在Python程序中不需要以任何特定的数据类型来声明一个变量，不仅如此，甚至可以更改一个已经赋值的变量的数据类型。如在以上例子中，变量age的值是3，显然数据类型是整数。但是可以使用例1-10的方法将一个字符串赋予这一变量。

例1-10

```
>>> age = 'Black'
>>> print(age)
Black
```

赋值成功之后，使用print命令重新显示出age变量的值，会发现已经变为了Black（黑色）——是一个字符串而不是原来的整数了。

也可以使用例1-11的方法直接列出age变量的值——在Python解释器提示符下直接输入变量名age，按Enter键显示出结果。

例1-11

```
>>> age
'Black'
```

例1-11与例1-10的显示结果基本相同，只有细微的差异——Black用单引号引起来了。

☞ **指点迷津：**

例1-11显示变量值的方法只能在Python解释器的交互模式下使用，因为在脚本模式下一旦退出了Python解释器，其变量是没有定义的。

变量名可以很短，甚至只有一个字符（如a、b、x或y），也可以是较长的具有描述意义的名字（如age、name或color）。作为标识符的一种，变量的命名遵守标识符命名的原则和约定，而且也是区分大小写的。

为了方便起见，Python允许将一个值同时赋予几个变量。如在例1-12中，将整数250同时赋予三个变量，之后输出这三个变量的值。从显示的结果可以看出，其效果与三个独立的赋值语句是一模一样的。

例1-12

```
>>> fool1 = fool2 = fool3 = 250
>>> print(fool1, fool2, fool3)
250 250 250
```

例1-12的赋值方式是不是很方便？不仅如此，Python还允许将多个不同的值，甚至不同数据类型的值同时赋予几个变量。如在例1-13中，同时将整数250和38分别赋予前两个变量（fool1和fool2），而将字符串'wow'赋予最后一个变量（fool3），之后输出这三个变量的值。从显示的结果可以看出，其效果与三个独立的赋值语句是一模一样的。

例1-13

```
>>> fool1,fool2,fool3 = 250,38, 'wow'
>>> print(fool1, fool2, fool3)
250 38 wow
```

扫一扫，看视频

1.6　输出Python变量的值

正如在1.5节的例子中所看到的那样，Python通常是使用print语句来输出（显示）变量的值。为了提高程序的易读性，可以利用print语句在显示一个变量的内容时添加一些描述性的文字。Python是使用"+"号来组合（拼接）文字和变量的。例1-14中首先创建一个变量s，并将字符串'is our best friend.'赋予这个变量，随即利用print语句显示字符串 "Dog" 与字符串变量s组合（拼接）的结果。

例1-14

```
>>> s = 'is our best friend.'
>>> print("Dog " + s)
Dog is our best friend.
```

☞ **指点迷津：**

在例1-14语句中的 "Dog" 字符串是Dog加一个空格，一定别忘了Dog之后的空格，否则显示的结果会很奇怪。

在print语句中也可以将两个字符串变量直接组合在一起。例1-14显示的结果为"Dog is our best friend."。当然不同的人有不同的看法，对喜欢猫的人来说可能猫才是最好的朋友。在例1-15中，再创建一个变量c，并将字符串'Cat '赋予该变量，随即利用print语句显示字符串变量c与之前定义的字符串变量s组合的结果。

例 1-15

```
>>> c = 'Cat '
>>> print(c + s)
Cat is our best friend.
```

例1-15显示的结果就变成了"Cat is our best friend."。

如果在print语句中使用"+"号来组合数字或数字变量，那么"+"的功能就与数学中的"+"运算符一样了。在例1-16中，首先创建两个变量fool1和fool2，并将整数250同时赋予这两个变量，随即利用print语句显示数字变量fool1与数字变量fool2组合的结果。

例 1-16

```
>>> fool1 = fool2 = 250
>>> print(fool1 + fool2)
500
```

例1-16显示的结果表明：两个250加起来就不再是250，而是它们的和500了。

不过，如果试图在print语句中利用"+"将一个字符串和一个数字组合在一起，那将是徒劳的，因为Python会产生出错信息。在例1-17中，首先创建两个变量name和age，并将字符串'Polar Bear'（北极熊）赋予变量name，而将整数6赋予变量age，随即利用print语句显示这两个变量组合的结果。系统将显示错误信息，因为这两个变量的数据类型不同。

例 1-17

```
>>> name, age = 'Polar Bear', 6
>>> print(name + age)
Traceback (most recent call last):
  File "<stdin>", line 1, in <module>
TypeError: can only concatenate str (not "int") to str
```

扫一扫，看视频

1.7　创建一个方便写英语短文的小程序

本节将创建一个方便写英语短文的小程序，并不断地完善这一小程序的功能。下面来详细地梳理一下前面几节所介绍的内容。

外星人最初以为这帮孩子们只是在玩Python写的游戏，也许是出于好奇，其中的一位就问了一句，你们会不会写Python程序？孩子们齐声回答"会"。于是这位外星人就让他们（所有的孩子一起讨论共同编写，看来外星人也挺看重团队精神的）写一个显示"I love this world, this world is so lovely!"（我爱这个世界，这个世界太可爱了！）的程序，并说过一会儿可能还要显示别的内容。

为了将来修改方便，孩子们在Windows命令行界面中使用notepad stories.py命令启动了正文编辑器（记事本），并在当前目录中创建了一个名为stories.py的文件。之后，他们在"记事本"中输入了例1-18的Python源程序代码。

例 1-18

```
''' This is a template for writing an interesting
    story. You can change some words and easily to
    change the meaning of the story. Have a fun!'''
v = ' love '
a = ' lovely!'
print("I" + v + "this world, " + "this world is so" + a)
```

在例1-18中，前三行是注释，中文的大意是：这是一个写有趣故事的模板。可以修改一些字并很容易地改变故事的意思。玩得开心！之后分别定义了两个字符串变量v和a。为了编程方便，每个字符串中都包含了空格。最后使用print语句显示几个字符串与以上两个变量组合的结果。检查无误之后存盘，随后使用例1-19的命令执行当前目录下的stories.py文件。

例 1-19

```
E:\python\ch01>python stories.py
I love this world, this world is so lovely!
```

看了显示的结果，外星人很惊讶！这帮娃娃们（在外星人眼里这帮孩子们当然是小娃娃了）居然真的会写程序！这个外星人接着让娃娃们再写一个显示"I dislike this world, this world is so complicated!"（我不喜欢这个世界，这个世界太复杂了！）。娃娃们也学精了，这次他们干脆进入了Python解释器的交互模式，输入了例1-20的修改之后的程序代码并执行了这段代码。

例 1-20

```
>>> v = ' dislike '
>>> a = ' complicated!'
>>> print("I" + v + "this world, " + "this world is so" + a)
I dislike this world, this world is so complicated!
```

看到娃娃们这么快就完成了，外星人想增加点难度。于是说把那个"this world"也改了，可是一时他也想不起来改成什么，最后只好说，随便改成你们想要的东西就行了。听了外星人的话，孩子们小声嘀咕着，这个外星人怎么没个准主意啊！外星人听到了却毫不介意，笑嘻嘻地看着孩子们。这时一个孩子输入了例1-21的修改之后的程序代码，这个孩子养了一只鹦鹉，但是这只鹦鹉总是说个不停。

例 1-21

```
>>> v = 'dislike'
>>> a = 'noisy!'
>>> n = 'my parrot'
>>> print("I" + v + n + ", " + n + " is so" + a)
I dislike my parrot, my parrot is so noisy!
```

1.8 习　题

1. 请将如下程序中的注释改为单行注释。

```
''' This is a template for writing an interesting
    story. You can change some words and easily to
    change the meaning of the story. Have a fun!'''
v = ' love '
a = ' lovely!'
print("I" + v + "this world, " + "this world is so" + a)
```

2. 修改下面程序代码中的错误以正确地显示出每个变量的值（如粗体部分所示）。

```
>>> fool1 = fool2 = fool3 = 250
>>> print("fool1", "fool2", "fool3")
250 250 250
```

3. 创建一个名为dog的变量并将其赋值为Brown Bear。

4. 创建一个名为w的变量并将其赋值为38。

5. 使用两个变量fool1和fool2，计算并显示250+250的结果。

6. 创建一个名为smart的变量，将fool1 + fool2的结果赋予smart，并显示这一结果。

第2章　Python数字和字符串及类型转换

扫一扫，看视频

存储在内存中的数据可以是多种不同的数据类型。例如，一个员工的工资是以数值的方式存储，而他的名字则是以字符串的方式存储。为了方便程序设计，Python提供了多种不同的数据类型。在本章中将详细地介绍两种重要且常用的数据类型——数字型和字符串型。

2.1　数字型数据

扫一扫，看视频

数字型数据存储的是数值，在Python中有3种主要的内置数字类型。

（1）int：有符号整数。

（2）float：浮点数（带小数点的实数）。

（3）complex：复数。

创建数字型变量的方法非常简单，当将一个数值赋予一个变量时，这个数字型变量就创建好了。例如，可以使用例2-1的3个赋值语句创建3个不同类型的数字型变量，其中x是整数，y是浮点数，而z是复数。

例 2-1

```
>>> x = 1
>>> y = 1.0
>>> z = 3j
```

随后，就要分别使用例2-2的语句或例2-3的print语句分别列出这3个不同数据类型的变量中的值。

例 2-2

```
>>> x, y, z
(1, 1.0, 3j)
```

例 2-3

```
>>> print(x, y, z)
1 1.0 3j
```

从例2-2和例2-3的显示结果，应该可以确定每个变量的数据类型。如果心里还是觉得不踏实，则可以使用例2-4～例2-6的print语句获取以上每个变量的数据类型。

例 2-4

```
>>> print(x, type(x))
```

```
1 <class 'int'>
```

例 2-5

```
>>> print(y, type(y))
1.0 <class 'float'>
```

例 2-6

```
>>> print(z, type(z))
3j <class 'complex'>
```

看了例2-4、例2-5和例2-6的显示结果，现在应该没有任何疑惑了吧。

2.2　整　数

整数（int）（或称整数类型的数）是一个没有小数点的无限长正整数或负整数。例如，可以使用例2-7的程序创建一个变量n，并将正整数250赋予该变量，之后使用print语句输出n的值和数据类型。

例 2-7

```
>>> n = +250
>>> print(n, type(n))
250 <class 'int'>
```

与例2-7类似，例2-8的程序同样首先创建一个变量n，并将负整数-250赋予该变量，之后使用print语句输出n的值和数据类型。

例 2-8

```
>>> n = -250
>>> print(n, type(n))
-250 <class 'int'>
```

与以上两个例子类似，例2-9的程序也创建一个变量n，并将一个很大的（很长的）整数655356553565535赋予该变量，之后使用print语句输出n的值和数据类型。

例 2-9

```
>>> n = 655356553565535
>>> print(n, type(n))
655356553565535 <class 'int'>
```

看了例2-7～例2-9，应该对Python整数比较清楚了。它们基本上完整地诠释了Python中有关整数的含义。

扫一扫，看视频

2.3　浮　点　数

浮点数（英文是Float或Floating point number）是一个包括一位或多位小数的正数或负数。例如，可以使用例2-10的程序创建一个变量f，并将正数250.00赋予该变量，之后使用print语句输出f的值和数据类型。

例2-10

```
>>> f = 250.00
>>> print(f, type(f))
250.0 <class 'float'>
```

与例2-10类似，例2-11的程序同样创建一个变量f，并将负数-250.01赋予该变量，之后使用print语句输出f的值和数据类型。

例2-11

```
>>> f = -250.01
>>> print(f, type(f))
-250.01 <class 'float'>
```

与以上两个例子类似，例2-12的程序也创建一个变量f，并将一个很小的（也很长的）小数0.000038赋予该变量，之后使用print语句输出f的值和数据类型。

例2-12

```
>>> f = 0.000038
>>> print(f, type(f))
3.8e-05 <class 'float'>
```

看了例2-12的结果，可能会感觉到有些意外，因为显示f的值不是0.000038，而是之前没见过的3.8e-05。它的含义是3.8×10^{-5}。这是浮点数的另一种表示法，将在2.4节中详细介绍。

2.4　浮点数的科学计数法

例2-12显示结果中的3.8e-05就是一个以科学计数法表示的浮点数。在浮点数的科学计数法中，以e（E）来表示10的幂（次方），e之后的数表示次方数（这个数既可以是正的也可以是负的），其中负次方数表示的是小数点的位置，如3.8e-05表示0.000038。这里稍微解释一下：e实际上是exponent（指数或幂）的第一个字母。

可以使用例2-13的程序创建一个变量x，并将以科学计数法表示的浮点数3.8e5赋予该变量，之后使用print语句输出x的值和数据类型。

例2-13

```
>>> x = 3.8e5
>>> print(x, type(x))
380000.0 <class 'float'>
```

从例2-13的显示结果可知，Python自动将科学计数法表示的浮点数3.8e5转换成日常生活中的数380000.0。与例2-13类似，例2-14的程序同样首先创建一个变量x，并将以科学计数法表示的浮点数3.8e18赋予该变量，之后使用print语句输出x的值和数据类型。

例2-14

```
>>> x = 3.8e18
>>> print(x, type(x))
3.8e+18 <class 'float'>
```

从例2-14的显示结果可知，由于浮点数3.8e18太大，无法正常显示，所以Python使用科学计数法显示x。与以上两个例子类似，例2-15的程序也首先创建一个变量x，而将一个负的浮点数-3.8E5赋予该变量，之后使用print语句输出x的值和数据类型。

例2-15

```
>>> x = -3.8E5
>>> print(x, type(x))
-380000.0 <class 'float'>
```

例2-15的显示结果表明，在显示的结果中，Python同样自动将科学计数法表示的浮点数-3.8E5转换成日常生活中的数-380000.0。

与以上三个例子类似，例2-16的程序也首先创建一个变量x，并将一个很小的浮点数25e-100赋予该变量，之后使用print语句输出x的值和数据类型。

例2-16

```
>>> x = 25e-100
>>> print(x, type(x))
2.5e-99 <class 'float'>
```

从例2-16的显示结果可知，由于浮点数25e-100太小，无法正常显示，所以Python使用科学计数法显示x。

看了例2-13～例2-16，应该对科学计数法表示的浮点数比较了解了。这几个例子基本上完整地诠释了Python中有关科学计数法表示的浮点数的含义。

📖 建议：
    科学计数法主要用于表示特别大或特别小的浮点数。一般的浮点数使用小数表示法会更清晰、更方便。

扫一扫，看视频

2.5 复　数

复数（complex）是实数的延伸，它使任何一个多项式方程都有根。复数中有一个"虚数单位"i，它的定义是-1的平方根，即$i^2 = -1$。任何一个复数都可以表达为$x + y$i，其中x和y均为实数，而它们分别被称为"实部"和"虚部"。

最初虚数是想象出来的数，i就是imaginary（想象的）的第一个字母。在Python中，复数的虚部不是使用i而是使用j来表示。例如，可以使用例2-17的程序创建一个变量c，并将复数3 + 8j赋予该变量，之后使用print语句输出c的值和数据类型。

例 2-17

```
>>> c = 3 + 8j
>>> print(c, type(c))
(3+8j) <class 'complex'>
```

与例2-17类似，例2-18的程序同样首先创建一个变量c，并将复数3- 8j赋予该变量，之后使用print语句输出c的值和数据类型。

例 2-18

```
>>> c = 3 - 8j
>>> print(c, type(c))
(3-8j) <class 'complex'>
```

与以上两个例子类似，例2-19的程序也首先创建一个变量c，而将一个没有实部的虚数赋予该变量，之后使用print语句输出c的值和数据类型。

例 2-19

```
>>> c = -8j
>>> print(c, type(c))
(-0-8j) <class 'complex'>
```

例2-19的结果表明，Python会在复数的显示结果中自动添加-0作为实部。例2-20的程序也首先创建一个变量c，同样将一个没有实部的虚数赋予该变量，但是虚数是正的，之后使用print语句输出c的值和数据类型。

例 2-20

```
>>> c = 8j
>>> print(c, type(c))
8j <class 'complex'>
```

在例2-20的显示结果中，Python并未在实部添加0而是原样列出。另外，如果以例2-21的方法为变量c赋值——将j放在虚部的开头，则系统显示错误信息。

例 2-21

```
>>> c = 3 - j8
Traceback (most recent call last):
  File "<stdin>", line 1, in <module>
NameError: name 'j8' is not defined
```

扫一扫，看视频

2.6　数据类型的转换

有时在程序中可能需要在不同的内置数据类型之间进行转换。要将一种数据类型转换成另一种数据类型，其方法很简单，只要使用类型（构造）函数就可以完成。在Python中最基本的三个类型（构造）函数如下。

（1）int(x)——将对象x转换成（构造成）一个整型数。

（2）float(x) —— 将对象x转换成（构造成）一个浮点数。

（3）str(x) —— 将对象x转换成（构造成）一个字符串。

2.6.1　int数据类型转换函数

例如，可以使用例2-22的程序首先创建一个变量x，并将38转换成整型数后赋予该变量，最后使用print语句输出x的值和数据类型。

例 2-22

```
>>> x = int(38)
>>> print(x, type(x))
38 <class 'int'>
```

与例2-22类似，例2-23的程序同样首先创建一个变量x，并将3.8转换成整型数后赋予该变量，最后使用print语句输出x的值和数据类型。

例 2-23

```
>>> x = int(3.8)
>>> print(x, type(x))
3 <class 'int'>
```

☞ **指点迷津：**

这里需要指出的是，int(x)函数在进行数据类型转换时是舍弃了小数点后的数据，并没有进行四舍五入的操作。这一点读者必须注意到。

与以上两个例子类似，例2-24的程序也首先创建一个变量x，并将一个字符串'250'转换成整型数后赋予该变量，最后使用print语句输出x的值和数据类型。

例 2-24

```
>>> x = int('250')
>>> print(x, type(x))
250 <class 'int'>
```

看了例2-22、例2-23和例2-24，有些读者可能会想其实int这个转换函数用处也不大，因为在编写程序时直接将整数赋予变量x不就行了吗？为什么那么大费周章呀？

☞ **指点迷津：**

其实这种强制的数据类型转换在大型的程序开发中非常有用，因为一个变量可能是在几千行甚至几万行程序代码之前创建的，当引用时可能并不知道也很难知道之前定义的数据类型，这时使用强制类型转换，如int，就十分必要且非常方便。

例2-25和例2-26模拟了这样的一个例子。假设在一个大型程序开始时，定义了一个字符串型变量s，并将字符串"250"赋予了该变量，之后使用print语句来验证了变量s的正确性。

例 2-25

```
>>> s = "250"
```

```
>>> print(s, type(s))
250 <class 'str'>
```

在数千行程序代码之后，要引用这一变量而且要将s中的值当作整数使用，但是已经完全不记得当初s的定义是否是整数了。此时，就可以利用转换函数int强制将s转换成整数，如例2-26所示，是不是很简单？

例 2-26

```
>>> x = int(s)
>>> print(x, type(x))
250 <class 'int'>
```

📢 注意：
　　例2-25和例2-26的print语句只是一般调试语句，在实际的程序代码中并不是必需的。

2.6.2　float数据类型转换函数

为了能够深入了解float转换函数的功能和用法，还是通过一系列例子来详细介绍这一数据类型转换函数的具体应用。可以使用例2-27的程序首先创建一个变量x，并将38转换成浮点数后赋予该变量，最后使用print语句输出x的值和数据类型。

例 2-27

```
>>> x = float(38)
>>> print(x, type(x))
38.0 <class 'float'>
```

与例2-27类似，例2-28的程序同样首先创建一个变量x，并将3.8转换成浮点数后赋予该变量，最后使用print语句输出x的值和数据类型。

例 2-28

```
>>> x = float(3.8)
>>> print(x, type(x))
3.8 <class 'float'>
```

与以上两个例子类似，例2-29的程序也首先创建一个变量x，并将一个字符串"250"转换成浮点数后赋予该变量，最后使用print语句输出x的值和数据类型。

例 2-29

```
>>> x = float("250")
>>> print(x, type(x))
250.0  <class 'float'>
```

例2-30的程序也首先创建一个变量x，这次是将一个带有小数点的字符串"2.50"转换成浮点数后赋予该变量，最后使用print语句输出x的值和数据类型。

例 2-30

```
>>> x = float("2.50")
>>> print(x, type(x))
2.5 <class 'float'>
```

2.6.3　str数据类型转换函数

在本节中要介绍的数据类型转换函数是str，还是通过一系列例子来详细介绍str数据类型转换函数的用法。可以使用例2-31的程序首先创建一个变量s，并将'White Tiger'转换成字符串赋予该变量，最后使用print语句输出s的值和数据类型。

例 2-31

```
>>> s = str('White Tiger')
>>> print(s, type(s))
White Tiger <class 'str'>
```

与例2-31类似，例2-32的程序同样首先创建一个变量s，并将3.8转换成字符串赋予该变量，最后使用print语句输出s的值和数据类型。

例 2-32

```
>>> s = str(3.8)
>>> print(s, type(s))
3.8  <class 'str'>
```

与以上两个例子类似，例2-33的程序也首先创建一个变量s，并将250转换成字符串赋予该变量，最后使用print语句输出s的值和数据类型。

例 2-33

```
>>> s = str(250)
>>> print(s, type(s))
250 <class 'str'>
```

☞ **指点迷津：**

与一些早期流行的程序设计语言（如Fortran、Basic）类似，Python的变量在使用之前不需要声明。这一点在开发大型软件时可能会遇到麻烦，因为一个变量可能是在几万行甚至几十万行程序代码之前创建的，当引用时可能并不知道也很难知道之前定义的数据类型，这时使用以上介绍的数据类型转换函数对所操作的变量进行强制性的数据类型转换就显得非常必要了。特别是在大型程序开发项目中，一般会有许多程序员一起合作开发，您所引用的变量可能是其他程序员定义的，此时，使用强制数据类型转换就是一种理所当然的选择。

扫一扫，看视频

2.7 字 符 串

在Python中，字符串（string）是属于那种使用频率很高，而且也特别受欢迎的数据类型。在Python中，字符串要用双引号或单引号引起来，如"programming"和'programming'完全相同。可以将一个字符串赋予一个变量，也可以使用print函数在屏幕上显示这个字符串，如例2-34或例2-35所示。

例 2-34

```
>>> print("programming")
programming
```

例 2-35

```
>>> print('programming')
programming
```

◀》提示：

　　一定要在英文模式下输入双引号、单引号或左右括号等，不要在中文模式下输入这些标点符号，因为中文与英文的编码有些不同。如果在中文模式下输入这些符号，系统可能会显示出错信息。

　　与许多其他流行的程序设计语言相似，在Python中字符串也是表示由若干Unicode字符的字节组成的数组。

☞ 指点迷津：

　　Unicode码扩展自ASCII字符集。在严格的ASCII中，每个字符用7位表示，或者计算机上普遍使用的每字节有8位；而Unicode使用全16位（两个字节）。这使得Unicode能够表示世界上所有书写语言中可能用于计算机通信的字符，包括象形文字和其他符号。

　　不过，Python并没有表示单个字符的数据类型，一个单个字符仅仅是长度为1的字符串而已。可以使用方括号来访问字符串中的元素。需要指出的是，字符串的第一个字符的位置是0。如在例2-36的程序中，首先将一个字符串赋予变量s，之后试图在屏幕上显示字符串中的第一个字符。但结果却显示了第二个字符，因为字符数组的下标是从0开始的。这一点一定要记住。

例 2-36

```
>>> s = 'Python is an easy to learn, powerful programming language.'
>>> print(s[1])
y
```

　　以上字符串的中文意思是："Python是一种容易学习、功能强大的程序设计语言。"也可以提取字符串的一部分（取子字符串操作），如使用例2-37的程序代码只显示位置2到位置6（不包括位置6）的字符，即thon。

例 2-37

```
>>> s = 'Python is an easy to learn, powerful programming language.'
```

```
>>> print(s[2:6])
thon
```

为了方便对字符串的操作，Python提供了许多操作字符串的函数（方法），如将字符串转换成大写或小写等。下面将通过一些例子来介绍那些常用的字符串函数。

使用例2-38的程序代码可将一个字符串转换成大写，而使用例2-39的程序代码可将一个字符串转换成小写。

例2-38

```
>>> s = 'Python is an easy to learn, powerful programming language.'
>>> print(s.upper())
PYTHON IS AN EASY TO LEARN, POWERFUL PROGRAMMING LANGUAGE.
```

例2-39

```
>>> s = 'Python is an easy to learn, powerful programming language.'
>>> print(s.lower())
python is an easy to learn, powerful programming language.
```

如果想要知道以上字符串的长度，则可以使用len( )函数，如例2-40的程序代码所示。请注意：这一函数与之前的两个方法在使用上有些许差别。

例2-40

```
>>> s = 'Python is an easy to learn, powerful programming language.'
>>> print(len(s))
58
```

有时一个字符串开始或结尾处会有一些多余的空格，这时就可以使用例2-41的程序代码，利用strip( )方法从字符串开始或结尾处删掉那些不需要的空格。

例2-41

```
>>> s = ' Python is an easy to learn, powerful programming language. '
>>> print(s.strip())
Python is an easy to learn, powerful programming language.
```

有时可能想将一个字符串以某个字符为分界分成两个较小的字符串（子字符串），这时就可以使用例2-42的程序代码利用split( )方法来达到这一目的。

例2-42

```
>>> s = 'Python is an easy to learn, powerful programming language.'
>>> print(s.split(','))
['Python is an easy to learn', ' powerful programming language.']
```

例2-42显示的结果似乎离要求还有一点点距离，因为在powerful之前还有一个不想要的空格。于是，略微修改以上的程序代码（见例2-43）——在split()方法中的逗号之后添加了一个空格。

例2-43

```
>>> s = ' Python is an easy to learn, powerful programming language. '
>>> print(s.split(', '))
```

```
[' Python is an easy to learn', 'powerful programming language. ']
```

其实，split方法的功能远比以上介绍的还要强大，可以按照指定的分隔符将一个字符串拆分成多个子字符串。如例2-44的程序代码所示就是以分号作为分隔符，将字符串s拆分成4个子字符串。

例2-44

```
>>> s = 'A yellow dog;A white cat;A black cat; A grey wolf'
>>> print(s.split(';'))
['A yellow dog', 'A white cat', 'A black cat', ' A grey wolf']
```

有时某一个很长的字符串中的部分内容不合适，这时就可以使用replace方法以合适的字符串替换这段不合适的内容（字符串）。例如，例2-45的程序代码就是利用replace方法，以字符串'a simple'替换了字符串'an easy to learn'。

例2-45

```
>>> s = 'Python is an easy to learn, powerful programming language.'
>>> print(s.replace('an easy to learn', 'a simple'))
Python is a simple, powerful programming language.
```

2.8 Python命令行输入

扫一扫，看视频

在之前介绍的Python源程序中，所有的变量都是在源程序文件中赋值的。如果要修改某一个或某几个变量的值，就必须打开并重新编辑Python源程序，很可能还要重新调试程序。在实际工作中，这种修改有时是十分困难的，甚至是无法进行的，因为往往应用程序的维护人员并不是编写软件的人。

为了避免以上的尴尬，也为了方便软件的维护，Python提供了命令行输入功能。利用这一功能，程序员能够在合适的地方要求用户输入正确的数据，而不再需要修改源程序文件。Python是使用input方法来完成命令行输入的，其输入既可以是字符串，也可以是数字（数字既可以是整数，也可以是浮点数）。

为了进一步解释input方法的使用方法，首先在命令行界面以notepad input1.py创建一个名为input1.py的Python源程序文件，并输入如例2-46所示的源程序代码。第一行print的语句是显示提示信息，其中文意思是"请输入名字："。需要注意的是，在最后一行代码的my后必须有一个空格，否则my将与后面的名字连在一起。

例2-46

```
print('Please enter the name:')
n = input()
print('I love my ', n)
```

检查无误后存盘，随后使用例2-47的命令执行input1.py文件中的程序代码，其中标有下画线的字符串是要输入的内容。

例2-47

```
E:\python\ch02>py input1.py
```

```
Please enter the name:
dog
I love my  dog
```

接下来，使用例2-48的命令再次执行input1.py文件中的程序代码，并在输入的部分输入cat，并按Enter键。甚至可以在输入的部分包含空格，如例2-49所示。

例 2-48

```
E:\python\ch02>py input1.py
Please enter the name:
cat
I love my  cat
```

例 2-49

```
E:\python\ch02>py input1.py
Please enter the name:
white cat
I love my  white cat
```

也可以在输入的部分输入整数，如例2-50所示；当然也可以在输入的部分输入浮点数，如例2-51所示；甚至也可以在输入的部分输入一些特殊字符，只是屏幕上显示的内容好像有些奇怪，如例2-52所示。

例 2-50

```
E:\python\ch02>py input1.py
Please enter the name:
250
I love my  250
```

例 2-51

```
E:\python\ch02>py input1.py
Please enter the name:
38.0
I love my  38.0
```

例 2-52

```
E:\python\ch02>py input1.py
Please enter the name:
@#$%^&*!~
I love my  @#$%^&*!~
```

☞ **指点迷津：**

在使用input（）方法时，Python只是将在键盘上的输入赋予等号左面的变量而已，并不检查所输入内容的语义。语义的准确性是由程序员或输入数据的用户来控制的。

2.9　Python命令行输入实例

虽然外星人觉得stories.py文件那个Python程序写得不错，但是每次要显示不同内容时都需要修改源程序中的变量，这样既不方便也不实用。于是要求孩子们修改一下那个源程序文件，让那些经常变化的内容每次通过键盘直接输入，因为他们会经常变换显示的内容，而且他们自己也不知道下一次要显示什么。

一个孩子小声地说："这外星人怎么一会儿一个主意。"虽然心里犯嘀咕，但活儿还是得干呀。孩子们在命令行界面以notepad stories.py创建了一个名为stories.py的Python源程序文件，并输入如例2-53所示的源程序代码。

例 2-53

```
print('Please enter the noun:')
n = input()
print('Please enter the verb:')
v = input()
print('Please enter the adjective or adverb:')
a = input()
print('I ' + v + ' ' + n + ", " + n + " is so " + a)
```

☞ **指点迷津：**

实际上，以上例子是在进行英文造句。其中noun是名词，verb是动词，adjective是形容词，adverb是副词。为了节省篇幅，省略了程序的注释部分。

检查无误后存盘，随后使用例2-54的命令执行stories.py文件中的程序代码，测试这一程序的正确性，其中标有下画线的字符串是要输入的内容。

例 2-54

```
E:\python\ch02>py stories.py
Please enter the name:
my dog
Please enter the verb:
love
Please enter the adjective or adverb:
lovely
I love my dog, my dog is so lovely
```

经过以上利用input方法修改过的程序使用起来会更方便，因为孩子们可以根据外星人的要求，随意输入任何名词、动词和形容词（或副词），创造出千变万化的英语句子。看了以上源程序和测试结果，外星人越来越好奇，没想到这帮孩子们玩游戏居然能玩成了程序员，这些孩子们真是太聪明了。

2.10 习 题

1. 有一个字符串 s = 'Python is easy to learn'，写一段程序代码以显示出字符串 s 的第一个字符 P。

2. 利用 len 方法列出以上字符串 s 的长度。

3. 列出以上字符串 s 从位置 10 到位置 14（不包括 14）的那些字符。

4. 将第 1 题中的字符串 s 转换成小写，之后再赋予 s。

5. 将第 1 题中的字符串 s 转换成大写，之后再赋予 s。

6. 将第 1 题中的字符串 s 中的子字符串 " easy to learn " 以 " simple " 取代，之后再赋予 s。

7. 字符串 s = ' Python is easy to learn '，写一段程序将字符串前后的空格去掉，之后再赋予 s。

8. 字符串 s = 'A yellow dog;A white cat;A black cat; A grey wolf '，写一段程序将字符串 s 中的内容以分号为分隔符分拆成不同的子字符串，之后再赋予 s。

第3章 Python基本运算符

本章将系统且详细地介绍在Python程序设计语言中常用的运算和运算符，以及与之相关的一些基础知识。读者没有必要记住所有运算符的操作，只要熟悉常用的就可以了，其他的等用到时可以再查阅。

3.1 Python运算符的类型

一个运算符就是可以操纵运算对象值的一个符号（结构），可以用一句更通俗的话来表示：运算符就是用来对变量和数值进行操作的符号，如表达式30 + 8 = 38。在这个表达式中，30和8被称为运算对象，"+"被称为运算符，而38则是运算结果。

在Python程序中，程序员可以利用运算对象和运算符随心所欲地构造出非常复杂的Python表达式以满足编程的实际需要。运算对象为变量、常量、文字或函数调用。Python程序设计语言中的运算符与其他程序设计语言中的运算符非常相似，它们可以被分为以下几大类。

（1）算术运算符。

（2）比较运算符。

（3）逻辑运算符。

（4）隶属（成员资格）运算符。

（5）恒等运算符。

（6）位运算符。

（7）赋值运算符。

这里需要指出的是，以上运算符的顺序关系没有任何意义。在接下来的几节中，将比较详细地介绍每一类运算符。

3.1.1 算术运算符

算术运算符用来在数值上进行通常的数学运算，以下列出了Python中的算术运算符和它们的含义（描述）。

（1）+：将两个数字相加。如果是字符或字符串，将两个字符串拼接在一起。

（2）-：将"-"左侧的数字减去"-"右侧的数字。

（3）*：将两个数字相乘。

（4）/：将"/"左侧的数字除以"/"右侧的数字。

（5）%：将"%"左侧的数字除以"%"右侧的数字，之后取它们的余数。

（6）//：将"//"左侧的数字除以"//"右侧的数字，之后取它们的商。

（7）**：x ** n表示取x的n次方（n次幂）。

在以上的算术运算符中，+、-、*、/的运算非常简单也很容易理解。因此，这里就不再进一步解释了。下面提供几个例子来帮助读者加深对后三个算术运算符的理解。为了讲解方便，首先启动Python解释器并进入其交互模式，将Python解释器当成一个计算器使用——也有人将其称为计算器模式。

首先使用例3-1的命令求出38÷3的余数，而后使用例3-2的命令求出38÷3的商，38÷3=12余2，所以例3-1的结果显示为2，而例3-2的结果显示为12。

例 3-1

```
>>> 38 % 3
2
```

例 3-2

```
>>> 38 // 3
12
```

算术运算符**是在左侧的对象上执行幂运算（次方运算），而幂数则是由**右侧的对象所决定的，例3-3是求出3的立方（3次方），其结果为3 × 3 × 3=27。

例 3-3

```
>>> 3 ** 3
27
```

可能有读者会问：如果要进行开方运算又该怎么办呢？其实办法很简单，就是在幂运算符**右侧使用分数，这样**运算符执行的就是开方运算了。例3-4是求出8的立方根，而例3-5则是求出2的平方根。Python的幂运算符的功能还这么多，没想到吧？

例 3-4

```
>>> 8 ** (1/3)
2.0
```

例 3-5

```
>>> 2 ** (1/2)
1.4142135623730951
```

3.1.2　比较运算符

比较运算符比较两边的值并决定它们之间的关系。比较运算符也被称为关系运算符。以下列出了Python中的比较运算符和它们的含义（描述）。

（1）==：如果两个操作数的值相等，那么条件为真（True）。

（2）!=：如果两个操作数的值不相等，那么条件为真（True）。

（3）>：如果左侧操作数大于右侧操作数的值，那么条件为真（True）。

（4）<：如果左侧操作数小于右侧操作数的值，那么条件为真（True）。

（5）>=：如果左侧操作数大于或等于右侧操作数的值，那么条件为真（True）。

（6）<=：如果左侧操作数小于或等于右侧操作数的值，那么条件为真（True）。

下面提供几个例子来帮助读者加深对以上几个比较运算符的理解，首先还是启动Python解释器并进入其交互模式，即所谓的计算器模式。

首先使用例3-6的命令输出3 == 8的值，而使用例3-7的命令输出3 != 8的值，显然3不可能等于8，所以例3-6的结果显示为False，而例3-7的结果显示为True。

例 3-6

```
>>> print( 3 == 8)
False
```

例 3-7

```
>>> print( 3 != 8)
True
```

使用例3-8的命令输出3 > 3的值，而使用例3-9的命令输出3 >= 3的值，显然3不可能大于3，所以例3-8的结果显示为False，而例3-9的结果显示为True。

例 3-8

```
>>> print(3 > 3 )
False
```

例 3-9

```
>>> print(3 >= 3 )
True
```

使用例3-10的命令输出3 < 3的值，而使用例3-11的命令输出3 <= 3的值，显然3不可能小于3，所以例3-10的结果显示为False，而例3-11的结果显示为True。

例 3-10

```
>>> print(3 < 3 )
False
```

例 3-11

```
>>> print(3 <= 3 )
True
```

这里需要指出的是，操作数不仅仅可以是数字，也可以是字符，甚至字符串。不过，当将字符和字符串作为操作数时，要将它们用引号引起来，如例3-12和例3-13所示。

例 3-12

```
>>> print ( 'c' > 'd' )
False
```

例 3-13

```
>>> print ( 'cat' > 'dog' )
False
```

3.1.3　逻辑运算符

扫一扫，看视频

逻辑运算符是用来构成条件语句的。与其他程序设计语言相同，Python程序语言同样支持以下三个逻辑运算符。

（1）and：如果两个表达式的值都是真（True），返回真。

（2）or：如果有一个表达式的值是真（True），返回真。

（3）not：反转表达式的结果，如果表达式的值是真返回假（False），否则返回真。

这里需要指出的是，逻辑运算符的表达式的值都必须是布尔值，即只能是真（True）或假（False）。下面通过几个例子来帮助读者加深对以上几个逻辑运算符的理解。首先使用例3-14的命令输出(4 < 3) and (4 < 8)的值，而使用例3-15的命令输出(4 < 3) or (4 < 8)的值，显然4不可能小于3（表达式的值为False），所以例3-14的结果显示为False。而4确实小于8（表达式的值为True），所以例3-15的结果显示为True。

例 3-14

```
>>> print ((4 < 3) and (4 < 8))
False
```

例 3-15

```
>>> print ((4 < 3) or (4 < 8))
True
```

接下来，利用逻辑运算符not来反转例3-14和例3-15表达式的结果，如例3-16和例3-17所示。

例 3-16

```
>>> print (not((4 < 3) and (4 < 8)))
True
```

例 3-17

```
>>> print (not((4 < 3) or (4 < 8)))
False
```

3.1.4　隶属（成员资格）运算符

Python的隶属运算符（Membership Operators)用于测试一个序列中的成员身份，即测试一个序列是否包含在一个对象中。这里序列包括了诸如字符串（strings）、列表（lists）或元组（tuples），其中列表和元组将在稍后详细介绍。在Python中有如下两个隶属（成员资格）运算符。

（1）in：如果具有特定值的一个序列属于这个对象，则返回真。

（2）not in：如果具有特定值的一个序列不属于这个对象，则返回真。

以下是几个讲解隶属（成员资格）运算符的例子。首先使用例3-18的Python语句定义一个名为friends的列表，在该列表中定义了两个元素——fox和dog，随后使用例3-19的命令列出friends中的所有元素。

例 3-18

```
>>> friends = ['fox', 'dog']
```

例 3-19

```
>>> friends
['fox', 'dog']
```

接下来，例3-20使用in运算符来测试dog是否包含在friends列表中。显然，dog是属于friends的，所以'dog' in friends表达式的返回值为True。

例 3-20

```
>>> print ('dog' in friends)
True
```

最后，例3-21使用not in运算符来测试fox是否不包含在friends列表中。显然，fox是属于friends的，所以'fox' not in friends表达式的返回值为False。

例 3-21

```
>>> print ('fox' not in friends)
False
```

3.1.5　恒等运算符

在Python中，恒等运算符（Identity Operators）用于比较对象。所谓两个对象恒等，表示不仅仅它们的值要相等，而且它们实际上是在相同内存位置的同一个对象。

（1）is：如果两个变量是相同的对象，则返回True。

（2）is not：如果两个变量不是相同的对象，则返回True。

以下是几个讲解恒等运算符的例子。首先使用例3-22的Python语句定义一个名为friends的列表，在该列表中定义了两个元素——fox和dog。使用例3-23的Python语句定义一个名为pets的列表，其中的两个元素与friends中的一模一样。随即使用例3-24的赋值语句将friends赋予变量f。

例 3-22

```
>>> friends = ['fox', 'dog']
```

例 3-23

```
>>> pets = ['fox', 'dog']
```

例 3-24

```
>>> f = friends
```

做完了以上准备工作，就可以开始干正事了。例3-25使用恒等运算符is来测试f与friends是否是相同的对象。

例 3-25

```
>>> print(f is friends)
True
```

不过，如果例3-26使用恒等运算符is来直接测试friends与pets是否是相同的对象时，返回的结果却是False。尽管friends和pets的值完全相同，但是它们是不同的对象，所以返回的结果是False。

例 3-26

```
>>> print(friends is pets)
False
```

为了加深对恒等运算符is的理解，现在将例3-26的恒等运算符is改为比较运算符==，如例3-27所示。因为只要比较运算符==两侧的操作数的值相等，则表达式返回的结果就是True。这也是比较运算符==和恒等运算符is的区别所在。

例 3-27

```
>>> print(friends == pets)
True
```

3.1.6　位运算符

在介绍位运算符之前，首先简明扼要地介绍一下二进制和八进制，以及各种进制之间的转换，因为后面的位运算符会用到相关的内容。

☞ **指点迷津：**

如果读者对以下讲解的二进制或八进制理解上有困难，请不要紧张。因为即使完全不了解二进制或八进制也不会影响以后各章的学习。

实际上，计算机内部使用的都是二进制数。二进制数就是逢二进一，即二进制的数只有0和1这两个数字。在计算机领域二进制的使用非常频繁，如UNIX和Linux操作系统上使用二进制数来表示目录与文件的权限状态就非常方便了，因为每一个权限的状态都可以使用一位二进制数来表示，使用1表示具有这一权限状态，使用0表示没有这一权限状态。因此每一组权限状态就可以使用一个3位的二进制数来表示。

为了书写方便，可以将这个3位的二进制数写成一个1位的八进制数（八进制数是逢八进一）。这样，3组权限状态就可以使用3个八进制的数字来表示了。表3-1所示是八进制数、二进制数及每组权限状态的换算表。

表3-1　八进制数、二进制数及每组权限状态的换算表

八　进　制	每组权限	二　进　制
7	rwx	111(4+2+1)

续表

八 进 制	每组权限	二 进 制
6	rw-	110(4+2+0)
5	r-x	101(4+0+1)
4	r--	100(4+0+0)
3	-wx	011(0+2+1)
2	-w-	010(0+2+0)
1	--x	001(0+0+1)
0	---	000(0+0+0)

注：r（read的第一个字母）为读权限，w（write的第一个字母）为写权限，x（execute的第二个字母）为执行权限。

如果熟悉了二进制和八进制，可能会发现在UNIX和Linux操作系统上使用数字表示法设定或更改一个文件上的权限状态更方便，如果能记住表3-1，连加法都省了。

可能会有读者感到奇怪，为什么计算机内部的操作都要使用二进制数而不是十进制数呢？这涉及计算机的设计问题，设想一下，如果计算机内部是使用十进制数进行操作的，而计算机使用电压来表示10个不同的数字。假设它使用0V表示0，1V表示1，2V表示2，……，9V表示9。

这样看起来好像是没问题，但是如果电子元件老化造成了电压的漂移，如原来1V的电压漂移到了1.5V，计算机就无法判断这个1.5V的电压是从1V向上漂移的还是从2V向下漂移的。可能有读者想那也很简单，可以使用10V表示1，20V表示2，……，90V表示9。这样问题不就解决了吗？可是要知道，电压差的增大必然伴随着电路成本和复杂性的上升。

使用二进制数的设计，以上问题就简单多了。例如，可以使用0V表示0，用5V表示1。现在可以规定2.5V以下都认为是0，而2.5V以上都认为是1。在这样的设计中，不用说电压漂移0.5V，即使就是漂移2V，系统照样正常工作，是不是计算机运行就更稳定了？

使用二进制的另外一个好处是，计算机的存储容量增大了许多，听起来这二进制怎么有点像金刚大力丸似的，有这么神吗？这您还别不信，就那么神！通过表3-2来进一步解释其中的奥秘。

表3-2 从十进制8开始的二进制与十进制及十六进制的转换表

二进制	1000	1001	1010	1011	1100	1101	1110	1111
十进制	8	9						
十六进制	8	9	A	B	C	D	E	F

表3-2是从十进制8开始的二进制与十进制及十六进制的转换表。从中可以看出，要表示8～9的十进制数字，二进制数字要增加到4位。但是从1010～1111的6个二进制数没有对应的十进制数字（编码），也就是说，同样的4位二进制数，如果是使用十进制，编码就少了6个。所以，在计算机上使用二进制与十进制相比，确实可以使计算机的存储容量增大。

为了更方便地表达一个4位的二进制数，在计算机界有时使用1位的十六进制数来表示。那么要表示一个3位的二进制数，使用什么进制呢？还记得吗？就是使用八进制数。数学上已经证明，在所有的进制中，二进制数表示的状态接近最多，同时二进制数又最容易实现。

　　可能会有读者问，那我们的祖先为什么发明和流传下来的都是十进制数呢？一些人类学家和考古学家推测，可能是因为人有10根手指，在人类大智初开的远古时代，能掰着手指把东西数清楚这件事本身已经是人类进化史上的一个辉煌的里程碑了。这么看来，要是我们人类有8根手指，也许计算机几百年前甚至几千年前就被我们的老祖宗制造出来了，我们学习八进制和计算机也会更容易了。

　　与C、C++和Java程序设计语言类似，Python程序设计语言也支持位操作。在多数情况下，一般位操作都用于计算机的系统编程。普通的编程可以完全不使用位操作，实际上有不少高级程序设计语言就根本没有位操作。为了完成位操作，Python提供了如下的位运算符以完成二进制数比较的工作。

　　（1）&：位与（AND），若两个操作数对应位都是1，该位就置为1。

　　（2）|：位或（OR），若两个操作数对应位有一个是1，该位就置为1。

　　（3）^：位异或（XOR），若两个操作数对应位只有一个是1，该位就置为1。

　　（4）~：位非（NOT），反转每一位的值。

　　（5）<<：左移添0，左移动指定的位数，每移一位最右位添一个0，最左位去掉。

　　（6）>>：右移添0，右移动指定的位数，每移一位最左位添一个0，最右位去掉。

　　虽然在这一节中没有给出任何有关使用位运算符的例子，但不要着急，将在3.1.7节给出相关的例子。

3.1.7　赋值运算符

扫一扫，看视频

　　赋值运算符的作用是将一个值赋予一个变量。可以说赋值操作几乎是程序设计中最常用的操作。为了编程的方便，与C、C++和Java程序设计语言类似，Python程序设计语言提供了众多用于不同作用的赋值运算符。Python提供了如下的赋值运算符。

　　（1）=：f = 250，将250赋予变量f。

　　（2）+=：f += 250，即f = f + 250，将f的值加上250之后再赋予变量f。

　　（3）−=：f −= 250，即f = f − 250，将f的值减去250之后再赋予变量f。

　　（4）*=：f *= 8，即f = f * 8，将f的值乘以8之后再赋予变量f。

　　（5）/=：f /= 8，即f = f / 8，将f的值除以8之后再赋予变量f。

　　（6）%=：f % = 8，即f = f % 8，将f的值除以8的余数再赋予变量f。

　　（7）//=：f //= 8，即f = f // 8，将f的值除以8的商再赋予变量f。

　　（8）**=：f **= 3，即f = f ** 3，将f的值的3次方再赋予变量f。

　　（9）&=：f &= 3，即f = f & 3，将f的值与3按位与之后再赋予变量f。

　　（10）|=：f |= 3，即f = f | 3，将f的值与3按位或之后再赋予变量f。

　　（11）^=：f ^= 3，即f = f ^ 3，将f的值与3按位异或之后再赋予变量f。

　　（12）>>=：f >>= 3，即f = f >> 3，将f的值右移3位之后再赋予变量f。

　　（13）<<=：f <<= 3，即f = f << 3，将f的值左移3位之后再赋予变量f。

　　在以上的赋值运算符中，=、+=、−=、*=、/=的运算非常简单也很容易理解，这里就不再进一步解释了。下面提供几个例子来帮助进一步加深对后面几个赋值运算符的理解。为了讲解方便，还是启动Python解释器进入其交互模式。

　　首先使用例3-28的命令求出38÷3的余数，使用例3-29的命令求出38÷3的商，38÷3=12余2，所以例3-28的结果显示为2（$n \%= 3$实际上为$n = n \% 3$）。而例3-29的结果显示为12（$n /\!/=$3实际上为$n = n /\!/ 3$）。

例 3-28

```
>>> n = 38
>>> n %= 3
>>> n
2
```

例 3-29

```
>>> n = 38
>>> n //= 3
>>> n
12
```

　　接下来，使用例3-30的命令求出2的3次方，即$2 \times 2 \times 2 = 8$，所以例3-30的结果显示为8（n**= 3实际上为$n = n ** 3$）。

例 3-30

```
>>> n = 2
>>> n **= 3
>>> n
8
```

　　接下来，使用例3-31的命令求出6和2的按位与运算的结果。为了讲解方便，在这里首先将6和2分别转换成二进制数，它们分别是110和010，110 & 010 = 010，即十进制的2，所以例3-31的结果显示为2（$n \&= 2$实际上为$n = n \& 2$）。

例 3-31

```
>>> n = 6
>>> n &= 2
>>> n
2
```

　　接下来，使用例3-32的命令求出6和2的按位或运算的结果。为了讲解方便，在这里还是首先将6和2分别转换成二进制数，它们分别是110和010，110 | 010 = 110，即十进制的6，所以例3-32的结果显示为6（$n|= 2$实际上为$n = n | 2$）。

例 3-32

```
>>> n = 6
>>> n |= 2
>>> n
6
```

　　随后，使用例3-33的命令求出6和2的按位异或运算的结果。为了讲解方便，在这里还是首先将6和2分别转换成二进制数，它们分别是110和010，110 ^ 010 = 100，即十进制的4，所以例3-33的结果显示为4（n^= 2实际上为$n = n$^2）。

例 3-33

```
>>> n = 6
>>> n ^= 2
>>> n
4
```

随后，使用例3-34的命令求出6右移2位后的运算结果。为了讲解方便，在这里还是首先将6转换成二进制数，它是110，110 >> 2 = 001，即十进制的1，所以例3-34的结果显示为1（n >>= 2实际上为$n = n$ >> 2）。

例 3-34

```
>>> n = 6
>>> n >>= 2
>>> n
1
```

最后，使用例3-35的命令求出6左移2位后的运算结果。为了讲解方便，在这里还是首先将6转换成二进制数，它是110，110 << 2 = 11000，即八进制的30，转换成十进制为 $3 \times 8^1 + 0 \times 8^0 = 3 \times 8 = 24$，所以例3-35的结果显示为24（$n$ <<= 2实际上为$n = n$ << 2）。

例 3-35

```
>>> n = 6
>>> n <<= 2
>>> n
24
```

扫一扫，看视频

3.2　利用Python运算符求欧拉数e的实例

首先简要地介绍一下数学常数e。e作为数学常数，是自然对数函数的底数，有时也称其为欧拉数（Euler Number），以瑞士数学家欧拉命名。它也有一个较鲜为人知的名字——纳皮尔常数，以纪念苏格兰数学家约翰·纳皮尔（John Napier）引进对数。就像圆周率 π 和虚数单位i一样，e是数学中最重要的常数之一。它的一个定义如下：

$$e = \lim_{x \to \infty} \left(1 + \frac{1}{x}\right)^x$$

其数值约为（小数点后100位）e ≈ 2.71828 18284 59045 23536 02874 71352 66249 77572 47093 69995 95749 66967 62772 40766 30353 54759 45713 82178 52516 64274。

当孩子们完善了那个名为stories.py的Python程序之后，大神们想测试一下这帮孩子们的数学知识。他们要求孩子们写一个求欧拉数e的Python程序，并要求e要精确到小数点后3位。

最开始孩子们有点儿懵了，因为他们这个年龄还没有学到这么深奥的数学知识。看到孩子们一脸茫然的样子，外星人却一脸得意的样子，心想这回终于把你们这帮孩子们给难住了。这时一个孩子突然想起来，不久之前，他们的Python培训老师为了向孩子们炫耀Python程序设计语言的强大，曾为他们演示了一段求欧拉数e的程序代码。于是他翻开了课堂笔记并找到了这段代码。

可能是有了之前的经验，孩子们小声地嘀咕着："这外星人可是没个准谱啊，没准过一会儿又改主意了。现在说是精确到小数点后3位，过一会儿可能就变成了不知道是几位了。"为了应付外星人，孩子们决定在程序中使用input( )方法从键盘输入那个控制精度的数字。于是孩子们在命令行界面以notepad euler.py在当前目录中创建了一个名为euler.py的Python源程序文件，并输入如例3-36所示的源程序代码。

例 3-36

```
print('Please enter a natural number:')
n = input()
e = (1 + 1/n) ** n
print('e is about: ', e)
```

检查无误后存盘，随后使用例3-37的命令执行euler.py文件中的程序代码，测试这一程序的正确性，其中标有下画线的字符串是要输入的内容。

例 3-37

```
e:\python\ch03>py euler.py
Please enter a natural number:
250
Traceback (most recent call last):
  File "euler.py", line 4, in <module>
    e = (1 + 1/n) ** n
TypeError: unsupported operand type(s) for /: 'int' and 'str'
```

当看到以上的错误信息时，第一时间孩子们惊呆了。在一旁的外星人脸上却露出了一丝诡异的笑容，心想这帮猴精猴精的娃娃们又撞墙了，看看他们接下来怎么玩。

孩子们很快冷静下来，他们开始仔细阅读错误信息。当他们读完最后一行的出错信息时，他们猜测可能是数据类型方面的问题。于是，他们开始调试euler.py文件的程序代码。为了操作方便，他们使用如图3-1所示的方法（右击euler.py图标，从弹出的快捷菜单中选择Edit with IDLE命令，最后选择Edit with IDLE 3.7(64-bit)命令，开启Python的图形编辑器编辑euler.py文件源程序代码，如图3-2所示。

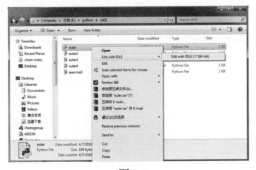

图3-1　　　　　　　　　　　　　　　　图3-2

孩子们将例3-36中的源程序代码修改为如例3-38所示。实际上，只是在n = input()语句之后添加了一个print语句以显示出*n*的数据类型。这就是一条所谓的调试语句。

例3-38

```
print('Please enter a natural number:')
n = input()
print(type(n))
e = (1 + 1/n) ** n
print('e is about: ', e)
```

随后，他们将修改后的源程序存入名为euler2.py的Python源程序文件中。其方法是：首先单击File菜单，选择Save As命令，如图3-3所示。随即系统将弹出Save As对话框，在File name栏中填写源程序文件名，这里使用euler2，扩展文件名系统会自动填写为py，最后单击Save按钮存盘，如图3-4所示。

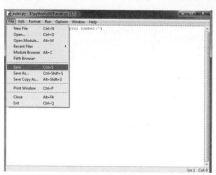

图3-3   图3-4

随后孩子们使用例3-39的命令执行euler2.py文件中的程序代码，测试这一程序的正确性，其中标有下画线的字符串是要输入的内容。

例3-39

```
e:\python\ch03>py euler2.py
Please enter a natural number:
250
<class 'str'>
Traceback (most recent call last):
  File "euler2.py", line 6, in <module>
    e = (1 + 1/n) ** n
TypeError: unsupported operand type(s) for /: 'int' and 'str'
```

当看到以上的第一行错误信息时，孩子们终于发现了问题所在。原来这里使用input( )方法从键盘输入的是字符串，以前一直也没注意到这类问题。现在孩子们也记不得是老师没讲清楚还是他们自己没记住了。看来错误才是最好的老师啊！

知道了问题所在就好办了，接下来孩子们将例3-38中的源程序代码修改为例3-40的代码。实际上，只做了一点点修改，那就是将input()方法输入的字符串先由int( )方法转换成整数之后再赋予变量*n*。

例3-40

```
print('Please enter a natural number:')
n = int(input())
print(type(n))
e = (1 + 1/n) ** n
print('e is about: ', e)
```

确认无误后，他们将修改后的源程序存入名为euler3.py的Python源程序文件中。随即孩子们使用例3-41的命令执行euler3.py文件中的程序代码，测试这一程序的正确性，其中标有下画线的字符串是要输入的内容。

例3-41

```
e:\python\ch03>py euler3.py
Please enter a natural number:
250
<class 'int'>
e is about:  2.7128651230514547
```

看了例3-41的显示输出，孩子们终于可以放松一下了。不过以上程序还有一个小小的瑕疵，那就是显示输出的<class 'int'>，这一行信息是纯粹的调试信息，不应该出现在最终的显示界面中。于是，有孩子建议将那条用于调试的print语句删除掉。这时大师兄却多了个心眼，说万一这程序还有什么问题需要再调试怎么办？最终，经讨论后大家决定将那条用于调试的print语句改为注释语句(也就是一些程序员常说的"将语句注释掉")，修改后的源程序如例3-42所示。

例3-42

```
print('Please enter a natural number:')
n = int(input())
#print(type(n))
e = (1 + 1/n) ** n
print('e is about: ', e)
```

确认无误后，他们将修改后的源程序存入名为euler4.py的Python源程序文件中。随即孩子们使用例3-43的命令执行euler4.py文件中的程序代码，测试这一程序的正确性，其中标有下画线的字符串是要输入的内容。

例3-43

```
e:\python\ch03>py euler4.py
Please enter a natural number:
250000
e is about:  2.718276391842594
```

实际上，例3-41显示输出的e并没有达到外星人要求的精度。这可能是因为在孩子们的世界里250是一个好大好大的数了，而在外星人的世界里250却小得可怜。这次孩子们也学精了，干脆输入1000个250，终于出色地达到并超过了外星人的要求。

外星人看了这一结果，心想这帮孩子们的数学基础还真扎实，真没想到！其实这帮孩子们根本就不知道什么是自然对数，也不知道什么是欧拉数，只不过凑巧看到过公式并硬着头皮将e的公式编写成了Python程序代码而已。

外星人已经开始喜欢上这帮孩子们了，为此他们宣布任命这些孩子们为他们在地球上的观察员（即卧底），帮助外星人收集这个世界上的信息。同时也嘱咐孩子们一定不要将他们见到外星人的事泄露出去，孩子们愉快地答应了。

☞ **指点迷津：**

虽然以上这个求欧拉数e的Python源程序代码并不复杂，但是通过学习和理解这一程序的开发与调试，以及不断完善的过程，初学者可以对如何开发和调试一个应用程序有一个概括的了解。几乎编写任何一个稍微大点的程序都需要一个不断的调试和一步步完善的过程，很难一步到位。

3.3 习　题

1. 请写一段Python代码，取8 ÷ 3的余数，并显示出结果。

2. 请写一段Python代码，求27的立方根，并显示出结果。

3. 以下是一段Python源程序代码，请在空白处填写一个正确的隶属运算符，检查'dog'是否属于friends对象（狗是不是朋友）。

```
friends = ['fox', 'dog', 'pig']
if 'dog'___friends:
    print('Yes, dog is my friend !')
```

4. 请写一段Python代码，使用正确的比较运算符检查3是否不等于8并显示出结果。

5. 请写一段Python代码，使用正确的逻辑运算符检查以下两个条件中至少一个条件是成立的，并显示出结果。

```
3 == 8
250 == 250
```

第4章 Python 列表和元组

在Python程序设计语言中最基础的数据结构就是序列（次序）。序列中的每一个元素都被赋予一个数字，即元素的位置或下标，其中第1个下标是0，第2个下标是1，第3个下标是2，依此类推。

Python程序设计语言一共提供了6种内置的序列类型，但是经常使用的只有3种：字符串（strings）、列表（lists）和元组（tuples）。其中字符串在第2章中已经介绍过。在这一章中将详细介绍列表和元组。这些序列类型非常适用于完成某些特定的程序操作，如索引、切片、添加和检查隶属关系。另外，Python程序设计语言还有一些内置函数用以获取一个序列的长度、找到最小和最大的元素。

4.1 Python列表

在Python程序设计语言中，列表是一个最多样化的数据类型。列表的定义是由方括号括起来的一个由逗号分隔的值（项）列表。一个列表也可以被看成一组有序和可以变化的数据。

在Python程序设计语言中，列表要放在方括号中，如果列表的元素是字符串，就要用引号引起来（既可以是单引号，也可以是双单引号）。例4-1首先创建一个名为colors（颜色）的列表，其中包括三个元素——red（红）、yellow（黄）、blue（蓝）。随后显示出这一列表的值（也可以使用print(colors)来完成同样的显示功能）。

例 4-1

```
>>> colors = ['red', 'yellow', 'blue']
>>> colors
['red', 'yellow', 'blue']
```

可以通过引用下标号的方式来访问列表中特定的元素。例如，可以使用例4-2或例4-3的命令来显示这一列表中的第1个元素。

例 4-2

```
>>> colors = ['red', 'yellow', 'blue']
>>> print(colors[0])
red
```

例 4-3

```
>>> colors = ['red', 'yellow', 'blue']
```

```
>>> colors[0]
'red'
```

需要注意的是，列表中第一个元素的下标号是0。另外需要说明的一点是，虽然print(colors[0])和colors[0]都可以显示colors列表的第1个元素，但是它们有少许的差异。从例4-2或例4-3的显示结果可以看到这一点。

可以通过引用下标号的方式来改变列表中的特定元素值。例如，可以使用例4-4的命令将colors列表中第2个元素的值更改为green（绿）并显示这一列表中的全部元素。

例 4-4

```
>>> colors = ['red', 'yellow', 'blue']
>>> colors[1] = 'green'
>>> colors
['red', 'green', 'blue']
```

需要指出的是，列表中的元素不仅仅可以是字符串，也可以是数字，而且还可以是不同的数据类型。例如，可以使用例4-5的命令重新以不同数据类型的元素来创建colors列表，并显示这一列表中的全部元素。

例 4-5

```
>>> colors = ['red', 'yellow', 'blue', 38.00, 250]
>>> colors
['red', 'yellow', 'blue', 38.0, 250]
```

以上colors列表中的元素不仅有字符串，还有数字，而且数字既有浮点数也有整数。这个列表可以说是一个名副其实的混合类型的列表。

也可以访问列表中某一指定范围的所有元素。例如，可以使用例4-6的命令显示colors列表中第2个到第3个元素（下标1是第2个元素，下标3是第4个元素，这里1:3的意思是从下标1开始到下标3结束，但是并不包括下标3的元素）。

例 4-6

```
>>> colors = ['red', 'yellow', 'blue', 38.00, 250]
>>> colors[1:3]
['yellow', 'blue']
```

也可以使用例4-7的命令显示colors列表中第4到最后一个元素（下标3是第4个元素，这里3:的意思是从下标3开始到列表中的最后一个元素）。

例 4-7

```
>>> colors = ['red', 'yellow', 'blue', 38.00, 250]
>>> colors[3:]
[38.00, 250]
```

4.2　用循环遍历列表和测试某个元素是否存在

可以使用循环语句来遍历一个列表中的所有元素，这为编写某些特定类型的程序提供了极大的便利。例4-8就是使用for循环来遍历并显示所创建的colors列表中的每一个元素。

例 4-8

```
>>> colors = ['red', 'yellow', 'blue', 38.00, 250]
>>> for c in colors:
...     print(c)
...
red
yellow
blue
38.00
250
```

有关for循环语句，在后面的章节中会详细介绍，在这里只要会用就可以了。为了能够比较清晰地显示Python执行以上程序代码的细节，在这里是使用交互模式来执行这段代码的。如果读者喜欢，也可以先用正文编辑器创建一个包含以上源程序代码的Python文件（文件名以.py结尾），之后以命令行方式执行这一源程序文件。

有时可能需要确定某个特定的元素是否存在于一个列表中。此时，就可以使用带有关键字in的if语句来完成。例4-9就是使用带有关键字in的if语句来判断yellow是否在colors中存在，如果存在，就显示出相关的信息。

例 4-9

```
>>> colors = ['red', 'yellow', 'blue', 38.00, 250]
>>> if 'yellow' in colors:
...     print("Yes, 'yellow' is in the colors list !!!")
...
Yes, 'yellow' is in the colors list !!!
```

同样，有关分支语句（即if语句）在后面的章节中也会详细介绍，在这里只要会用就可以了。

令Python的培训老师感到惊奇的是，这帮调皮捣蛋的熊孩子们不知什么时候突然变乖了，上课开始全神贯注地听讲了，而且孩子们更是互相帮助，当然学习成绩也有了空前的提高。以前上课时能让这帮熊孩子们安静下来都是相当困难的。

4.3　求列表的长度和在列表中添加元素

为了方便列表的操作，Python程序设计语言提供了许多内置函数和方法。在这一节中，将介绍求列表长度的函数len，以及两个在列表中添加元素的方法append和insert。在后续的几节中将陆续介绍其他常用的方法和函数。

为了活跃课堂的气氛，老师让孩子们利用之前学到的知识创建一个他们感兴趣的列表，这时孩子们顽皮的一面就暴露无遗了。孩子们嬉皮笑脸地讨论了一小会儿之后，由大师兄给出了friends = ['fox', 'dog', 'pig']列表。老师并没有马上问其中的原因，他在计算机上给出并运行了例4–10的Python程序代码以演示len()函数的应用。

例4-10

```
>>> friends = ['fox', 'dog', 'pig']
>>> print(len(friends))
3
```

当程序运行结束后，老师开始要求孩子们逐行地给出以上每行代码或结果在现实生活中的含义。孩子们笑着回答："第一行表示他们的朋友包括狐朋、狗友、外加一个猪；第二行表示输出有多少个朋友；最后的显示结果表示总共有3个朋友。听完孩子们的回答，老师情不自禁地说了一声："你们真的太有才了！"

老师接下来开始介绍Python程序设计语言中的另一个常用方法append，他在计算机上给出并运行了例4–11的Python程序代码以演示如何使用这一方法。

例4-11

```
>>> friends = ['fox', 'dog', 'pig']
>>> friends.append('monkey')
>>> print(friends)
['fox', 'dog', 'pig', 'monkey']
```

从例4–11的显示结果可以看出，append方法是将新的元素（元素有时也称为项，其英文单词为item）添加在列表的末尾。

老师紧接着要求孩子们给出第2行代码在现实生活中的含义。孩子们嬉皮笑脸地回答："又交了一个猴精猴精的朋友，因为不能尽是狐朋、狗友、猪队友这样的朋友啊！"老师也打趣地问："那黑猩猩不是比猴子还精吗？"小胖子抢着回答："那黑猩猩的英文单词太难了，想不起来了。"引得大家哄堂大笑。

随后，老师开始介绍在Python程序设计语言中另一个用来添加元素（项）的方法insert，他在计算机上给出并运行了例4–12的Python程序代码以演示如何使用这一方法。

例4-12

```
>>> friends = ['fox', 'dog', 'pig']
>>> friends.insert(0, 'monkey')
>>> print(friends)
['monkey', 'fox', 'dog', 'pig']
```

从例4–12的显示结果可以看出，insert方法是将新的元素添加在列表中由数字所指定的位置，在这个例子中是添加在第一个元素的位置。

老师随即再次要求孩子们给出第2行代码在现实生活中的含义。一个孩子笑着回答："那猴精猴精的朋友当然应该排在第一，遇到事了可以找他帮忙出主意，因为他主意多呀！"老师又打趣地问："那你就不怕猴精猴精的朋友有一天把你坑了吗？"孩子们回答："这还真没想过。"在孩子们的世界里，当然是充满了阳光，并没有尔虞我诈。

☞ **指点迷津:**

这里需要稍微注意一下，len与append和insert的调用方法是不同的。len的调用方法是"len(列表名)"，而append的调用方法是"列表名.append（元素）"，insert的调用方法是"列表名. insert（位置下标，元素）"。因为len是函数，而另外两个是方法。

4.4 删除列表中的项(元素)

扫一扫，看视频

在这一节中，将继续介绍在Python程序设计语言中另外两个常用的方法remove 和pop，可以使用这两个方法来删除列表中的元素。首先介绍如何使用方法remove。

为了讲解方法remove的使用，老师在计算机上给出并运行了例4-13的Python程序代码以演示如何使用这一方法。

例 4-13

```
>>> friends = ['fox', 'dog', 'pig', 'monkey']
>>> friends.remove('pig')
>>> print(friends)
['fox', 'dog', 'monkey']
```

从例4-13的显示结果可以看出，remove 方法是删除列表中指定的元素，在这个例子中指定的元素是pig。

老师接下来又一次要求孩子们给出第2行代码在现实生活中的含义。一个孩子嬉皮笑脸地回答："因为那个猪队友经常惹麻烦，所以朋友们都和他闹掰了。"

为了讲解方法pop的使用，老师在计算机上给出并运行了例4-14和例4-15的Python程序代码以演示如何使用这一方法。

例 4-14

```
>>> friends = ['fox', 'dog', 'monkey']
>>> friends.pop()
'monkey'
```

例 4-15

```
>>> print(friends)
['fox', 'dog']
```

例4-14的显示结果是pop方法所删除掉的那个元素，在这个例子中由于没有指定下标，所以删除的是最后一个元素monkey。例4-15的显示结果进一步验证了pop方法所删除的元素就是monkey。

除了例4-14的用法之外，还可以在pop方法中指定下标以删除特定的元素。为了演示pop方法的这种用法，老师在计算机上给出并运行了例4-16和例4-17的Python程序代码以演示如何使用这一方法。

例 4-16

```
>>> friends = ['fox', 'dog', 'pig', 'monkey']
>>> friends.pop(2)
'pig'
```

例 4-17

```
>>> print(friends)
['fox', 'dog', 'monkey']
```

例4-16中第2行代码的含义是删除列表friends中下标为2的那个元素，显示删除的结果是pig。而例4-17的显示结果进一步证实了例4-16中第2行代码的正确性。

4.5　del语句与clear方法

除了4.4节所介绍的remove 和pop两个方法之外，Python程序设计语言还提供了一个专门的del语句。该语句的功能实际上是删除对象，当然列表本身也是对象。del语句的语法格式如下：

del　对象名

其中，del是Python的一个关键字（即命令），而对象名可以是变量、用户定义的对象、列表、列表中的元素（项）、字典等。这里需要再强调一次，del是语句（命令）而不是方法（函数）。

在本节中要介绍的是如何使用del语句（命令）删除列表中的一个项或删除整个列表。

为了讲解如何使用del语句删除列表中指定的项，老师在计算机上给出并运行了例4-18的Python程序代码。

例 4-18

```
>>> friends = ['fox', 'dog', 'pig', 'monkey']
>>> del friends[1]
>>> print(friends)
['fox', 'pig', 'monkey']
```

从例4-18的显示结果可以看出，del语句是删除列表中指定下标位置的那个元素，在这个例子中在下标1位置的元素是dog。与4.4节所介绍的两个方法remove 和pop有所不同，del语句执行之后并不显示所删除的元素。

为了讲解如何使用del语句删除整个列表，老师在计算机上给出并运行了例4-19的Python程序代码。

例 4-19

```
>>> friends = ['fox', 'dog', 'pig', 'monkey']
>>> del friends
>>> print(friends)
Traceback (most recent call last):
  File "<stdin>", line 1, in <module>
NameError: name 'friends' is not defined
```

从例4-19的显示结果可以看出，执行了del friends语句后，friends这个列表就已经不存在了，因为最后一行的错误信息显示"name 'friends' is not defined"。

另外，Python还提供了一个方法clear。该方法的功能是删除列表中的所有元素，即所谓的清空列表。

为了演示如何使用clear方法清空整个列表，老师在计算机上给出并运行了例4-20的Python程序代码。

例 4-20

```
>>> friends = ['fox', 'dog', 'pig', 'monkey']
>>> friends.clear()
>>> print(friends)
[]
```

从例4-20的显示结果可以看出，与del语句不同，执行完clear方法之后，系统只是清空了列表，即删除了列表中的全部元素，但是这个列表（friends列表）依然存在。可以使用例4-21的程序代码在friends列表中添加一个名为dog的元素，之后输出friends列表的内容。以这样的方法就可以证明friends列表确实依然存在。

例 4-21

```
>>> friends.append('dog')
>>> print(friends)
['dog']
```

4.6　计数、排序和次序反转方法

对于一些大的列表，时常会有多个相同的元素。如果想知道列表中某个特定元素的个数，就可以使用count方法。

为了演示如何使用count方法计算列表中某个特定元素的个数，老师在计算机上给出并运行了例4-22和例4-23的Python程序代码。

例 4-22

```
>>> friends = ['fox', 'dog', 'pig', 'monkey', 'dog', 'dog']
>>> friends.count('dog')
3
```

例 4-23

```
>>> friends.count('pig')
1
```

看了例4-22和例4-23的显示结果，读者应该清楚count方法的功能了吧？这个函数在商业或社会学调查时可能会派上用场。如猎头公司或培训机构可从互联网上下载大量的招工广告，之后将每个广告以特定的格式存入一个列表，之后利用count方法获取一些关键字重复的次数，如Python、Java、PL/SQL和C等，从而分析出哪些程序设计语言是雇主所需要的，以及需要的程度。

是不是很方便？

老师接下来再次要求孩子们给出例4-22中第2行和第3行代码在现实生活中的含义。一个孩子嬉皮笑脸地回答："狗友比较多，一共有3个。"

如果想要一个列表中的元素以升序排列，那么可以使用Python的sort方法。为了演示如何使用sort方法将列表中的元素以升序排列，老师在计算机上给出并运行了例4-24的Python程序代码。

例4-24

```
>>> friends = ['fox', 'dog', 'pig', 'monkey', 'dog', 'dog']
>>> friends.sort
>>> print(friends)
['dog', 'dog', 'dog', 'fox', 'monkey', 'pig']
```

从例4-24的显示结果可以看出，sort方法是按ASCII码的顺序将列表中的元素以升序排列的。在程序设计中需要对数据进行排序，而在Python中数据排序非常简单，只要使用一下sort方法就行了。

可能有读者会问："如果我需要进行的是降序排列，那又该如何处理呢？"这在Python中也是非常简单的，只要对以上升序排列好的列表再使用一次reverse方法就行了。为了演示如何使用reverse方法将以上列表中的元素次序反转，老师在计算机上给出并运行了例4-25的Python程序代码。

例4-25

```
>>> friends.reverse
>>> print(friends)
['pig', 'monkey', 'fox', 'dog', 'dog', 'dog']
```

原来使用Python程序设计语言进行数据的排序，不管是升序还是降序都是那么简单，没想到吧？

扫一扫，看视频

4.7　使用赋值语句复制列表的问题

这一节和下一节将介绍如何正确地复制列表。可能有读者想到了使用赋值语句进行列表的复制不就可以了吗？而且也简单易懂。表面上看是可以的。例如，创建了一个列表friends = ['fox', 'dog', 'pig', 'monkey']，之后使用如下的赋值语句将列表friends赋予pets：

```
pets = friends
```

实际上，以上的赋值语句并不是真正意义上的复制。用以上赋值语句所创建的pets仅仅是friends的一个引用而已（它们都指向相同的内存单元）。因此，如果列表friends中的内容被改变了，那么pets也将发生相同的变化；反之亦然。

为了帮助读者更加清楚地了解以上对使用赋值语句进行列表复制的问题，可以首先使用例4-26的Python程序代码，使用赋值语句将friends赋予pets，随即列出pets中的内容以确认赋值成功。

例4-26

```
friends = ['fox', 'dog', 'pig', 'monkey']
```

```
pets = friends
pets
['fox', 'dog', 'pig', 'monkey']
```

接下来，使用例4-27的Python程序代码，利用append方法在pets列表的末尾添加一个名为tiger的元素，并显示pets中的内容。

例 4-27

```
>>> pets.append('tiger')
>>> pets
['fox', 'dog', 'pig', 'monkey', 'tiger']
```

最后，使用例4-28的Python程序代码显示出friends中的内容。您会惊奇地发现这与pets中的内容一模一样。也可以反过来修改friends中的内容，同样pets中的内容也会随之发生相同的变化。

例 4-28

```
>>> friends
['fox', 'dog', 'pig', 'monkey', 'tiger']
```

4.8　复制列表

通过4.7节的学习，读者已经了解到：我们无法通过使用赋值语句得到一个真正的列表复制（独立的复制）。为了解决这一问题，Python提供了其他的方法，其中一个方法就是使用内置列表方法copy。

用以下几个例子来演示方法copy的用法和功能。首先使用例4-29定义一个列表friends，随后使用方法copy将friends列表复制并赋予pets，最后显示pets中的内容。

例 4-29

```
>>> friends = ['fox', 'dog', 'pig', 'monkey']
>>> pets = friends.copy
>>> pets
['fox', 'dog', 'pig', 'monkey']
```

接下来，使用例4-30在列表pets的末尾添加一个元素tiger，并显示出其中的内容（全部元素）。

例 4-30

```
>>> pets.append('tiger')
>>> pets
['fox', 'dog', 'pig', 'monkey', 'tiger']
```

最后，使用例4-31的命令再次显示出列表friends中的内容（全部元素）。对比例4-30和例4-31的显示结果，就可以发现使用方法copy复制所生成的列表pets是独立于原来的列表friends的。

例 4-31

```
>>> friends
['fox', 'dog', 'pig', 'monkey']
```

当然，如果修改了列表friends中的内容，列表pets也同样不受影响。如果有兴趣的话，可以自己试一下。

除了内置列表方法copy之外，Python还提供了一个名为list的函数，利用该函数同样也能完成列表的复制。用以下几个例子来演示函数list的用法和功能。首先使用例4-32定义一个列表friends，随后使用函数list将friends列表复制并赋予pets，最后显示pets中的内容（全部元素）。

例 4-32

```
>>> friends = ['fox', 'dog', 'pig', 'monkey']
>>> pets = list(friends)
>>> pets
['fox', 'dog', 'pig', 'monkey']
```

接下来，使用例4-33在列表friends的末尾添加一个元素wolf，并显示出其中的内容（全部元素）。

例 4-33

```
>>> friends.append('wolf')
>>> friends
['fox', 'dog', 'pig', 'monkey', 'wolf']
```

最后，使用例4-34的命令再次显示出列表pets中的内容（全部元素）。对比例4-33和例4-34的显示结果，就可以发现使用函数list复制所生成的列表pets也是独立于原来的列表friends的。

例 4-34

```
>>> pets
['fox', 'dog', 'pig', 'monkey']
```

扫一扫，看视频

4.9　其他的几个常用列表函数

不少初学者常常很难区分函数与方法。实际上，函数的概念来自结构化程序设计，而方法来自面向对象的程序设计。方法与函数在完成的程序功能上是很难区分的，它们的区别是方法只能用于指定的对象，而函数的限制却宽松得多。这也是面向对象的程序设计的拥护者们批评函数的地方，因为宽松的限制可能会使大型软件的调试遇到一些意想不到的问题。撇开那些学术上的争论，单从实用主义的角度出发，在本书中并不严格地区分函数与方法（有时甚至语句），因为对于初学者来说纠结这些细节是在浪费时间。等读者有了大量的编程经验之后，再阅读一下专门的结构化程序设计和面向对象的程序设计的教材（只需读前几章）就很容易理解了。

除了在前几节已经介绍过的两个函数len和list之外，Python还提供了另外三个操作列表的函数。

（1）min(list)。返回列表（list）中最小值的元素。

（2）max(list)。返回列表（list）中最大值的元素。

（3）sum(list)。 返回列表（list）中所有元素的总和。

下面通过一系列的例子来演示以上三个函数的具体用法。为了方便起见，将使用数字列表。使用例4-35的程序代码首先创建一个名为digits的数字列表，随后显示该列表中的全部元素以确认该列表是否创建成功。

例 4-35

```
>>> digits = [0, 1, 2, 3, 4, 5, 6, 7, 8, 9]
>>> digits
[0, 1, 2, 3, 4, 5, 6, 7, 8, 9]
```

当确认一切正常之后，就可以使用例4-36和例4-37，利用max和min两个函数分别求出digits列表中最大值和最小值的元素，而使用例4-38，利用sum函数求出digits列表中所有元素值的总和。是不是蛮方便的？

例 4-36

```
>>> max(digits)
9
```

例 4-37

```
>>> min(digits)
0
```

例 4-38

```
>>> sum(digits)
45
```

可能有读者会问："怎样才能求出一个列表中所有元素的平均值？" 其实，办法也是出奇的简单，那就是将sum函数的结果除以len函数的结果——sum(digits)/len(digits)。可以使用例4-39，利用sum和len函数求出digits列表中所有元素值的平均值。

例 4-39

```
>>> sum(digits)/len(digits)
4.5
```

这里需要指出的是，以上三个函数，除了sum之外，另外两个，即max和min，不但可以用于数字列表，也可以用于字符串列表。为了演示这一点，可以使用例4-40的程序代码首先创建一个名为friends的字符串列表，随后显示该列表中的全部元素以确认该列表是否创建成功。

例 4-40

```
>>> friends = ['fox', 'dog', 'pig', 'monkey']
>>> friends
['fox', 'dog', 'pig', 'monkey']
```

当确认一切正常之后，就可以使用例4-41和例4-42，利用max和min两个函数分别求出friends列表中最大值和最小值的元素。

例 4-41

```
>>> max(friends)
'pig'
```

例 4-42

```
>>> min(friends)
'dog'
```

4.10　extend方法

在4.3节中曾经介绍过append方法，该方法是将一个新的元素添加在列表的末尾。如您想在一个列表的末尾添加多个元素，那么又该怎么办呢？这时extend方法就派上了用场。extend方法是在当前列表的末尾添加另一个列表中的全部元素，更确切地说是将一个序列的内容添加到当前列表的末尾。

为了演示如何使用extend方法将另一个列表中的元素添加到当前列表的末尾，可以使用例4-43的Python程序代码。在这段程序代码中，第1行代码是创建一个名为friends的列表，其中包含了三个字符串元素；第2行代码是创建一个名为colors的列表，其中也包含了三个字符串元素；第3行代码是使用extend方法将colors列表中的所有元素添加到friends列表的末尾；第4行代码是显示friends列表中的全部内容（即每一个元素）。

例 4-43

```
friends = ['fox', 'dog', 'pig']
colors = ['white', 'yellow', 'black']
friends.extend(colors)
friends
['fox', 'dog', 'pig', 'white', 'yellow', 'black']
```

从例4-43的显示结果可以看出，colors列表中的三个元素确实已经添加到了friends的列表末尾。原来两个独立的列表变成了一个列表，列表的可能含义是白狐狸、黄狗和黑猪。

以上使用extend方法将一个列表中的全部元素添加到当前列表的程序代码似乎可以通过列表的拼接（连接）操作来实现，不过它们之间还是有一些差别的。

为了演示列表的拼接操作与使用extend方法之间的差别，可以使用例4-44的Python程序代码。在这段程序代码中，第1行代码同样是创建一个名为friends的列表，其中包含了三个字符串元素；第2行代码是创建一个名为colors的列表，其中也包含了三个字符串元素；第3行代码是将列表friends与colors进行拼接操作。

例 4-44

```
>>> friends = ['fox', 'dog', 'pig']
>>> colors = ['white', 'yellow', 'black']
>>> friends + colors
['fox', 'dog', 'pig', 'white', 'yellow', 'black']
```

例4-44的显示结果确实与例4-43的显示结果一模一样。但是这里需要注意的是，拼接操作并不会修改原来的friends列表，即friends列表中的每一个元素都保持原来的模样。可以通过使用例4-45的代码来轻松地验证这一点。

例 4-45

```
>>> friends
['fox', 'dog', 'pig']
```

当然，也可以使用例4-46的代码来修改friends列表。这样就可以达到与使用extend方法同样的效果。在这段程序代码中，第1行代码的含义是friends= friends+colors，即将列表friends与列表colors进行拼接，之后再将拼接的结果赋予列表friends；第3行代码是显示friends列表中的全部内容（即每一个元素）。

例 4-46

```
>>> friends += colors
>>> friends
['fox', 'dog', 'pig', 'white', 'yellow', 'black']
```

可能读者会问：为什么在例4-46中使用了"friends += colors"，而不是直接使用"friends= friends+colors"？答案可能出乎意外，那就是看上去非常专业。其实，从易读性来看，当然"friends= friends+colors"更好些。

虽然例4-46中的列表拼接操作可以达到使用extend方法的效果，但是似乎使用extend方法更简单，而且代码也更清晰。

4.11　list函数

扫一扫，看视频

通过前几节的学习，相信读者已经熟悉了如何创建列表了。其实，还有另外一种创建列表的方法，那就是使用list函数，也称为列表构造器(list constructor)。

list构造器的功能就是在Python中创建一个列表，该函数可以接收参数；其参数可以是字符串、元组（tuples）、集合（set）和字典（dictionary）等。

为了演示如何使用list构造器创建一个新的列表，可以使用例4-47的Python程序代码。在这段程序代码中，第1行代码是创建一个名为friends的列表，其中包含了4个字符串元素；第2行代码是显示friends列表中的全部内容。这里需要特别注意的是，list后一定要使用双括号，否则会出错。

例 4-47

```
>>> friends = list(('fox', 'dog', 'pig', 'monkey'))
>>> friends
['fox', 'dog', 'pig', 'monkey']
```

从例4-47的显示结果中，基本上可以断定friends列表已经创建成功。如果觉得心里还是有点不踏实，则可以使用例4-48的命令列出friends列表的数据类型以进一步确定friends列表的正确性。

例 4-48

```
>>> print(type(friends))
<class 'list'>
```

看了例4-48的显示结果，应该没有任何疑问了吧？如果用例4-47在创建friends列表时不小心使用了单括号，会发生什么呢？请看例4-49。

例 4-49

```
>>> friends = list('fox', 'dog', 'pig', 'monkey')
Traceback (most recent call last):
  File "<stdin>", line 1, in <module>
TypeError: list expected at most 1 arguments, got 4
```

看到例4-49的显示结果，可能您会问这到底是怎么回事呀？因为括号中的内容不能作为list函数的参数；而例4-47中的就不一样了，因为('fox', 'dog', 'pig', 'monkey')是一个元组，list(('fox', 'dog', 'pig', 'monkey'))是将('fox', 'dog', 'pig', 'monkey')这个元组转换成一个列表（有关元组的内容在本章稍后就会详细地介绍）。

对于一个字符串，list构造器既可以使用单括号也可以使用双括号，因为这时list的参数是字符串，如例4-50和例4-51所示。

例 4-50

```
>>> friends = list('dog')
>>> friends
['d', 'o', 'g']
```

例 4-51

```
>>> friends = list(('dog'))
>>> friends
['d', 'o', 'g']
```

从例4-50和例4-51显示的结果可以看出，这样产生的列表包括了三个元素，它们分别是dog中的三个单个的字符。也可以使用例4-52的命令列出friends列表的数据类型以进一步确定friends列表的正确性。

例 4-52

```
>>> print(type(friends))
<class 'list'>
```

甚至可以使用list来创建一个空的列表，可以使用例4-53和例4-54的代码来验证这一点。

例 4-53

```
x = list()
x
[]
```

例 4-54

```
>>> print(type(x))
<class 'list'>
```

4.12　高级排序和列表的初始化

在4.6节中对一个列表进行了反向排序：首先利用sort方法对该列表进行升序排序，之后再利用reverse方法将列表中的元素次序反转。实际上，在Python中有更简单的方法来完成以上的工作。

sort方法可以接收两个参数：一个是key，另一个是reverse。这两个参数通常是按名字指定的，也被称为关键字参数，即在参数调用时要使用"参数名=值"的格式。

参数reverse的值只能是True或False，如果要指定降序排序，需要指定reverse的值为True，即reverse=True。因此，可以使用例4-55的程序代码来更方便地实现4.6节中对列表friends的反向排序。

例 4-55

```
>>> friends = ['fox', 'dog', 'pig', 'monkey', 'dog', 'dog']
>>> friends.sort(reverse=True)
>>> friends
['pig', 'monkey', 'fox', 'dog', 'dog', 'dog']
```

有时，可能并不是按照列表中元素值的大小进行排序，而是需要按照元素的长度进行排序，这时key参数就派上了用场。例4-56就是按照元素长度进行排序的例子，在这个例子中，第2行代码是读者需要特别注意的。原来sort方法还有这么多妙用，没想到吧？

例 4-56

```
>>> friends = ['fox', 'dog', 'ox', 'elephant', 'monkey', 'dog']
>>> friends.sort(key=len)
>>> friends
['ox', 'fox', 'dog', 'dog', 'monkey', 'elephant']
```

讲了这么多Python程序设计语言中的列表，可能有读者好奇：列表到底相当于其他程序设计语言中的什么数据结构呢？其实，Python的列表就相当于其他程序设计语言中的数组，只不过是功能更强而且使用起来更方便而已。

一谈到数组，有过一些编程经验的读者就可能联想到数组的初始化。那么，在Python程序设计语言中，列表的初始化又是怎样进行的呢？在Python程序设计语言中，可以使用乘法将数字列表中的每一个元素都初始化为一个特定的值。例如，可以使用例4-57的程序代码将digits列表中的10个元素都初始化为0，之后显示出该列表中的内容。

例 4-57

```
>>> digits = [0] * 10
>>> digits
[0, 0, 0, 0, 0, 0, 0, 0, 0, 0]
```

除了初始化数字列表之外，当然也可以初始化字符串列表，如可以使用例4-58的程序代码将dogs列表中的9个元素都初始化为dog（9条相同的狗），之后显示出该列表中的内容。

例 4-58

```
>>> dogs = ['dog'] * 9
>>> dogs
['dog', 'dog', 'dog', 'dog', 'dog', 'dog', 'dog', 'dog', 'dog']
```

除了以上所介绍的外，甚至可以使用这一方法，产生多个一模一样的字符串。例如，可以使用例4-59的程序代码产生10个pig字符串（10头相同的猪）并显示在屏幕上。

例 4-59

```
>>> 'pig ' * 10
'pig pig pig pig pig pig pig pig pig pig '
```

原来在Python程序设计语言中，数组的初始化竟然这么简单，没想到吧？在Python程序设计语言中，利用列表的一些特性，可以完成一些由专门的方法完成的工作。例如，可以使用例4-60的程序代码来完成4.9节所介绍的extend方法工作。实际上，这个例子所完成的工作与例4-43完全相同，只是例4-60的程序代码要复杂一点点。

例 4-60

```
>>> friends = ['fox', 'dog', 'pig']
>>> colors = ['white', 'yellow', 'black']
>>> friends[len(friends):] = colors
>>> friends
['fox', 'dog', 'pig', 'white', 'yellow', 'black']
```

接下来，解释一下例4-60的程序代码的第3行。其中len(friends)是求出friends列表的长度（即有几个元素），显然其结果是3，因此，friends[len(friends):]实际上就是friends[3:]，第3行的代码就是friends[3:] = colors，其含义是将colors列表中的每个元素添加到friends列表中并从下标为3（包括3）的位置开始添加。

其中，friends[3:]也叫切片（slicing）。所谓切片，就是访问特定元素的内容，这里指定的访问范围是从3开始（包括3）及之后的位置。

之所以花了这么大的篇幅介绍列表，是因为列表在Python程序设计中使用的频率很高而且很方便。有的作者甚至用Python程序设计语言的主力来形容列表。

扫一扫，看视频

4.13 Python元组的创建与访问

与列表相同，元组也是序列。这两者之间的差别在于元组是不可改变的。另一个不同之处在于列表是使用方括号创建的，而元组是使用圆括号创建的。

与创建列表类似，创建一个元组是一件相当简单的工作。例如，可以使用例4-61的程序代码轻松地创建一个名为pets的元组。

例 4-61

```
>>> pets = ('fox', 'dog', 'pig', 'monkey')
>>> pets
('fox', 'dog', 'pig', 'monkey')
```

这里需要说明的是，以上第 2 行代码属于调试代码，其目的是显示出 pets 元组的内容以验证创建元组的工作是否成功。如果还有什么疑问，可以使用例 4-62 的代码列出 pets 的数据类型以确认 pets 确实就是一个元组。

例 4-62

```
>>> type(pets)
<class 'tuple'>
```

其实，在创建元组时，圆括号是可以省略的。例如，也可以使用例 4-63 的程序代码创建这个名为 pets 的元组并显示出其中的内容。

例 4-63

```
>>> pets = 'fox', 'dog', 'pig', 'monkey'
>>> pets
('fox', 'dog', 'pig', 'monkey')
```

从例 4-63 的显示结果就基本上可以断定 pets 是一个元组，如果心里还是不踏实，可以使用例 4-64 的代码再次列出 pets 的数据类型以确认 pets 确实就是一个元组。

例 4-64

```
>>> pets = 'fox', 'dog', 'pig', 'monkey'
>>> type(pets)
<class 'tuple'>
```

尽管不要圆括号创建元组似乎简单些，但是它会使代码变得不清晰，即降低了代码的易读性。所以按照软件工程的要求，在创建元组时尽可能地使用圆括号。

如果要创建的元组中只有一个元素，那么在创建元组时一定别忘记了元素右侧的逗号。如果忘记了，所创建的变量实际上是一个字符串，而不是元组。可以使用例 4-65 ～例 4-68 的代码轻松地验证这一点。

例 4-65

```
>>> pets = 'dog'
>>> pets
'dog'
```

例 4-66

```
>>> type(pets)
<class 'str'>
```

例 4-67

```
>>> pets = 'dog',
```

```
>>> pets
('dog',)
```

例 4-68

```
>>> type(pets)
<class 'tuple'>
```

如果在例4-65～例4-67中创建元组pets时使用了圆括号，结果会是怎样呢？结果是相同的。感兴趣的读者可以自己试一试。

可以通过元组中元素的下标来访问元组中特定的元素(项)，下标是放在方括号中的。如例4-69中的第2行代码将返回位置3的元素，要注意起始下标为0。

例 4-69

```
>>> pets = ('fox', 'dog', 'pig', 'monkey')
>>> print(pets[2])
pig
```

正如在本节开始时介绍的那样，一旦创建了一个元组，这个元组中的值(任何元素)就都不能做任何的更改了，即元组是永恒不变的。例如，在例4-70中试图用第2行代码将位置3的元素pig修改成bear，结果Python会显示错误信息。

例 4-70

```
>>> pets = ('fox', 'dog', 'pig', 'monkey')
>>> pets[2] = 'bear'
Traceback (most recent call last):
  File "<stdin>", line 1, in <module>
TypeError: 'tuple' object does not support item assignment
```

4.14 用循环遍历元组和测试某个元素是否存在

可以使用循环语句来遍历一个元组中的所有元素，这为编写某些特定类型的程序提供了极大的方便。例4-71就是使用for循环来遍历并显示所创建的colors元组中的每一个元素。

例 4-71

```
>>> colors = ('red', 'yellow', 'blue', 38.00, 250)
>>> for c in colors:
...    print(c)
...
red
yellow
blue
38.0
250
```

有关for循环语句在后面的章节中会详细介绍，在这里只要会用就可以了。为了能够比较清晰地显示Python执行以上程序代码的细节，在这里是使用交互模式来执行这段代码的。

有时可能需要确定某个特定的元素是否存在于一个列表中。此时，就可以使用带有关键字in的if语句来完成。例4–72就是使用带有in关键字的if语句来判断yellow是否在colors中存在，如果存在就显示出相关的信息。

例 4-72

```
>>> colors = ('red', 'yellow', 'blue', 38.00, 250)
>>> if 'yellow' in colors:
...   print("Yes, 'yellow' is in the colors tuple !!!")
...
Yes, 'yellow' is in the colors tuple !!!
```

同样，有关分支语句if在后面的章节中也会详细介绍，在这里只要会用就可以了。

扫一扫，看视频

4.15　求元组的长度和在元组中添加元素

在4.3节中介绍了如何使用Python提供的内置函数len来获取一个列表的长度（列表中元素的个数）。在这一节中将继续介绍利用函数len来获取一个元组的长度。

为了获取一个元组中元素的个数，可以使用Python的内置函数len，如例4–73所示的Python程序代码的第2行。如果是在命令行中运行这段程序，第2行程序代码应略做修改，应改为print(len(friends))。

例 4-73

```
>>> friends = ('fox', 'dog', 'pig')
>>> len(friends)
3
```

接下来，试着在一个已经创建好的元组friends的末尾添加一个名为bear的新元素，如例4–74所示的Python程序代码的第2行。

例 4-74

```
>>> friends = ('fox', 'dog', 'pig')
>>> friends[3] = 'bear'
Traceback (most recent call last):
  File "<stdin>", line 1, in <module>
TypeError: 'tuple' object does not support item assignment
```

从例4–74的显示结果可以看出，系统执行这段代码时会显示错误信息。一个元组一旦被创建了，您是不能向这个元组中再添加任何元素的，因为元组是不可修改的。所以在这方面的任何努力都是徒劳的。

4.16　计数和返回指定元素位置的方法

与列表类似，对于一些大的元组，时常会有多个相同的元素。如果想知道元组中某个特定元素的个数，同样也可以使用count方法。

为了演示如何使用count方法计算元组中某个特定元素的个数，可以在计算机上输入并运行例4-75和例4-76的Python程序代码。

例 4-75

```
>>> friends = ('fox', 'dog', 'pig', 'monkey', 'dog', 'dog')
>>> friends.count('dog')
3
```

例 4-76

```
>>> friends.count('monkey')
1
```

看了例4-75和例4-76的显示结果，应该清楚count方法的功能了吧？其实，如果不看例4-75的第1行代码，根本分不清楚count方法所操作的是列表还是元组。

如果想要确定某个特定元素在元组中的具体位置（下标值），那么可以使用Python的index方法。为了演示如何使用index方法确定某个特定元素在元组中的下标值，可以在计算机上输入并运行例4-77和例4-78的Python程序代码。

例 4-77

```
>>> friends = ('fox', 'dog', 'pig', 'monkey', 'dog', 'dog')
>>> friends.index('pig')
2
```

例 4-78

```
>>> friends.index('dog')
1
```

从例4-77和例4-78的显示结果可以看出，index方法是返回特定元素在元组中第一次出现的下标值。实际上，在列表中也有index方法。其用法与这里使用的index方法一模一样，只不过用在了列表上。

4.17 del语句与tuple方法（元组构造器）

正如之前所介绍的那样，元组是不可修改的，所以也无法从元组中删除任何元素。不过可以使用del语句删除整个元组。del语句已经在4.5节中详细介绍过，在这里只介绍一下如何使用该语句删除一个元组。

在本节中要介绍的是如何使用del语句（命令）删除整个元组。为了进一步加深对del语句删除一个元组的理解，可以在计算机上输入并运行例4-79的Python程序代码。

例 4-79

```
>>> >>> friends = ('fox', 'dog', 'pig', 'monkey')
>>> del friends
>>> print(friends)
Traceback (most recent call last):
```

```
File "<stdin>", line 1, in <module>
NameError: name 'friends' is not defined
```

从例4-79的显示结果可以看出，执行了del friends语句之后，friends这个元组就已经不存在了，因为最后一行的错误信息显示"name 'friends' is not defined"。

通过前面几节的学习，相信大家已经熟悉如何创建元组了。其实，还有另外的一种创建元组的方法，那就是使用tuple函数，也称为元组构造器(tuple constructor)。

与list构造器的工作原理类似，tuple函数将一个序列作为输入参数，并将其转换成一个元组。如果参数已经是元组了，将原封不动地返回原来的元组。

为了演示如何使用tuple构造器创建一个新的元组，可以使用例4-80的Python程序代码。在这段程序代码中，第1行代码是创建一个名为friends的元组，其中包含了4个字符串元素；第2行代码是显示friends元组中的全部内容。这里需要特别注意的是，tuple后一定要使用双括号，否则会出错。

例 4-80

```
>>> friends = tuple(('fox', 'dog', 'pig', 'monkey'))
>>> friends
('fox', 'dog', 'pig', 'monkey')
```

从例4-80的显示结果中，基本上可以断定friends元组已经创建成功。如果觉得心里还是有点不踏实，可以使用例4-81的命令列出friends的数据类型以进一步确定friends元组的正确性。

例 4-81

```
>>> print(type(friends))
<class 'tuple'>
```

看了例4-81的显示结果，应该没有任何疑问了吧？如果用例4-80在创建friends元组时不小心使用了单括号，会发生什么呢？

例 4-82

```
>>> friends = tuple('fox', 'dog', 'pig', 'monkey')
Traceback (most recent call last):
  File "<stdin>", line 1, in <module>
TypeError: tuple expected at most 1 arguments, got 4
```

看到例4-82的显示结果，可能您会问这到底是怎么回事呀？因为括号中的内容不能作为tuple函数的参数(tuple函数只需一个参数，但是您却给了4个参数)。但是，可以将例4-80的第1行代码中左边的内括号由原来的圆括号改为方括号，如可以使用例4-83和例4-84的代码来验证这一点。实际上，例4-83的第1行右面的代码是将一个列表转换成了元组。

例 4-83

```
>>> friends = tuple(['fox', 'dog', 'pig', 'monkey'])
>>> friends
('fox', 'dog', 'pig', 'monkey')
```

例 4-84

```
>>> print(type(friends))
```

```
<class 'tuple'>
```

扫一扫，看视频

4.18　其他几个常用元组函数及元组的初始化

除了在前几节已经介绍过的几个函数之外，Python还提供了另外三个操作元组的函数。

（1）min(tuple)。返回元组中最小值的元素。

（2）max(tuple)。返回元组中最大值的元素。

（3）sum(tuple)。返回元组中所有元素的总和。

下面通过一系列的例子来演示以上三个函数的具体用法。为了方便起见，将使用数字元组。使用例4-85的程序代码首先创建一个名为digits的数字元组，随后显示该元组中的全部元素以确认该元组是否创建成功。

例 4-85

```
>>> digits = (0, 1, 2, 3, 4, 5, 6, 7, 8, 9)
>>> digits
(0, 1, 2, 3, 4, 5, 6, 7, 8, 9)
```

确认一切正常后，就可以使用例4-86和例4-87，利用max和min两个函数分别求出digits元组中最大值和最小值的元素，而使用例4-88，利用sum函数求出digits元组中所有元素值的总和。是不是蛮方便的？

例 4-86

```
>>> max(digits)
9
```

例 4-87

```
>>> min(digits)
0
```

例 4-88

```
>>> sum(digits)
45
```

可能有读者会问："怎样才能求出一个元组中所有元素的平均值？"其实，办法也是出奇的简单，那就是将sum函数的结果除以len函数的结果——sum(digits)/len(digits)。可以使用例4-89，利用sum和len函数求出digits列表中所有元素值的平均值。

例 4-89

```
>>> sum(digits)/len(digits)
4.5
```

这里需要指出的是，以上三个函数，除了sum函数之外，另外两个，即max和min函数不仅可以用于数字元组，也可以用于字符串元组。为了演示这一点，可以使用例4-90的程序代码首先创建一个名为friends的字符串元组，随后显示该元组中的全部元素以确认该元组是否创建成功。

例 4-90

```
>>> friends = ('fox', 'dog', 'pig', 'monkey')
>>> friends
('fox', 'dog', 'pig', 'monkey')
```

确认一切正常后，就可以使用例 4-91 和例 4-92，利用 max 和 min 两个函数分别求出 friends 元组中最大值和最小值的元素。

例 4-91

```
>>> max(friends)
'pig'
```

例 4-92

```
>>> min(friends)
'dog'
```

与列表一样，也可以使用乘法将数字元组中的每一个元素都初始化为一个特定的值，甚至在初始化时可以使用表达式。例如，可以使用例 4-93 的程序代码将 digits 列表中的 5 个元素都初始化为 3 的平方，之后显示出该列表中的内容。

例 4-93

```
>>> digits = 5 * (3 ** 2,)
>>> digits
(9, 9, 9, 9, 9)
```

需要注意的是，2 之后的逗号是不能省略的。如果没有那个逗号，最终 Python 是将 3 的平方乘以 5 赋予了 digits。如果不放心，可以使用例 4-94 列出 digits 的数据类型来确认表达式 digits = 5 * (3 ** 2,) 所创建的 digits 变量其实是一个元组。看了例 4-94 的显示结果，您应该放心了吧？

例 4-94

```
>>> type(digits)
<class 'tuple'>
```

除了初始化数字列表之外，当然也可以初始化字符串元组。例如，可以使用例 4-95 的程序代码将 friends 元组中的 6 个元素都初始化为 pig，之后显示出该元组中的内容。

例 4-95

```
>>> friends = 6 * ('pig',)
>>> friends
('pig', 'pig', 'pig', 'pig', 'pig', 'pig')
```

与数字元组相似，'pig' 之后的逗号是不能省略的。如果没有那个逗号，最终 Python 是将 6 个 "pig" 拼接在一起赋予 friends，即创建的是一个包含了 6 个连续的 "pig" 的字符串变量。

细心的读者可能已经发现了：实际上，这一节中每一个例子和结果都与 4.9 节中对应的例子几乎一模一样，差别只是方括号改成了圆括号，有时甚至根本无法区分究竟操作的是列表还是元组，如 max(friends) 和 min(friends)。

　　其实，列表和元组的差别很小，唯一的差别就是元组中的元素不能修改。那么，什么时候使用列表？什么时候使用元组呢？答案也非常简单，将来有修改的可能时使用列表，不需要修改时使用元组。例如，身份证上的信息一般是不允许修改的，所以最好使用元组。这样也可以防止不小心意外修改了上面的信息。

扫一扫，看视频

4.19　使用Python列表和元组的实例1

　　在即将结束Python列表和元组这一章之前，按照惯例，老师会给出一两个综合性的例子对这一章的内容做一个总结。老师发现最近这一段时间不知什么原因，这帮熊孩子突然变乖了，而且学习非常认真，当然进步也相当大。于是，老师也想试一试孩子们的道行到底有多深。

　　首先老师要求孩子们利用已经学习过的内容编写一段Python程序代码测试用户输入的用户名是否正确，还鼓励孩子们讨论并希望大家一起完成。

　　孩子们窃窃私语地说："怎么老师也跟外星人似的，不会他也是外星人吧？"在经过了短暂的讨论之后，他们在Windows命令行窗口中输入了例4-96的操作系统命令启动记事本，并在当前目录中创建一个名为check_user.py的文件。

　　例 4-96

```
E:\python\ch04>notepad check_user.py
```

　　随后，在打开的记事本中输入了用于测试输入的用户名是否正确的Python程序代码，如例4-97所示。这里需要指出的是，print(check_user)是一个调试语句。在这段程序中，第1行代码是创建一个具有4个元素的字符串列表；第2行代码是显示提示信息要求输入用户名、判断输入的用户名是否在列表users中（是否是该列表中的元素），并将结果（True/False）存入变量check_user中。

　　例 4-97

```
users = ['fox', 'dog', 'pig', 'monkey']
check_user = input ('Please input your user name: ') in users
print(check_user)
```

　　检查无误后存盘，随即在Windows命令行窗口中输入例4-98的操作系统命令，执行check_user.py程序，在提示处输入用户名，其中有下画线的字符串是您输入的。

　　例 4-98

```
E:\python\ch04>py check_user.py
Please input your user name: dog
True
```

　　因为dog是users列表中的元素（在列表中），所以例4-98的显示结果为True。使用例4-99的命令再次执行check_user.py程序，这次输入cat。

　　例 4-99

```
E:\python\ch04>py check_user.py
Please input your user name: cat
```

```
False
```

可能有读者在想，例4-97的这段程序代码到底有什么用处。因为目前还没有学习分支语句和循环语句，所以无法编写更复杂的程序。实际上，例4-97中的第1行和第2行程序代码是许多应用系统判定用户是否可以使用（进入）系统的最基本的代码，因为它们保证了程序员可以获取正确的信息。有了准确的信息，后面的事情就好办了。一旦获取了check_user的值，程序员就可以利用判断（分支）语句或循环语句进行进一步的编程工作，此时程序员就可以自由、潇洒地发挥他们的才华了。

使用过UNIX或Linux操作系统的读者应该时不时碰到文件权限方面的问题，那么操作系统命令或程序又是如何判断一个文件权限的呢？在UNIX或Linux操作系统上，文件的权限有三种，它们分别是r、w、x（即读、写、执行）。实际上，可以仿照例4-97很容易地写出相关的代码，如例4-100和例4-101所示。

例 4-100

```
>>> permission = 'r-x'
>>> 'r' in permission
True
```

例 4-101

```
>>> 'w' in permission
False
```

例4-100和例4-101只是一段简化的程序代码，但是其基本思想适用于实际的操作系统或应用程序。通过这一段的学习，读者可能已经发现：一些看起来深不可测的程序原来其最基本的部分一点儿也不复杂。

4.20 使用Python列表和元组的实例2

扫一扫，看视频

老师发现孩子们很快就完成了那个check_user.py的源程序代码的编写和测试，所以想提高一下编程的难度，更准确地了解孩子们的水平。这次，他要求孩子们编写一段较长的程序代码，这段程序代码的工作原理是这样的：用户根据Python的提示以阿拉伯数字输入年、月和日（用户输入的是基数，如1、2、3...），之后程序要将输入转换成序数（如1st、2nd、3rd、4th...，它们对应的英语单词分别是first、second、third、forth...），最后以"英语表示的月份，序数表示的天，数字表示的年"的形式显示在屏幕上。

孩子们在经过了一段时间的讨论之后，开启了Python的图形编辑器并输入了例4-102的Python源程序代码。为了节省篇幅，将使用注释的方法来解释相应代码的含义。

例 4-102

```
# 定义了一个列表，其中有 12 个元素，它们分别是以英语表示的 12 个月
months = [
    'January',
    'February',
```

```
            'March',
            'April',
            'May',
            'June',
            'July',
            'August',
            'September',
            'October',
            'November',
            'December' ]
```

\# 定义了一个列表，其中有 31 个元素，它们分别是 1 ～ 31 的英语序数词的最后两个字符

\# 该列表的头三个元素分别是 st、nd 和 rd，后面紧跟 17 个 th

\# 接下来又是 st、nd 和 rd，后面是 7 个 th，最后是 st

```
 endings = ['st', 'nd', 'rd'] + 17 * ['th'] \
            + ['st', 'nd', 'rd'] + 7 * ['th'] \
            + ['st']
 year = input('Enter Year: ')
 month = input('Enter Month(1-12): ')
 day = input('Enter Day(1-31): ')
```

\# 因为利用 input 输入的是字符串，所以要使用 int 将它们转换成数字

```
 month_num = int(month)
 day_num = int(day)
```

\# 因为列表的下标是从 0 开始的，所以相应的月和序数的天所对应列表中的元素下标要减 1

```
 month_name = months[month_num - 1]
 ordinal = day + endings[day_num -1]
 print(month_name + ' ' + ordinal + ', ' + year)
```

孩子们检查之后，以calendar.py为文件名存盘（存在当前目录中），随后运行这个程序并在提示处分别输入年、月、日，如例4-103所示，其中标有下画线的部分是输入的数字。

例 4-103

```
E:\python\ch04>py calendar.py
Enter Year: 2019
Enter Month(1-12): 5
Enter Day(1-31): 1
May 1st, 2019
```

实际上，以上这个Python源程序是有瑕疵的，如它可能产生2月30日或4月31日这些奇奇怪怪的结果，如例4-104和例4-105所示。如果有兴趣的话，可以试着输入不同的数字以进一步测试这一程序。

例 4-104

```
E:\python\ch04>py calendar.py
Enter Year: 2018
```

```
Enter Month(1-12): 2
Enter Day(1-31): 30
February 30th, 2018
```

例 4-105

```
E:\python\ch04>py calendar.py
Enter Year: 3038
Enter Month(1-12): 4
Enter Day(1-31): 31
April 31st, 3038
```

除了以上问题之外，还有一个无法回避的问题，那就是它无法解决闰年的问题(即闰年2月为29天，而其他年份为28天)。因此，这里可以将calendar.py称为beta版。

可能有读者会问："为什么在calendar.py文件中使用的是列表，而不是元组？可以使用元组吗？"答案当然是可以的，例4-106就是以元组来实现的源程序。在注释处，标出了所做的改动。读者不难看出，使用列表似乎简单些。

例 4-106

```
# 将方括号改成了圆括号
months = (
    'January',
    'February',
    'March',
    'April',
    'May',
    'June',
    'July',
    'August',
    'September',
    'October',
    'November',
    'December' )
# 将方括号改成了圆括号，每个 th 之后都有一个逗号并且最后一个 st 之后也有一个逗号
endings = ('st', 'nd', 'rd') + 17 * ('th',) \
          + ('st', 'nd', 'rd') + 7 * ('th',) \
          + ('st',)
year = input('Enter Year: ')
month = input('Enter Month(1-12): ')
day = input('Enter Day(1-31): ')
month_num = int(month)
day_num = int(day)
month_name = months[month_num - 1]
ordinal = day + endings[day_num -1]
```

```
print(month_name + ' ' + ordinal + ', ' + year)
```

老师看到孩子们自己能完成这么复杂的程序，脸上露出了灿烂的笑容。随后他宣布：该课程从下周起改为周末上课。因为孩子们下周要开学了。

📖 **建议**：

读者将本书中的多数例子，最好是全部的例子在计算机上试一下，这样您的体会就会更深一些。这就像学习游泳一样，无论您遇到多么好的教练、看过多少学习游泳的录像，如果不跳到水中（当然不包括浴缸），永远也学不会游泳。Python程序设计是一门实践性非常强的课程。如果没有在计算机上编写、调试和运行操作Python程序代码，就很难真正地掌握Python这门程序设计语言。

4.21　习　题

1. 请写一行Python程序代码，输出friends列表中的第3项（元素）。以下是friends列表的定义：

```
friends = ['fox', 'dog', 'pig', 'monkey']
```

2. 请写一行Python程序代码，将求friends列表中的第4个元素的值由monkey改成tiger。以下是friends列表的定义：

```
friends = ['fox', 'dog', 'pig', 'monkey']
```

3. 使用append方法在friends列表的末尾添加一个名为bear的元素。以下是friends列表的定义：

```
friends = ['fox', 'dog', 'pig', 'monkey']
```

4. 使用insert方法添加wolf，使之成为friends列表中的第3个元素。以下是friends列表的定义：

```
friends = ['fox', 'dog', 'pig', 'monkey']
```

5. 使用remove方法从friends列表中删除其值为pig的元素。以下是friends列表的定义：

```
friends = ['fox', 'dog', 'pig', 'monkey']
```

6. 请写一行Python程序代码，输出friends元组中的第1项（元素）。以下是friends列表的定义：

```
friends = ('fox', 'dog', 'pig', 'monkey')
```

7. 请写一行Python程序代码，输出friends元组中元素的个数。以下是friends列表的定义：

```
friends = ('fox', 'dog', 'pig', 'monkey')
```

第5章 Python 集合

扫一扫，看视频

本章将介绍另外一个在Python程序设计语言中常用的数据结构——集合（set）。与上一章所介绍的列表和元组相同，它也是复合数据类型；与列表和元组不同的是这种数据类型是无序的。

5.1 Python集合简介

扫一扫，看视频

在Python程序设计语言中，一个集合（set）是一组没有次序的数据，并且其中没有重复的元素。在一个集合中的元素不但无序而且没有索引（即没有下标）。

在Python程序设计语言中，集合要放在大括号中，如果集合中的元素是字符串，就要用引号引起来（既可以是单引号，也可以是双引号）。例5-1首先创建一个名为colors（颜色）的集合，其中包括了三个元素——red（红）、yellow（黄）、blue（蓝），随后显示出这一集合的值，也可以使用print(colors)来完成同样的显示功能。

例 5-1

```
>>> colors = {'red', 'yellow', 'blue'}
>>> colors
{'blue', 'red', 'yellow'}
```

如果对例5-1所创建的colors变量的数据类型还有任何疑问，可以使用例5-2的print语句来显示它的数据类型。

例 5-2

```
>>> print(type(colors))
<class 'set'>
```

看了例5-2的显示结果，该放心了吧？原来创建集合同创建列表一样简单，只是将方括号改成了大括号而已。

☞ **指点迷津：**

由于集合是无序的，所以使用print语句是以随机的次序显示集合中的元素。这一点从例5-1的显示结果中可以看出。那么，为什么要引入集合这一复合数据类型呢？答案之一应该是效率。因为集合中的元素是无序的并且没有索引，所以Python维护集合的成本会大为降低。另一个重要的原因就是方便集合运算，在后面会详细介绍。

因为集合中的元素是无序的而且也没有下标，所以无法通过引用下标（索引）的方式来访问特定的元素。但是可以使用for循环语句来遍历集合中的元素，也可以通过使用隶属（成员资格）运算符in来判断某一特定的值是否存在于一个集合中。

5.2　用循环遍历集合和测试某个元素是否存在

可以使用循环语句来遍历一个集合中的所有元素，这为编写某些特定类型的程序提供了极大的方便。例5-3就是使用for循环来遍历并显示所创建的colors集合中的每一个元素。

例 5-3

```
>>> colors = {'red', 'yellow', 'blue', 38.00, 250}
>>> for c in colors:
...   print(c)
...
red
38.00
blue
yellow
250
```

有关for循环语句在后面的章节中会详细介绍，在这里只要会用就可以了。

📢 **注意：**

例5-3显示结果中元素的顺序与定义集合colors的顺序有很大的不同。这也是集合与列表的重大区别之一。

为了能够比较清晰地显示Python执行以上程序代码的细节，在这里是使用交互模式来执行这段代码的。

有时，可能需要确定某个特定的元素是否存在于一个集合中。此时，就可以使用带有关键字in的if语句来完成。例5-4就是使用带有in关键字的if语句来判断yellow是否在colors集合中存在，如果存在就显示出相关的信息。

例 5-4

```
>>> colors = {'red', 'yellow', 'blue', 38.00, 250}
>>> if 'yellow' in colors:
...   print("Yes, 'yellow' is in the colors set !!!")
...
Yes, 'yellow' is in the colors set !!!
```

同样，有关分支语句if在后面的章节中也会详细介绍，在这里只要会用就可以了。

5.3　求集合的长度和在集合中添加元素

为了方便集合的操作，Python程序设计语言也提供了许多内置函数和方法。在这一节中将介绍求集合长度的函数len，以及两个在集合中添加元素的方法add和update。在后续的几节中将陆续介绍一下其他常用的方法和函数。

可以使用函数len来确定一个集合中有多少个元素（即求集合的长度）。例5-5的Python程序代码就是利用函数len获取集合friends中元素的个数。

例 5-5

```
>>> friends = {'fox', 'dog', 'pig', 'monkey'}
>>> print(len(friends))
4
```

与元组类似，一个集合一旦被创建就不允许再改变其中的任何元素。不过可以往这个集合中添加新元素。如果要添加一个元素，可以使用方法add。如果要添加多个元素，可以使用update方法。

可以使用方法add往一个集合中添加一个指定分元素。例5-6的Python程序代码就是利用方法add往集合friends中添加一个名为cat的元素并显示这一集合中的内容。

例 5-6

```
>>> friends = {'fox', 'dog', 'pig', 'monkey'}
>>> friends.add('cat')
>>> print(friends)
{'pig', 'fox', 'cat', 'monkey', 'dog'}
```

从例5-6的显示结果可以看出，方法add确实在集合friends中添加了cat元素，但是显示的位置却是随机的。这也是集合与列表的重要区别之一。

可以使用方法update往一个集合中添加多个指定分元素。例5-7的Python程序代码就是利用方法update往集合friends中添加三个不同的元素并显示这一集合中的内容。

例 5-7

```
>>> friends = {'fox', 'dog', 'pig', 'monkey'}
>>> friends.update(['bear', 'wolf', 'tiger'])
>>> print(friends)
{'monkey', 'tiger', 'pig', 'fox', 'wolf', 'bear', 'dog'}
```

从例5-7的显示结果可以看出，方法update确实在集合friends中添加了bear、wolf和tiger元素，但是显示的位置也是随机的。

5.4 删除集合中的项（元素）

扫一扫，看视频

在这一节中将继续介绍Python程序设计语言中另外三个常用的方法：remove、discard和pop，可以使用这三个方法来删除集合中的元素。首先介绍如何使用方法remove。

为了帮助读者进一步理解方法remove的使用，使用例5-8的Python程序代码演示如何使用这一方法来删除集合friends中的pig元素。

例 5-8

```
>>> friends = {'fox', 'dog', 'pig', 'monkey'}
```

```
>>> friends.remove('pig')
>>> print(friends)
{'fox', 'dog', 'monkey'}
```

从例5-8的显示结果可以看出，方法remove是删除集合中指定的元素，在这个例子中指定的元素是pig。

如果所指定的元素在集合中不存在，那么方法remove会显示错误信息，如例5-9程序代码所示。

例 5-9

```
>>> friends = {'fox', 'dog', 'pig', 'monkey'}
>>> friends.remove('bear')
Traceback (most recent call last):
  File "<stdin>", line 1, in <module>
KeyError: 'bear'
```

介绍完了方法remove之后，接着介绍另一个类似的方法discard。为了帮助读者进一步理解方法discard的使用，使用例5-10的Python程序代码以演示如何使用这一方法来删除集合friends中的pig元素。

例 5-10

```
>>> friends = {'fox', 'dog', 'pig', 'monkey'}
>>> friends.discard('pig')
>>> print(friends)
{'fox', 'dog', 'monkey'}
```

从例5-10的显示结果可以看出，方法discard是删除集合中指定的元素，在这个例子中指定的元素是pig。从例5-10看不出方法discard与方法remove的任何区别。

但是如果所指定的元素在集合中不存在，那么与方法remove不同，方法discard不会产生任何错误信息，这也是它们之间的差别，如例5-11程序代码所示。

例 5-11

```
>>> friends = {'fox', 'dog', 'pig', 'monkey'}
>>> friends.discard('bear')
```

与方法remove和discard不同，方法pop随机地删除集合中的一个元素（删除的元素是不确定的），并返回所删除的元素。另一个不同之处是，调用方法pop时不需要也没有参数，即在圆括号中没有任何东西，如friends.pop()。

为了帮助读者进一步理解方法pop的使用，使用例5-12的Python程序代码以演示如何使用这一方法来随机删除集合friends中的一个元素，并将返回的元素赋予变量pet。接下来，使用例5-13的代码显示出集合friends中的全部内容。

例 5-12

```
>>> friends = {'fox', 'dog', 'pig', 'monkey'}
>>> pet = friends.pop()
>>> print(pet)
```

```
    fox
```

例 5-13

```
>>> print(friends)
{'monkey', 'dog', 'pig'}
```

例5-12和例5-13的显示结果表明，方法pop所删除掉的那个元素并不是创建friends集合时的那个最后面的元素monkey，而随机删除的是元素fox。还有在例5-13的显示结果中，元素的次序也与创建时不同，这是因为集合中的元素是无序的。

5.5   del语句与clear方法

除了5.4节所介绍的remove、discard和pop三个方法之外，也可以使用Python所提供的del语句来删除集合。

◀》 **注意：**

使用del命令不能删除集合中的单独元素，只能删除整个集合，因为集合中的元素没有索引（没有下标）。

为了进一步理解如何使用del语句删除整个集合，可以使用例5-14的Python程序代码。

例 5-14

```
>>> friends = {'fox', 'dog', 'pig', 'monkey'}
>>> del friends
>>> print(friends)
Traceback (most recent call last):
  File "<stdin>", line 1, in <module>
TypeError: 'set' object doesn't support item deletion
```

从例5-14的显示结果可以看出：执行了del friends语句之后，friends这个集合就已经不存在了，因为最后一行的错误信息显示"'set' object doesn't support item deletion"。

另外，Python还提供了一个方法clear。该方法的功能是删除集合中的所有元素，即所谓的清空集合。

为了演示如何使用方法clear清空整个集合，可以在计算机上输入并运行例5-15的Python程序代码。

例 5-15

```
>>> friends = {'fox', 'dog', 'pig', 'monkey'}
>>> friends.clear()
>>> print(friends)
set()
```

从例5-15的显示结果可以看出：与del语句不同，执行完clear方法之后，系统只是清空了集合，即删除了例5-15中的全部元素，但是这个friends集合依然存在。可以使用例5-16的程序代码在friends集合中添加一个名为dog的元素，之后输出friends集合的内容。以这样的方法就可以证明friends集合确实依然存在。

例 5-16

```
>>> friends.add('dog')
>>> print(friends)
{'dog'}
```

5.6 set函数

通过前面5节的学习，相信读者已经熟悉如何创建集合了。其实，还有另外一种创建集合的方法，那就是使用set函数，也称为集合构造器(set constructor)。

set构造器的功能就是在Python中创建一个集合，该函数可以接收参数；其参数可以是字符串、元组、集合和字典等。

为了演示如何使用set构造器创建一个新的集合，可以使用例5-17的Python程序代码。在这段程序代码中，第1行代码是创建一个名为friends的集合，其中包含了4个字符串元素；第2行代码是显示friends集合中的全部内容。这里需要特别注意的是，set后一定要使用双括号，否则会出错。

例 5-17

```
>>> friends = set(('fox', 'dog', 'pig', 'monkey'))
>>> friends
{'fox', 'monkey', 'dog', 'pig'}
```

从例5-17的显示结果，基本上可以断定friends集合已经创建成功。如果觉得心里还是有点不踏实，则可以使用例5-18的命令列出friends集合的数据类型以进一步确定friends集合的正确性。

例 5-18

```
>>> print(type(friends))
<class 'set'>
```

看了例5-18的显示结果，应该没有任何疑问了吧？如果用例5-17在创建friends集合时不小心使用了单括号，会发生什么呢？请看例5-19。

例 5-19

```
>>> friends = set('fox', 'dog', 'pig', 'monkey')
Traceback (most recent call last):
  File "<stdin>", line 1, in <module>
TypeError: set expected at most 1 arguments, got 4
```

看到例5-19的显示结果，可能您会问这到底是怎么回事呀？因为括号中的内容不能作为set函数的参数；而例5-17中的就不一样了，因为('fox', 'dog', 'pig', 'monkey')是一个元组，set (('fox', 'dog', 'pig', 'monkey'))是将('fox', 'dog', 'pig', 'monkey')这个元组转换成了一个集合。

set构造器也可以将一个字符串转换成集合。对于一个字符串，set构造器既可以使用单括号也可以使用双括号，因为这时set的参数是字符串，如例5-20和例5-21所示。

例 5-20

```
>>> friends = set('dog')
>>> friends
{'o', 'd', 'g'}
```

例 5-21

```
>>> friends = set(('dog'))
>>> friends
{'o', 'd', 'g'}
```

从例5-20和例5-21显示的结果可以看出，这样产生的集合包括了三个元素，它们分别是dog中的三个单个的字符。但是与列表不同，集合中三个元素的顺序是随机的。也可以使用例5-22的命令列出friends集合的数据类型以进一步确定friends集合的正确性。

例 5-22

```
>>> print(type(friends))
<class 'set'>
```

甚至可以使用set()来创建一个空的集合，可以使用例5-23和例5-24的代码来验证这一点。

例 5-23

```
>>> x = set()
>>> x
set()
```

例 5-24

```
>>> print(type(x))
<class 'set'>
```

5.7　集合与集合的基本运算

在学习完了前面几节有关Python中集合的介绍之后，有些读者可能会感觉到好像集合与列表的差别并不大。有这种感觉是正常的，因为还没有介绍在集合论中最基本的集合运算。在这一节中将简单地回顾一下集合的定义和基本运算，在接下来的几节中将陆续介绍在Python程序设计语言中如何完成这些基本的集合运算。

集合简称集，是数学中的一个基本概念，也是集合论的主要研究对象。集合论的基本理论创立于19世纪，在最原始的集合论中的集合是这样定义的：集合就是"一堆确定的东西"，集合里的"东西"则称为元素。现代的集合一般被定义为由一个或多个确定的元素所构成的整体。

在Python中是利用方法来完成基本的集合运算的，Python支持的基本集合运算包括合并运算（也称并集，union）、相交（也称交集，intersection）、差（也称差集，difference）等。如果有两个集合A={1, 2}、B={2, 3}，这些运算的定义和例子如下。

（1）union：A和B两个集合的并集包括了A和B中的全部元素（没有重复），即为{1, 2, 3}，如图5-1所示，其中左侧为A集合，右侧为B集合，深色部分为运算后的结果。

（2）intersection：A和B两个集合的交集包括了既在A中又在B中的全部元素，即为{2}，如图5-2所示，其中左侧为A集合，右侧为B集合。

（3）difference：A和B两个集合的差集包括了不在B中的A中的那些元素，即为{1}，如图5-3所示，其中左侧为A集合，右侧为B集合。

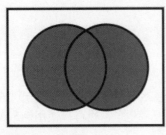 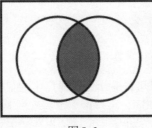 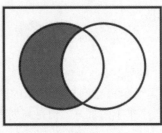

图5-1 图5-2 图5-3

扫一扫，看视频

5.8 Python集合的union方法

在简要地介绍了集合和集合的基本运算之后，从这一节开始将陆续介绍在Python中如何完成这些基本的集合运算。

Python提供了一个名为union的方法来实现两个或多个集合的相加（并操作）。当利用这一方法将两个集合进行相加时，操作的结果是两个集合中的所有元素（但要去掉重复的元素）。为了帮助进一步理解如何使用union方法，可以使用例5-25的Python程序代码。在这段代码中，第3行代码的含义是：将friends集合与pets集合相加之后赋予f集合。其他的代码读者应该已经比较熟悉了，这里就不再重复解释了。

例 5-25

```
>>> friends = {'fox', 'dog', 'pig'}
>>> pets = {'dog', 'cat', 'rabbit'}
>>> f = friends.union(pets)
>>> print(f)
{'dog', 'rabbit', 'fox', 'cat', 'pig'}
```

从例5-25的显示结果可以看出：friends集合与pets集合合并后的f集合中的所有元素就是扣除了那个重复的dog元素之外的所有元素。

实际上，union方法返回原来集合（friends集合）所有的全部元素，并且包括了指定集合（pets集合）中的全部元素（但是不包括与原集合中相同的那些元素，如dog元素）。该方法不但可以用于两个集合的并操作，而且可以用于多个集合的并操作。可以用逗号将指定的集合分开。在这种情况下，如果一个元素（项）出现在多个集合中，那么在合并操作的结果中这个项只会出现一次。

为了进一步理解如何使用union方法进行多个集合的并操作，可以使用例5-26的Python程序代码。在这段代码中，第4行代码的含义是：将friends集合与pets和cats集合相加之后赋予p集合。

例 5-26

```
>>> friends = {'fox', 'dog', 'pig'}
```

```
>>> pets = {'dog', 'cat', 'rabbit'}
>>> cats = {'tiger', 'lion', 'cat'}
>>> p = friends.union(pets, cats)
>>> print(p)
{'dog', 'lion', 'tiger', 'rabbit', 'fox', 'cat', 'pig'}
```

从例5-26的显示结果可以看出：friends集合与pets和cats集合合并后的p集合中的所有元素就是扣除了那个重复的dog和cat元素之外的所有元素。

5.9　Python集合的intersection方法

Python提供了一个名为intersection的方法来实现两个或多个集合的相乘运算（交集操作）。当利用这一方法将两个集合进行相乘时，操作的结果是必须在两个集合中都有的那些元素。为了进一步理解如何使用intersection方法，可以使用例5-27的Python程序代码。在这段代码中，第3行代码的含义是：将friends集合与pets集合相乘之后赋予f集合。

例 5-27

```
>>> friends = {'fox', 'dog', 'pig'}
>>> pets = {'dog', 'cat', 'rabbit'}
>>> f = friends.intersection(pets)
>>> print(f)
{'dog'}
```

从例5-27的显示结果可以看出：friends集合与pets集合进行交集操作之后的f集合中的所有元素只有在这两集合中都存在的元素，即dog元素，没有其他任何元素。

☞ 指点迷津：

需要注意的是，intersection方法并不修改friends集合，即friends集合中的内容保持原样。可以使用print（friends）或friends语句来验证这一点。

实际上，intersection方法返回一个这样的集合，它包括了在所有集合中都存在的那些元素。该方法不但可以用于两个集合的交集操作，而且可以用于多个集合的交集操作（要将括号中指定的集合用逗号分开）。在这种情况下，该方法返回的集合只包括那些在每一个集合中都存在的元素。

为了进一步理解如何使用intersection方法进行多个集合的相乘运算，可以使用例5-28的Python程序代码。在这段代码中，第4行代码的含义是：将friends集合与pets和cats集合相乘之后赋予p集合。

例 5-28

```
>>> friends = {'cat', 'dog', 'pig'}
>>> pets = {'dog', 'cat', 'rabbit'}
>>> cats = {'tiger', 'lion', 'cat'}
>>> p = friends.intersection(pets, cats)
>>> print(p)
```

```
{'cat'}
```

从例5-28的显示结果可以看出：friends集合与pets和cats集合相乘之后的p集合中的所有元素只有那些在friends、pets和cats集合中都存在的元素，即只有cat元素。

5.10　Python集合的intersection_update方法

除了intersection方法之外，Python还提供了一个名为intersection_update的类似方法。它也是实现两个或多个集合的相乘运算（交集操作），但是与intersection方法不同的是，如果在例5-27中使用的是intersection_update方法，该方法将修改集合friends中的内容，去掉在pets集合中存在的元素；当利用这一方法将两个集合进行相乘时，操作的结果是必须在两个集合中都有的那些元素，实际上是删除那些只存在于一个集合中的内容。为了进一步理解如何使用intersection_update方法，可以使用例5-29的Python程序代码。在这段代码中，第3行代码的含义是：使用intersection_update方法将friends集合与pets集合相乘。

例5-29

```
>>> friends = {'fox', 'dog', 'pig'}
>>> pets = {'dog', 'cat', 'rabbit'}
>>> friends.intersection_update(pets)
>>> print(friends)
{'dog'}
```

从例5-29的显示结果可以看出：friends集合与pets集合进行交集操作之后的friends集合中的所有元素只剩下了dog元素，其他的在pets集合中没有的两个元素都被删掉了，因为只有dog元素在两个集合中都有。

☞ **指点迷津：**

　　intersection_update方法与intersection方法的最大不同之处是：intersection方法返回一个不包含那些不想要的元素（不是每个集合中都有的元素）的新集合，而intersection_update方法是从原始的集合（friends集合）中删除不需要的元素。

与intersection方法相同，intersection_update方法不但可以用于两个集合的交集操作，而且可以用于多个集合的交集操作（要将括号中指定的集合用逗号分开）。在这种情况下，原始集合只包括那些在每一个集合中都存在的元素，即去掉了那些并没有在所有集合中出现的元素。

为了进一步理解如何使用intersection_update方法进行多个集合相乘运算，可以使用例5-30的Python程序代码。在这段代码中，第4行代码的含义是：利用intersection_update方法将friends集合与pets和cats集合相乘。

例5-30

```
>>> friends = {'cat', 'dog', 'pig'}
>>> pets = {'dog', 'cat', 'rabbit'}
>>> cats = {'tiger', 'lion', 'cat'}
>>> friends.intersection_update(pets, cats)
```

```
>>> print(friends)
{'cat'}
```

从例 5-30 的显示结果可以看出：利用 intersection_update 方法将 friends 集合与 pets 和 cats 集合相乘之后的 friends 集合中的所有元素只剩下那些在 friends、pets 和 cats 集合中都存在的元素，即只有 cat 元素，其他元素都被去掉了。

5.11　Python集合的difference方法

Python 提供了一个名为 difference 的方法来实现两个或多个集合的相减（差集操作）。当利用这一方法将两个或多个集合进行相减时，所返回的集合包括了两个或多个集合中的差。为了进一步理解如何使用 difference 方法，可以使用例 5-31 的 Python 程序代码。在这段代码中，第 3 行代码的含义是：将 friends 集合与 pets 集合相减之后赋予 f 集合。其他的代码读者应该已经比较熟悉了，这里就不再重复解释了。

例 5-31

```
>>> friends = {'cat', 'dog', 'pig'}
>>> pets = {'dog', 'cat', 'rabbit'}
>>> f = friends.difference(pets)
>>> print(f)
{'pig'}
```

从例 5-31 的显示结果可以看出：friends 集合与 pets 集合相减后的 f 集合中的所有元素就是那些出现在 friends 集合中但是没有出现在 pets 集合中的元素（这个例子中只有 pig 元素）。

☞ 指点迷津：

需要注意的是，difference 方法并不修改 friends 集合，即 friends 集合中的内容保持原样。可以使用 print（friends）或 friends 语句来验证这一点。

实际上，difference 方法返回了一个包括了两个集合（friends 集合和 pets 集合）的差的集合，即返回的集合所包括的元素只存在于第一个集合，但不能同时出现在两个集合中。该方法不但可以用于两个集合的差集操作，而且可以用于多个集合的差集操作。可以用逗号将指定的集合分开。在这种情况下，如果一个元素（项）出现在多个集合中，那么在减操作的结果中就不会包括这个元素。

为了进一步理解如何使用 difference 方法进行多个集合的差操作，可以使用例 5-32 的 Python 程序代码。在这段代码中，第 4 行代码的含义是：将 friends 集合与 pets 和 cats 集合相减之后赋予 f 集合。

例 5-32

```
>>> friends = {'cat', 'dog', 'pig'}
>>> pets = {'dog', 'cat', 'rabbit'}
>>> cats = {'tiger', 'lion', 'cat'}
>>> f = friends.difference(pets, cats)
```

```
>>> print(f)
{'pig'}
```

从例5-32的显示结果可以看出：friends集合与pets和cats集合相减后的f集合中就只剩下pig元素，因为只有这个元素只出现在了friends集合中。

如果在差集操作中调换了两个集合的次序（由A-B改成了B-A），其结果可能会不同。例如，将例5-31的Python程序代码改为例5-33。

例 5-33

```
>>> friends = {'cat', 'dog', 'pig'}
>>> pets = {'dog', 'cat', 'rabbit'}
>>> p = pets.difference(friends)
>>> print(p)
{'rabbit'}
```

从例5-33的显示结果可以看出：pets集合与friends集合相减后的p集合中的所有元素就是那些出现在pets集合中但是没有出现在friends集合中的元素（这个例子中只有rabbit元素）。

5.12 Python集合的difference_update方法

除了difference方法之外，Python还提供了一个名为difference_update的类似方法。它也是实现两个或多个集合的相减运算（差集操作），但是与difference方法不同的是，如果在例5-31中使用的是difference_update方法，该方法将修改集合friends中的内容，去掉在两个集合中都有的元素。为了进一步理解如何使用difference_update方法，可以使用例5-34的Python程序代码。在这段代码中，第3行代码的含义是：使用difference_update方法将friends集合与pets集合相减。

例 5-34

```
>>> friends = {'cat', 'dog', 'pig', 'fox'}
>>> pets = {'dog', 'cat', 'rabbit'}
>>> friends.difference_update(pets)
>>> print(friends)
{'fox', 'pig'}
```

从例5-34的显示结果可以看出：friends集合与pets集合进行差集操作之后的friends集合中只剩下了fox和pig两个元素，其他在pets集合中也出现过的两个元素都被删掉了。

☞ **指点迷津：**

difference_update方法与difference方法的最大不同之处是：difference方法返回一个不包含那些不想要的元素的新集合，而difference_update方法是从原始的集合（friends集合）中删除不需要的元素。

与difference方法类似，如果在difference_update方法中调换了两个集合的次序，其结果也可能会不同。例如，将例5-34的Python程序代码改为例5-35。

例 5-35

```
>>> friends = {'cat', 'dog', 'pig', 'fox'}
>>> pets = {'dog', 'cat', 'rabbit'}
>>> pets.difference_update(friends)
>>> print(pets)
{'rabbit'}
```

从例 5-35 的显示结果可以看出：利用 difference_update 方法将 pets 集合与 friends 集合相减后的 pets 集合中的所有元素就是那些出现在 pets 集合中但是没有出现在 friends 集合中的元素（这个例子中只有 rabbit 元素）。

除了从 5.8 节到这一节所介绍的集合基本运算方法之外，为了方便程序设计，Python 程序设计语言还提供了一些其他的集合操作方法，将在接下来的几节中陆续介绍。

5.13 Python集合的平衡差集方法

Python 还提供了一个名为 symmetric_difference（即所谓的平衡差集）的方法来实现两个或多个集合的相减运算（差集操作）。当利用这一方法将两个集合进行相减时，操作的结果包括了只出现在一个集合中的那些元素，而排除了那些在两个集合中都有的元素。这一点与集合论中的差集运算略有不同。如果觉得平衡差集难理解，可以将其看成两个集合两边都进行了集合的差运算，即第一个集合减去第二个集合，第二个集合减去第一个集合，二者相加。这也可能是平衡的由来吧。

为了进一步理解如何使用 symmetric_difference 方法，可以使用例 5-36 的 Python 程序代码。在这段代码中，第 3 行代码的含义是：利用 symmetric_difference 方法将 friends 集合与 pets 集合进行平衡相减（平衡差集）操作之后赋予 fp 集合。

例 5-36

```
>>> friends = {'fox', 'dog', 'pig'}
>>> pets = {'dog', 'cat', 'rabbit'}
>>> fp = friends.symmetric_difference(pets)
>>> print(fp)
{'fox', 'pig', 'rabbit', 'cat'}
```

从例 5-36 的显示结果可以看出：friends 集合与 pets 集合进行平衡差集操作之后的 fp 集合中包含了那些只出现在 friends 集合中或只出现在 pets 集合中的元素，但不包括在这两个集合中都有的元素（这里是 dog 元素）。

这里需要指出的是，与之前介绍的集合方法不同，该方法只能用于两个集合的差集操作，因为 symmetric_difference 方法只接收一个参数。

☞ **指点迷津：**

与 intersection 方法类似，symmetric_difference 方法也不修改 friends 集合，即 friends 集合中的内容保持原样。可以使用 print（friends）或 friends 语句来验证这一点。

除了以上所介绍的symmetric_difference方法之外，Python程序设计语言还提供了一个名为symmetric_difference_update的类似方法。它也是实现两个集合的平衡差集运算，但是与symmetric_difference方法不同的是，如果在例5-36中使用的是symmetric_difference_update方法，该方法将修改集合friends中的内容，去掉在两个集合中都有的元素，并且插入那些只存在于另一个集合中的项。

当利用这一方法将两个集合进行平衡差集运算时，操作的结果是必须只存在于一个集合的那些元素。为了进一步理解如何使用symmetric_difference_update方法，可以使用例5-37的Python程序代码。在这段代码中，第3行代码的含义是：使用这一方法将friends集合与pets集合进行平衡差集操作。

例 5-37

```
>>> friends = {'fox', 'dog', 'pig'}
>>> pets = {'dog', 'cat', 'rabbit'}
>>> friends.symmetric_difference_update(pets)
>>> print(friends)
{'pig', 'rabbit', 'cat', 'fox'}
```

从例5-37的显示结果可以看出：friends集合与pets集合进行平衡差集操作之后的friends集合中包含了那些只出现在friends集合中或只出现在pets集合中的元素，但不包括在这两个集合中都有的元素（这里是dog元素）。

扫一扫，看视频

5.14　Python中判断超集的方法

为了方便集合操作，Python还提供了判断一个集合是否是另一个集合的超集的方法，该方法就是issuperset方法。

其实issuperset是is super set（是超集）这三个单词连在一起构成的。该方法用于判断指定集合的所有元素是否都包含在原始的集合中，如果是则返回True；否则返回False。

为了进一步理解如何使用issuperset方法，可以使用例5-38的Python程序代码。在这段代码中，第3行代码的含义是：利用issuperset方法判断friends集合是否是pets集合的超集，之后将判断返回的结果赋予变量f。

例 5-38

```
>>> friends = {'fox', 'dog', 'pig', 'rabbit', 'tiger', 'cat', 'bear'}
>>> pets = {'dog', 'cat', 'rabbit'}
>>> f = friends.issuperset(pets)
>>> print(f)
True
```

从例5-38的显示结果可以看出：friends集合确实是pets集合的超集，因为第3行代码中f的值已经是True。这说明，friends集合中确实包括了pets集合中的全部元素（dog、cat和rabbit）。

如果在例5-38的第3行代码中交换一下friends与pets的位置，显示的答案将为False，因为friends集合中的好几个元素并没有出现在pets集合中，可以使用例5-39的Python程序代码来进一步理解这一点。在这段代码中，第 3 行代码的含义是：利用 issuperset 方法判断 pets 集合是否是 friends 集合的超集，之后将判断返回的结果赋予变量 p。

例 5-39

```
>>> friends = {'fox', 'dog', 'pig', 'rabbit', 'tiger', 'cat', 'bear'}
>>> pets = {'dog', 'cat', 'rabbit'}
>>> p = pets.issuperset(friends)
>>> print(p)
False
```

从例 5-39 的显示结果可以看出：pets 集合确实不是 friends 集合的超集，因为第 3 行代码中 p 的值已经是 False，这说明 pets 集合中确实没有包括 friends 集合中的全部元素（其中没有包括的元素有 fox、pig、tiger 和 bear）。

5.15　Python 中判断子集的方法

同样，为了方便集合操作，Python 也提供了判断一个集合是否是另一个集合的子集的方法，该方法就是 issubset 方法。

其实 issubset 是 is sub set（是子集）这三个单词连在一起构成的。该方法用于判断原始集合的所有元素是否都包含在指定集合中，如果是则返回 True；否则返回 False。

为了进一步理解如何使用 issubset 方法，可以使用例 5-40 的 Python 程序代码。在这段代码中，第 3 行代码的含义是：利用 issubset 方法判断 pets 集合是否是 friends 集合的子集，之后将判断返回的结果赋予变量 p。

例 5-40

```
>>> friends = {'fox', 'dog', 'pig', 'rabbit', 'tiger', 'cat', 'bear'}
>>> pets = {'dog', 'cat', 'rabbit'}
>>> p = pets.issubset(friends)
>>> print(p)
True
```

从例 5-40 的显示结果可以看出：pets 集合确实是 friends 集合的子集，因为第 3 行代码中 p 的值已经是 True。这说明 friends 集合中确实包括了 pets 集合中的全部元素（dog、cat 和 rabbit）。

如果在例 5-40 的第 3 行代码中交换一下 friends 与 pets 的位置，显示的答案将为 False，因为 friends 集合中的好几个元素并没有出现在 pets 集合中，可以使用例 5-41 的 Python 程序代码来进一步理解这一点。在这段代码中，第 3 行代码的含义是：利用 issubset 方法判断 friends 集合是否是 pets 集合的子集，之后将判断返回的结果赋予变量 f。

例 5-41

```
>>> friends = {'fox', 'dog', 'pig', 'rabbit', 'tiger', 'cat', 'bear'}
>>> pets = {'dog', 'cat', 'rabbit'}
>>> f = friends.issubset(pets)
>>> print(f)
```

```
False
```

从例5-41的显示结果可以看出：friends集合确实不是pets集合的子集，因为第3行代码中f的值已经是False，因为pets集合中确实没有包括friends集合中的全部元素（其中没有包括的元素有fox、pig、tiger和bear）。

5.16　Python中判断两个集合是否不相交的方法

还是为了方便集合操作，Python又提供了判断两个集合是否不相交的方法，该方法就是isdisjoint方法。

其实isdisjoint是is disjoint（是不相交）这两个单词连在一起构成的。该方法用于判断两个集合是否包含相同的元素，如果没有则返回True；否则返回False。实际上就是确定两个集合是否毫不相干。

为了进一步理解如何使用isdisjoint方法，可以使用例5-42的Python程序代码。在这段代码中，第3行代码的含义是：利用isdisjoint方法判断friends集合是否与pets集合不相交，即friends集合是否不包含与pets集合相同的元素，之后将判断返回的结果赋予变量f。

例 5-42

```
>>> >>> friends = {'fox', 'dog', 'pig'}
>>> pets = {'tiger', 'bear', 'rabbit'}
>>> f = friends.isdisjoint(pets)
>>> print(f)
True
```

从例5-42的显示结果可以看出：friends集合确实没有包含pets集合中的任何元素，因为第3行代码中f的值已经是True。这说明friends集合中确实没有包括pets集合中的任何元素。

如果friends集合包含了pets集合中的任何元素，哪怕只有一个，则isdisjoint方法返回的结果就是False，可以使用例5-43的Python程序代码来证明这一点。在这段代码中，第3行代码的含义是：利用isdisjoint方法判断friends集合是否没有与pets集合相交，之后将判断返回的结果赋予变量f。

例 5-43

```
>>> friends = {'fox', 'dog', 'pig', 'rabbit'}
>>> pets = {'tiger', 'bear', 'rabbit'}
>>> f = friends.isdisjoint(pets)
>>> print(f)
False
```

从例5-43的显示结果可以看出：friends集合确实与pets集合相交，因为第3行代码中f的值已经是False，因为friends集合中确实包括pets集合中的一个元素——rabbit。

☞ **指点迷津：**

如果读过其他Python程序设计语言的书，可能会发现本书有关集合的内容介绍了许多。因为利用Python程序设计语言提供的集合运算方法，在某种程度上可以大大简化某些较复杂的编程工作，有时使用一个Python的方法可以省掉许多行复杂的程序代码。虽然在某些教程上是使用位操作来完成集合运算的，但是还是建议尽可能地使用集合方法来完成这类操作，因为使用集合方法会使您的程序代码更简单、更清晰易懂。

Python老师在介绍完集合之后告诉孩子们：以上集合和以上介绍的那些方法对于大规模的数据筛选是非常方便的，而且遇到大规模的数据筛选时应尽可能考虑使用Python的集合和它所提供的集合方法。

有一个孩子问："可是平时使用的数据多数是数组（列表）呀，那又该怎么办呢？"

老师回答说："可以使用set函数（集合构造器）将列表转换成集合。"

二师兄又问："可程序最终操作的还是列表呀，那又该如何处理呀？"

老师又回答说："可以使用list函数（列表构造器）将集合再转换成列表不就行了吗？"

大师兄又接着问："这时列表中的数据已经是无序的了，怎样才能解决这一问题？"

老师接着回答说："可以使用sort方法对列表中的数据进行排序呀！而且如果需要的话，还可以使用reverse方法反转列表中数据的顺序呀！"

老师也知道这帮孩子们有些故意给他出难题的意思，不过他对孩子们的进步和认真学习的态度还是特别高兴的。而且问的问题相当有水准。

通过以上Python培训老师与这帮孩子们的对答，相信读者应该对Python集合、集合方法及列表和列表方法的一些妙用有所了解了吧？

5.17　实例1——检查两个输入字符串中相同的字母

在每章结束之前，按照惯例老师又会给出一两个综合性的例子对这一章的内容做一个总结。老师要求孩子们利用集合和集合的方法编写一段Python程序代码，测试两个输入字符串中是否有相同的字母，如果有就显示出来。还是要求孩子们讨论，大家一起完成。

这个程序的功能是这样的：获取两个字符串并检查在这两个字符串中是否有相同的字母，如果有就显示出来。该程序的具体步骤如下。

（1）根据提示输入两个不同的字符串并分别存入相应的变量中。

（2）将两个字符串转换成两个集合，并在这两个集合中查找相同的字母。

（3）将查找到的字母存入一个列表中。

（4）使用for循环显示出该列表中的每个字母。

孩子们经过简短的讨论之后，在Windows命令行窗口中输入了如例5-44所示的操作系统命令启动记事本，并在当前目录中创建一个名为ck_letters.py的文件。

例5-44

```
E:\python\ch05>notepad ck_letters.py
```

随后，在打开的记事本中输入用于测试两个输入字符串中是否有相同字母的Python源程序代码，如例5-45所示。

例5-45

```
s1 = input("Enter first string: ")
```

```
s2 = input("Enter second string: ")
ss1 = set(s1)
ss2 = set(s2)
a = list(ss1.intersection(ss2))
print("The common letters are:")
for c in a:
    print(c)
```

为了更好地了解以上这段程序，现在逐一地解释例5-45中的Python源程序代码。

（1）第1行和第2行代码在屏幕上显示提示信息，并将输入分别存入变量s1和s2。

（2）第3行和第4行代码将字符串s1和s2转换成集合并分别赋予ss1和ss2。

（3）第5行代码利用集合方法intersection求出ss1和ss2的交集（即两个集合中都有的元素，在这里就是字母），随即利用list函数（列表构造器）将结果转换成列表并赋予变量a。

（4）第6行代码在屏幕上显示"The common letters are:"。

（5）第7和第8行代码使用for循环显示出该列表中的每个字母。

检查无误后存盘，孩子们随即在Windows命令行窗口中输入了如例5-46所示的操作系统命令执行ck_letters.py程序，在提示处输入用户名，其中有下画线的字符串是您的输入。

例 5-46

```
E:\python\ch05>py ck_letters.py
Enter first string: monkey
Enter second string: mountain
The common letters are:
o
n
m
```

因为mon出现在了两个输入字符串中，所以例5-46的显示结果为o、n、m。使用例5-47的命令再次执行ck_letters.py程序，这次输入不同的字符串。

例 5-47

```
E:\python\ch05>py ck_letters.py
Enter first string: Hello
Enter second string: World
The common letters are:
l
o
```

实际上，以上例5-45的Python程序代码复习了不少之前学习过的内容。首先复习了利用input显示提示信息并输入字符串，其次使用set构造器将字符串强制转换成集合，接下来利用集合方法intersection求出两个集合的交集，之后使用list构造器将刚刚得到的交集转换成列表，最后利用for循环语句和print语句输出列表中的每一个字符。用的知识还真不少！

5.18　实例 2——编写生成日历的程序

没想到孩子们这么快就完成了 ck_letters.py 的源程序代码的编写和测试，所以时间还有富余。老师想让孩子们再编写一个程序，可一时又想不起来（因为备课时只准备了一个程序）。他为难了一会儿，突然想到了上次那个根据用户输入的阿拉伯数字表示的年、月和日之后以英语显示年、月和日的程序。于是，他别出心裁地要求孩子们用 Python 程序设计语言编写一个生成日历的程序（按屏幕显示的提示信息输入年和月，之后系统以操作系统常见的方式显示出该年该月的日历）。

老师在白板上给出了该程序的第一个语句 "import calendar"，因为孩子们还没有学到 import 语句。该语句是将 calendar 模块导入该程序，其中 calendar 模块是 Python 自带的一个模块。

孩子们在经过了一段时间的讨论之后，在 Windows 命令行窗口中输入了如例 5-48 所示的操作系统命令启动记事本，并在当前目录中创建一个名为 cal.py 的文件。

例 5-48

```
E:\python\ch05>notepad cal.py
```

随后，在打开的记事本中输入了用于生成指定年和月的日历的 Python 源程序代码，如例 5-49 所示。

例 5-49

```
import calendar
yy = int(input("Enter Year: "))
mm = int(input("Enter Month: "))
print(calendar.month(yy, mm))
```

孩子们检查了以上源代码并确认无误后，以 cal.py 为文件名存盘（存在当前目录中），随后运行这个程序并在提示处分别输入年、月，如例 5-50 所示，其中标有下画线的部分是孩子们输入的数字。

例 5-50

```
E:\python\ch05>py cal.py
Enter Year: 1968
Enter Month: 8
    August 1968
Mo Tu We Th Fr Sa Su
          1  2  3  4
 5  6  7  8  9 10 11
12 13 14 15 16 17 18
19 20 21 22 23 24 25
26 27 28 29 30 31
```

孩子们突然发现这个程序要比之前他们编写的那个日历程序简单多了，于是他们问老师其中的缘由。

老师微笑着回答："那是因为你们使用了软件工具——Python 自带的模块 calendar，你们是站在了巨人（calendar 模块的设计者）的肩膀上。"

老师接着说:"人类之所以能进化成今天的万物之灵,就是因为我们的祖先学会了发明和使用工具。虽然与其他动物相比,人类的长处有限,但是在工具的帮助下,最终人类却成为这个世界的主宰者。借助于软件工具,你们也可以像我们的祖先一样不断进化——从软件的菜鸟进化成老鹰,再进化成大虾、专家、大师,最后进化成为一代宗师。"

孩子们小声嘀咕起来,怎么这位Python老师与我们的家长和其他大人们都不一样呀! 不会跟外星人是一伙的吧?

5.19　习　题

1. 请补上中间缺失的那一行Python程序代码,检查cat是否出现在friends集合中:

```
friends = {'fox', 'dog', 'pig', 'cat'}
_____
    print('Yes, cat is a friends !!!')
```

2. 请写一行Python程序代码,在friends集合中添加一个名为tiger的新元素。以下是friends集合的定义:

```
friends = {'fox', 'dog', 'pig', 'cat'}
```

3. 请写一行Python程序代码,将多个项(整个列表中的全部元素)都添加进集合中。以下是friends集合和pets列表的定义:

```
friends = {'fox', 'dog', 'pig'}
pets = ['cat', 'tiger', 'lion']
```

4. 使用方法remove从friends集合中删除其值为pig的元素。以下是friends集合的定义:

```
friends = {'fox', 'dog', 'pig', 'monkey'}
```

5. 使用方法discard从friends集合中删除其值为pig的元素。以下是friends集合的定义:

```
friends = {'fox', 'dog', 'pig', 'monkey'}
```

第6章 Python 字典

本章将介绍另外一个在Python程序设计语言中常用的数据类型——字典。与上一章所介绍的集合相同，它也是复合数据类型。与其不同的是，这种数据类型是有索引的。在一些其他的程序设计语言中，字典被称为关联数组。

6.1 Python字典简介

在Python程序设计语言中，一个字典是一组没有次序的组合数据。在一个字典中的元素是无序的，但有索引。与数字区间索引的序列不同，字典中的元素是使用键（keys）来索引的。

最好将一个字典看成是一些"键：值"（key:value）的一个集合，这里要求在一个字典之内每一个键都是唯一的（不能重复）。即在Python程序设计语言中，字典的元素要放在大括号中，并且它们是一些键和值。每一个键与该键的值以冒号（:）隔开，元素（项）之间以逗号分隔，并且它们全部被大括号括起来。也可以定义一个空字典，一个空字典中没有任何项，只有两个大括号，即{}。

在字典中，键是唯一的，但是值不一定是唯一（即可以重复）的。字典中的值可以是任意数据类型，但是键必须是一种不可变的数据类型（如字符串、数字或元组）。

例6-1首先创建一个名为dog（狗）的字典，其中包括了三个元素——三对键和值。随后显示出这一字典的全部内容。

例 6-1

```
dog = {
    'name': 'Black Tiger',
    'color': 'Black',
    'age': 3 }
print(dog)
{'name': 'Black Tiger', 'color': 'Black', 'age': 3}
```

如果对在以上例6-1所创建的dog变量的数据类型还有任何疑问，您可以使用例6-2的print语句来显示它的数据类型。

例 6-2

```
>>> print(type(dog))
<class 'dict'>
```

看了例6-2显示的结果，您该放心了吧？原来创建字典同创建集合也差不多一样简单，只是要多输入些内容而已。

☞ **指点迷津：**

　　由于创建字典时输入的内容比较多，而且要保证每个"键和值对"缩进的空格数相同，所以读者可以使用Python的图形工具来做这一章的例题，因为图形工具会帮助您自动完成一些琐碎重复的工作，如自动填写所需的空格。

　　这帮孩子们可以说是洗心革面，不但不再惹是生非了，而且学习成绩也出现了跨越式的进步，年级期中考试公布成绩排行榜时他们居然全部挤进了前30名。最让老师们特别是他们的班主任不解的是，这帮淘气包竟然没有一个掉队的。以前他们几乎都是全年级垫底的学生。其实，原因也很简单，自从成了外星人在地球上的观察员，他们信心倍增，对于Python学习也充满了浓厚的兴趣，随之养成了爱学习的好习惯，其他学科的成绩也快速提升。

6.2　用循环遍历字典和测试某个元素是否存在

　　可以使用for循环语句来遍历一个字典中的所有元素（键和值对），这为编写某些特定类型的程序提供了极大的方便。例6-3就是使用for循环来遍历并显示所创建的dog字典中的每一个元素（键和值对）。

例 6-3

```
dog = {
    'name': 'Black Tiger',
    'color': 'Black',
    'age': 3 }
for d in dog:
    print(d)
name
color
age
```

　　需要注意的是，当使用for循环遍历一个字典时，返回的结果只有字典的键，而不包括任何值。这一点从例6-3的显示结果中可以看到。

　　那么怎样返回字典中的值呢？可以使用例6-4的程序代码来一个接一个地显示出字典中的全部值。

例 6-4

```
dog = {
    'name': 'Black Tiger',
    'color': 'Black',
    'age': 3 }
for d in dog:
    print(dog[d])
Black Tiger
Black
```

3

可能有读者问：在例6-4的Python源程序代码中，print(dog[d])的含义到底是什么？接下来，我们就详细地解释一下。从例6-3的程序代码和显示结果可知："for d in dog:"是每循环一次顺序地获取字典中的一个键，即分别是name、color和age。因此在例6-4的程序代码中每次循环就顺序地输出dog[d]的值，即分别输出dog[name]、dog[color]和dog[age]的值，也就分别是Black Tiger、Black和3。

问题是有时您可能想同时返回字典中的键和对应的值，那又该如何处理呢？只有您想不到的，没有Python做不到的，您信不？为此，Python提供了一个名为items的函数。使用这个函数就可以利用for循环遍历并显示出字典中的每一个键和对应的值，如例6-5的Python程序代码所示。

例 6-5

```
dog = {
    'name': 'Black Tiger',
    'color': 'Black',
    'age': 3 }
for k, v in dog.items():
    print(k, v)
name Black Tiger
color Black
age 3
```

从例6-5的显示结果可以看出：该程序确实输出dog字典中的每一个键和对应的值，但是并不完美，因为每个键与对应的值之间也是以空格分隔的，其易读性打了折扣。为了使显示的结果清晰易读，可以对例6-5中的程序代码进行小小的修改，实际上只修改了print语句，即利用连接符"+"在每个键与它的对应值之间加入了冒号和一个空格（：），如例6-6的Python程序代码所示。

例 6-6

```
dog = {
    'name': 'Black Tiger',
    'color': 'Black',
    'age': 3 }
for k, v in dog.items():
    print(str(k) + ': ' + str(v))
name: Black Tiger
color: Black
age: 3
```

例6-6的显示结果是不是清晰多了？这里需要指出的是，如果在以上的print语句中没有使用str函数强制将k和v转换成字符串，Python在执行这段代码时会产生错误。这是为什么呢？为了解开这一疑云，您可以在例6-6的Python程序代码中加入两行调试语句，即两个分别输出k和v数据类型的print语句，如例6-7的Python程序代码所示。这段程序代码在每个循环中都会顺序地输出k（即键）的数据类型、v（即值）的数据类型、键与对应的值。

例 6-7

```
dog = {
    'name': 'Black Tiger',
    'color': 'Black',
    'age': 3 }
for k, v in dog.items():
    print(type(k))
    print(type(v))
    print(str(k) + ': ' + str(v))
<class 'str'>
<class 'str'>
name: Black Tiger
<class 'str'>
<class 'str'>
color: Black
<class 'str'>
<class 'int'>
age: 3
```

看了例6-7的显示结果，您应该明白了吧？因为最后那个age键的值是整数3，而字符串是不能直接与数字拼接的，要先将数字转换成字符串。在例6-6的程序代码中使用了一个小技巧（也是一种便捷的方法），那就是将所有要拼接的变量都先用str函数强制转换成字符串，这样就肯定不会出现问题了。

6.3　测试某个键是否在字典中和求字典的长度

在程序设计中，有时可能需要确定某个键是否在字典中存在，此时可以利用in关键字来判断某个特定的键是否存在于一个字典中。如可以使用例6-8的Python源程序代码来判断键color是否在dog字典中，如果存在就显示出一行提示信息。

例 6-8

```
dog = {
    'name': 'Black Tiger',
    'color': 'Black',
    'age': 3 }
if 'color' in dog:
    print("Yes, 'color' is one of the keys in the dog dictionary !")
Yes, 'color' is one of the keys in the dog dictionary !
```

为了方便字典的操作，Python也提供了许多内置函数和方法，其中就包括了求字典长度的函数len。如果要确定一个字典中有多少个项（键和值对），就可以使用这个函数len。如要显示dog字典中项（元素）的个数，您就可以使用例6-9的程序代码输出字典dog中项的个数（即长度）。

例 6-9

```
dog = {
    'name': 'Black Tiger',
    'color': 'Black',
    'age': 3 }
print(len(dog))
3
```

期中考试成绩公布不久，校长与班主任长谈了一次，她说："我也是阅人无数，而且很少看走眼，这次你也没有让我失望。"班主任也对校长的信任、支持和栽培再三地表示感谢。并说："遇上校长这样宽宏大量的伯乐在人生中是可遇而不可求的，我真是太走运了！"最后，校长勉励班主任再接再厉，争取在期末全市统考中再创佳绩，并保证她与其他校领导会一直是她和孩子们的最坚强的后盾。

6.4 修改字典

扫一扫，看视频

如果所定义的字典中某个项的值需要更改，可以利用索引键来修改指定项的值，如可以使用例 6-10 的 Python 源程序代码将字典 dog 中键为 name 的项的值改为 Black Bear（由黑虎改为黑熊）。

例 6-10

```
dog = {
    'name': 'Black Tiger',
    'color': 'Black',
    'age': 3 }
dog['name'] = 'Black Bear'
print(dog)
{'name': 'Black Bear', 'color': 'Black', 'age': 3}
```

也可以使用一个新索引键并使用赋值语句向字典中添加一个新项，如可以使用例 6-11 的 Python 源程序代码向字典 dog 中添加一个键为 breed（品种）而对应的值为 Chow Chow（松狮）的新项。

例 6-11

```
>>> dog = {
...     'name': 'Black Tiger',
...     'color': 'Black',
...     'age': 3 }
>>>
>>> dog['breed'] = 'Chow Chow'
>>> print(dog)
{'name': 'Black Tiger', 'color': 'Black', 'age': 3, 'breed': 'Chow Chow'}
```

Python 还提供了一个 update 方法。该方法是向字典中插入指定的项。因此，利用 update 方法也可以向字典中添加一个新项，如使用例 6-12 的 Python 源程序代码同样可以向字典 dog 中添加一个键为 breed（品种）而对应的值为 Chow Chow（松狮）的新项。

例 6-12

```
>>> dog = {
...      'name': 'Brown Lion',
...      'color': 'Yellow',
...      'age': 3 }
>>>
>>> dog.update({'breed': 'Chow Chow'})
>>> print(dog)
{'name': 'Brown Lion', 'color': 'Yellow', 'age': 3, 'breed': 'Chow Chow'}
```

6.5 删除字典中的项（元素）

如果不再需要一个字典中的某些项了，则可以随时删除它们。Python程序设计语言提供了多种不同的方法来完成这一项工作。

可以使用pop方法利用指定的键名字来删除这一项，如可以使用例6-13的Python源程序代码删除由color键所指定的那一项（在Python的交互模式下执行这段代码时，系统会显示对应的值，即Yellow）。

例 6-13

```
>>> dog = {
...      'name': 'Brown Lion',
...      'color': 'Yellow',
...      'age': 3 }
>>>
>>> dog.pop('color')
'Yellow'
```

为了进一步确认pop方法确实删除了所指定的项，您可以使用例6-14的命令显示dog字典中的全部内容。

例 6-14

```
>>> print(dog)
{'name': 'Brown Lion', 'age': 3}
```

除了pop方法之外，Python程序设计语言还提供了另外一个方法popitem。该方法是删除字典中最后插入的那一项，您可以使用例6-15和例6-16的Python程序代码来验证这一点。

例 6-15

```
>>> dog = {
...      'name': 'Brown Lion',
...      'color': 'Yellow',
...      'age': 3 }
>>>
```

```
>>> dog.popitem()
('age', 3)
```

例 6-16

```
>>> print(dog)
{'name': 'Brown Lion', 'color': 'Yellow'}
```

除了pop和popitem方法之外，您还可以使用del命令（关键字）删除指定键名的项，如可以使用例6-17的Python源程序代码删除由color键所指定的那一项。

例 6-17

```
>>> dog = {
...      'name': 'Brown Lion',
...      'color': 'Yellow',
...      'age': 3 }
>>>
>>> del dog['color']
>>> print(dog)
{'name': 'Brown Lion', 'age': 3}
```

从例6-17与例6-14的显示结果可以看出：实际上，在这里dog.pop('color')与del dog['color']两个语句是等价的。在实际工作中，您可以依据个人的喜好来进行选择。

6.6 删除字典与清空字典

除了删除字典中指定键名的项之外，del命令还可以删除整个字典，如可以使用例6-18的Python源程序代码删除整个dog字典。

例 6-18

```
>>> dog = {
...      'name': 'Brown Lion',
...      'color': 'Yellow',
...      'age': 3 }
>>>
>>> del dog
```

Python执行完以上程序代码之后并不显示任何信息。为了确认dog字典确实已经被del命令删除了，可以使用例6-19的print命令显示dog字典。

例 6-19

```
>>> print(dog)
Traceback (most recent call last):
  File "<stdin>", line 1, in <module>
NameError: name 'dog' is not defined
```

因为dog已经被del命令删除了，即已经不复存在了，所以Python显示出错误信息。从"name

'dog' is not defined" 这段错误信息中，我们就可以确定dog字典已经不存在了。

有时您可能只想删除一个字典中的全部内容（清空字典），但要保留这个字典变量，此时可以使用Python的clear方法，如可以使用例6-20的Python源程序代码，利用clear方法清空dog字典。

例6-20

```
>>> dog = {
...       'name': 'Brown Lion',
...       'color': 'Yellow',
...       'age': 3 }
>>>
>>> dog.clear()
>>> print(dog)
{}
```

例6-20的显示结果表明：与del命令不同，Python的clear方法只清空了字典dog，而这个字典变量依然存在。

扫一扫，看视频

6.7　复制字典

这一节将介绍如何正确地复制字典。可能有读者想到使用赋值语句进行字典的复制不就可以了吗？而且简单易懂。表面上看是可以的。如我们创建了一个字典dog1 = { 'name': 'Black Tiger', 'color': 'Black', 'age': 3 }，之后使用如下的赋值语句将字典dog1赋予字典dog2：

```
dog2 = dog1
```

实际上，以上的赋值语句并不是真正意义上的字典复制。用以上赋值语句所创建的dog2仅仅是字典dog1的一个引用而已（它们都指向相同的内存单元）。因此如果字典dog1中的内容被改变了，那么字典dog2也将发生相同的变化；反之亦然。

通过以上的解释，读者已经了解到：我们无法通过使用赋值语句得到一个真正的字典复制（独立的复制）。为了解决这一问题，Python提供了其他的方法，其中的一个方法就是使用内置方法copy。

我们用以下几个例子来演示方法copy的用法和功能。首先使用例6-21定义一个字典dog1，随后使用方法copy将字典dog1复制并赋予字典dog2，最后显示字典dog2中的内容。

例6-21

```
>>> dog1 = {
...       'name': 'Brown Lion',
...       'color': 'Yellow',
...       'age': 3 }
>>>
>>> dog2 = dog1.copy()
>>> print(dog2)
{'name': 'Brown Lion', 'color': 'Yellow', 'age': 3}
```

接下来，我们使用例6-22在字典dog2中利用update方法向字典中添加一个新项，并显示出其中的内容（全部项）。

例 6-22

```
>>> dog2.update({'breed': 'Chow Chow'})
>>> print(dog2)
{'name': 'Brown Lion', 'color': 'Yellow', 'age': 3, 'breed': 'Chow Chow'}
```

最后，我们使用例6-23的命令再次显示出字典dog1中的内容（全部项）。对比例6-22和例6-23的显示结果，您就可以发现使用方法copy复制所生成的字典dog2是独立于原来的字典dog1的。

例 6-23

```
>>> print(dog1)
{'name': 'Brown Lion', 'color': 'Yellow', 'age': 3}
```

当然，如果您修改了字典dog1中的内容，字典dog2也同样不受影响。如果有兴趣的话，您可以自己试一下。

6.8 内置方法dict

除了内置字典方法copy之外，Python还提供了一个名为dict的内置方法，利用该方法同样也能完成字典的真正复制。我们用以下几个例子来演示方法dict的用法和功能。首先例6-24定义了一个字典dog1，随后使用方法dict将字典dog1复制并赋予字典dog2，最后显示字典dog2中的内容（全部元素）。

例 6-24

```
>>> dog1 = {
...     'name': 'Brown Lion',
...     'color': 'Yellow',
...     'age': 3 }
>>>
>>> dog2 = dict(dog1)
>>> print(dog2)
{'name': 'Brown Lion', 'color': 'Yellow', 'age': 3}
```

接下来，我们使用例6-25在字典dog1中添加一个项（{'breed': 'Chow Chow'}），并显示出其中的内容（全部元素）。

例 6-25

```
>>> dog1.update({'breed': 'Chow Chow'})
>>> dog1
{'name': 'Brown Lion', 'color': 'Yellow', 'age': 3, 'breed': 'Chow Chow'}
```

最后，我们使用例6-26的命令再次显示出字典dog2中的内容（全部项）。对比例6-26和例6-25的显示结果，您就可以发现使用方法dict复制所生成的字典dog2也是独立于原来的字典

dog1 的。

例 6-26

```
>>> dog2
{'name': 'Brown Lion', 'color': 'Yellow', 'age': 3}
```

通过前面几节的学习，相信读者已经熟悉如何创建字典了。其实，还有另外的一种创建字典的方法，那就是使用刚刚学过的可以用来复制字典的方法dict ——dict也称为字典构造器（dict constructor）。

dict构造器的功能就是在Python中创建一个新的字典。为了演示如何使用dict构造器创建一个新的字典，可以使用例6-27的Python程序代码。在这段程序代码中，第1行代码是创建一个名为dog的字典，其中包含了三项；第2行代码是显示字典dog中的全部内容。这里需要指出的是，所有的键都不是字符串，即没有被引号引起来；键和值之间使用的是等号，而不是冒号。

例 6-27

```
>>> dog = dict(name='Brown Lion', color='Yellow', age=3)
>>> print(dog)
{'name': 'Brown Lion', 'color': 'Yellow', 'age': 3}
```

从例6-27的显示结果中，您基本上可以断定字典dog已经创建成功。如果觉得心里还是有点不踏实，您可以使用例6-28的命令列出字典dog的数据类型以进一步确定字典dog的正确性。

例 6-28

```
>>> print(type(dog))
<class 'dict'>
```

看了例6-28的显示结果，您应该没有任何疑问了吧？甚至可以使用方法dict来创建一个空的字典，您可以使用例6-29和例6-30的代码来验证这一点。

例 6-29

```
>>> d = dict()
>>> d
{}
```

例 6-30

```
>>> print(type(d))
<class 'dict'>
```

6.9　字典的fromkeys方法

有时，在程序开发的初期，程序员只知道要定义的字典中有哪些键，而无法确定每个键的值。在这种情况下，您就可以利用字典的fromkeys方法为每个键所对应的值赋予相同的初值。fromkeys方法以指定的键和值返回一个字典，它的语法如下：

```
dict.fromkeys(keys, value)
```

其中，keys参数是必需的，为指定新字典的键（是一种可遍历的数据类型，如集合）；value参数是可选的，为所有键的值，默认为None（即没有指定）。

如您需要创建一个字典dog，其中有三个键age、weight和price，而每个键的值都是0（因为现在还不知道具体的年龄、体重和价格，所以全部设为默认的0）。此时，您就可以使用例6-31的Python程序代码利用方法fromkeys轻松完成这一看上去很艰难的工作。

例6-31

```
>>> d = ('age', 'weight', 'price')
>>> dog = dict.fromkeys(d, 0)
>>> dog
{'age': 0, 'weight': 0, 'price': 0}
```

从例6-31的显示结果中，您基本上可以断定字典dog已经创建成功，而且每个键的对应值都是0。如果觉得心里还是有点不踏实，您可以使用例6-32的命令列出字典dog的数据类型以进一步确定例6-31代码的正确性。

例6-32

```
>>> print(type(dog))
<class 'dict'>
```

看了例6-32的显示结果，您可以放心了吧？正如我们前面介绍的那样，在使用fromkeys方法时，可以省略value参数（即不指定任何值）。此时，所创建的字典的每个键的对应值都是None，如例6-33的Python程序代码所示。

例6-33

```
>>> d = ('name', 'color', 'bread')
>>> dog = dict.fromkeys(d)
>>> dog
{'name': None, 'color': None, 'bread': None}
```

6.10 Python程序设计语言中的数组

扫一扫，看视频

☞ 指点迷津：

实际上，在Python程序设计语言中并没有内置数组（array）类型数据，但是可以使用Python的列表来作为数组的替代品。

那么，什么是数组呢？简单地说，一个数组可以在一个单独的变量中存储多个值。例如，您可以使用例6-34的Python程序代码创建一个包含了5个宠物的数组pets（宠物）。

例6-34

```
>>> pets = ['fox', 'dog', 'pig', 'monkey', 'cat']
>>> pets
['fox', 'dog', 'pig', 'monkey', 'cat']
```

一个数组是一个特殊的变量，它可以一次保持多个值（不止一个值）。如果您有一个项目列表（如宠物列表），而您是将这些宠物存放在一些单独的变量中，则可能不得不使用如下的创建变量语句：

```
>>> pet1 = 'fox'
>>> pet2 = 'dog'
>>> pet3 = 'pig'
>>> pet4 = 'monkey'
>>> pet5 = 'cat'
```

是不是够麻烦的了？更严重的问题是，如果宠物不是5个而是250个，那又该如何处理呢？还有，要想在250个宠物中确定某个特定的宠物又该如何处理呢？

答案就是使用数组！一个数组可以在一个单一的名字下存放许许多多的值，而且您可以通过引用下标号（索引号码）来访问相应的值，是不是太方便了？

6.11　访问和修改数组中的元素

可以通过引用下标号的方法来访问数组中的某个特定的元素。如可以使用例6-35的Python程序代码首先创建一个包含5个宠物的数组pets，随即将该数组中的第1个元素，即狐狸（下标为0）赋予变量p，最后显示出变量p的值。

例 6-35

```
>>> pets = ['fox', 'dog', 'pig', 'monkey', 'cat']
>>> p = pets[0]
>>> p
'fox'
```

如果要提取数组pets中的第4个元素，您可以使用例6-36的Python程序代码。注意这段代码的第2行，其含义是将下标为3的元素（第4个元素，即猴子）赋予变量p。

例 6-36

```
>>> pets = ['fox', 'dog', 'pig', 'monkey', 'cat']
>>> p = pets[3]
>>> print(p)
monkey
```

比较一下例6-35和例6-36的显示结果，可以发现print语句输出的变量没有引号。另一个要注意的问题是，以变量名的方式直接显示变量值的方法只适用于Python的交互模式。

如果数组很大（即数组中元素很多），这时要显示最后一个元素有一个非常简便的方法，那就是使用下标值-1，在Python中下标值为-1的元素就是数组中最后一个元素。如可以使用例6-37的Python程序代码，其中该段程序代码的第2行是提取数组pets中的最后一个元素（猫）并赋予变量p。

例6-37

```
>>> pets = ['fox', 'dog', 'pig', 'monkey', 'cat']
>>> p = pets[-1]
>>> p
'cat'
```

采用类似以上的方法，您可以在一个数组中方便地提取靠近结尾处的任何一个元素。如可以使用例6-38的Python程序代码，其中该段程序代码的第2行是提取数组pets中最后第3个元素pig（猪）并赋予变量p。是不是很方便？

例6-38

```
['fox', 'dog', 'rabbit', 'monkey', 'cat']
>>> pets = ['fox', 'dog', 'pig', 'monkey', 'cat']
>>> p = pets[-3]
>>> p
'pig'
```

也可以通过引用下标的方式方便地修改数组中的特定元素。如可以使用例6-39的Python程序代码来完成这一项工作，其中该段程序代码的第2行是将数组pets中第3个元素pig（猪）改为rabbit（兔子）并赋予变量p。

例6-39

```
>>> pets = ['fox', 'dog', 'pig', 'monkey', 'cat']
>>> pets[2] = 'rabbit'
>>> print(pets)
['fox', 'dog', 'rabbit', 'monkey', 'cat']
```

6.12 求数组的长度和遍历数组中的元素

如果想要知道一个数组的长度（数组中元素的个数），您可以使用len方法。如可以使用例6-40的Python程序代码来完成这一项工作，其中该段程序代码的第2行就是求数组pets中元素的个数（即数组的长度）。

例6-40

```
>>> pets = ['fox', 'dog', 'pig', 'monkey', 'cat']
>>> len(pets)
5
```

您可以利用数组的长度来访问数组中最后的或靠后的元素。如可以使用例6-41的Python程序代码来访问数组中最后一个元素，其中该段程序代码的第2行是将数组pets中最后一个元素cat（猫）赋予变量p。因为数组的下标是从0开始的，所以最后一个元素的下标值为数组的长度减1。模仿这个例子中的方法，您可以方便地访问数组中倒数第2个、第3个元素，等等。有兴趣的读者可以自己试一试。

例 6-41

```
>>> pets = ['fox', 'dog', 'pig', 'monkey', 'cat']
>>> p = pets[len(pets)-1]
>>> p
'cat'
```

除了以上介绍的访问一个数组的单个元素之外，您还可以使用for in循环语句遍历一个数组中的每一个元素。

如可以使用例6-42的Python程序代码来访问并输出数组中的每个元素，其中该段程序代码的第2行和第3行就是利用for in循环语句遍历和输出数组pets中的每一个元素。

例 6-42

```
>>> pets = ['fox', 'dog', 'pig', 'monkey', 'cat']
>>> for p in pets:
...    print(p)
...
fox
dog
pig
monkey
cat
```

6.13　添加和删除数组中的元素

可以向现有的数组中添加一个元素，您可以通过使用append方法来实现。如可以使用例6-43的Python程序代码来完成这一项工作，其中该段程序代码的第2行代码就是向数组pets中添加一个名为rabbit（兔子）的元素；第3行程序代码是输出数组pets中的全部内容（即所有元素）。

例 6-43

```
>>> pets = ['fox', 'dog', 'pig', 'monkey', 'cat']
>>> pets.append('rabbit')
>>> print(pets)
['fox', 'dog', 'pig', 'monkey', 'cat', 'rabbit']
```

既然可以向数组中添加元素，当然也可以从数组中删除元素。您可以使用pop方法删除一个数组中由下标所指定的元素。

如可以使用例6-44的Python程序代码来完成这一项工作，其中该段程序代码的第2行代码是删除数组pets中的第3个元素pig（猪）。

例 6-44

```
>>> pets = ['fox', 'dog', 'pig', 'monkey', 'cat']
>>> pets.pop(2)
'pig'
```

从例6-44的显示结果中，您基本上可以确定数组pets中的pig元素已经被删除了。如果还有什么疑虑，您可以使用例6-45的print命令输出数组pets中的全部内容以确认第3个元素pig（猪）已经被成功地删除了。

例6-45

```
>>> print(pets)
['fox', 'dog', 'monkey', 'cat']
```

在pop方法中可以不提供数组元素的下标，此时删除的是数组中最后一个元素。您可以使用例6-46和例6-47的Python程序代码来验证这一点。

例6-46

```
>>> pets.pop()
'cat'
```

例6-47

```
>>> print(pets)
['fox', 'dog', 'monkey']
```

例6-46和例6-47的显示结果表明：数组pets中的最后一个元素cat（猫）确实已经被删除了。

如果数组很大，这时使用pop方法要删除某一特定值的元素就比较困难了，因为必须确定这个元素的下标值之后才能删除它。Python总是想到了我们的前面，因为Python提供了另一个删除数组中指定元素的方法remove，remove的参数是元素的值而不是下标。

如可以使用例6-48的Python程序代码从一个数组中删除由字符串所指定的元素，其中该段程序代码的第2行是删除数组pets中其值是pig的元素，即第3个元素pig（猪）；第3行是输出数组pets中的全部内容以验证是否从该数组中删除了指定元素pig。

例6-48

```
>>> pets = ['fox', 'dog', 'pig', 'monkey', 'cat']
>>> pets.remove('pig')
>>> print(pets)
['fox', 'dog', 'monkey', 'cat']
```

☞ **指点迷津：**

如果在使用方法remove删除指定的元素时，指定的值在数组中有多个，该方法只删除第一次碰到的那个元素。

除了以上所介绍的几个方法之外，其实列表的所有方法都适用于"数组"，因为这里所说的"数组"就是Python的列表。

为了让孩子们有更多的时间准备期末的全市统考，在征得孩子们的妈妈同意的情况下，Python老师已经明显地放慢了教学进度。

扫一扫，看视频

6.14　实例——利用字典求一个部门的平均工资

在每章结束之前，按照惯例，老师又给出至少一个综合性的例子对这一章的内容做一个总结。老师时常感到为难，因为在不使用判断语句或循环语句的情况下很难编写出比较复杂的程序。

想到了今天要发工资，于是他灵机一动，就让孩子们利用本章所学的字典编写一个输出某部门平均工资的Python源程序代码。他给出了该部门的员工名字和每个员工的工资。为了减少工作量，他只给出了5个名字和相应的工资。为了活跃课堂气氛和培养团队精神，所有的应用实例程序都由孩子们经过讨论一起完成。

这个程序的功能是这样的：从一个字典中获取所有员工的工资并求出全体员工的平均工资，最后进行输出。该程序的具体步骤如下。

（1）声明并初始化一个字典，该字典包括了所有员工的名字和工资（键和值对）。

（2）求出字典中所有值的总和和个数，利用它们获取所有工资的平均值。

（3）输出平均工资。

孩子们讨论一会儿之后，在Windows命令行窗口中输入了如例6-49所示的操作系统命令启动记事本，并在当前目录中创建一个名为salary.py的文件。

例 6-49

```
E:\python\ch06>notepad salary.py
```

随后，在打开的记事本中输入用于求出并输出一个部门员工的平均工资的Python源程序代码，如例6-50所示。

例 6-50

```python
salary = {
    'Jack': 6600,
    'Mary': 6300,
    'Peter': 6800,
    'John': 8888,
    'Paula': 7776}
print('Average salary in this department is:')
print(sum(salary.values())/len(salary))
```

为了帮助读者更好地了解以上这段程序，现在我们来逐一地解释例6-50中的Python源程序代码。

（1）在开始部分定义了一个名为salary的字典，其中包含5个由员工名字和工资组成的键和值对，同时也完成了该字典的初始化。

（2）倒数第2行输出一行（标题性）信息。

（3）最后一行输出所有员工的平均工资。这里解释一下print语句中那个公式的含义：首先利用sum方法求出值（工资）的总和，使用len函数求出字典的长度（元素个数），最后以总和÷长度获取平均值。

检查无误后存盘，孩子们随即在Windows命令行窗口中输入了如例6-51所示的操作系统命令执行salary.py程序。

例 6-51

```
E:\python\ch06>py salary.py
Average salary in this department is:
7272.8
```

6.15　习　题

1. 请写一行Python源程序代码输出字典dog中name键的值。以下是字典dog的定义：

```
dog = {
    'name': 'Brown Lion',
    'color': 'Yellow',
    'age': 3 }
```

2. 请写一行Python程序代码，将color的值从Yellow改为Brown。以下是字典dog的定义：

```
dog = {
    'name': 'Brown Lion',
    'color': 'Yellow',
    'age': 3 }
```

3. 请写一行Python程序代码，将键和值对breed: Chow Chow添加进字典dog中。以下是字典dog的定义：

```
dog = {
    'name': 'Brown Lion',
    'color': 'Yellow',
    'age': 3 }
```

4. 请写一行Python程序代码，使用pop方法从字典dog中删除键为color的项。以下是字典dog的定义：

```
dog = {
    'name': 'Brown Lion',
    'color': 'Yellow',
    'age': 3 }
```

5. 请写一行Python程序代码，使用clear方法清空字典dog。以下是字典dog的定义：

```
dog = {
    'name': 'Brown Lion',
    'color': 'Yellow',
    'age': 3 }
```

第7章 Python的分支（条件）语句

分支与循环是所有程序设计语言必备的功能。实际上，任何一个程序设计语言的语句都可以归入顺序、分支和循环这三类。从理论上讲，只要有了这三类语句，就可以编写任何程序了。顺序、分支和循环这三类语句的执行方式分别如图7-1~图7-3所示。

图7-1　　　　　　图7-2　　　　　　图7-3

以上三大类操作也是自然界中最基本的运作方式。如果我们的祖先只知道运用顺序和简单的重复（循环），那么我们人类现在还与其他动物一样生活在蛮荒时代。

正是通过仔细地观察周围的环境，不断地探索和实践，我们的祖先逐渐地掌握了在面对不同的条件（环境）时做出不同的正确判断的能力，才使人类从众多强大的竞争对手中脱颖而出，不断地进化最终成为智能生物。

通过把那些繁重而简单、重复的体力劳动交给原始工具（如牛、马，甚至奴隶，在统治者们看来他们都一样仅仅是工具而已），人类进入了农耕文明。通过把那些繁重而简单、重复的体力劳动交给复杂的机械工具，人类又迈入了工业文明。现在，通过把那些烦琐而简单、重复的脑力工作交给计算机，人类又步入了信息文明。至此，人类终于完成了伟大的生物进化历程，成为地球上的万物之灵。

原来顺序、分支和循环也是自然与人类发展进程中的最基本的三大要素，没想到吧？原来程序设计中最核心也是最基本的语句（命令）也同样来自自然之母。在前面的章节中我们已经相当详细地介绍了顺序操作。从这章开始介绍的分支和循环也被称为控制结构，这一章将系统地介绍在Python程序设计语言中非常重要的分支语句（操作），而循环语句（操作）将在第8章中详细介绍。

7.1　Python的条件和if语句及语句的缩进

与现实生活一样，在Python程序设计语言中也是通过条件才能组成所谓智能的程序代码以使Python能够做出正确的决策，这也是为什么您要首先学习如何将问题构造成一个条件的原因。其实，一个条件只不过是一个能以是（True）与否（False）来清楚地回答的一个问题。几乎所有的问题都是用来帮助比较的句子，您可以使用Python的比较操作符将数字和字符串表达式组合成简单的布尔条件。

如果要构建一个复杂的布尔条件，您需要使用逻辑运算符and（逻辑与/逻辑乘）、or（逻辑加/逻辑或）和not（逻辑非）将简单的布尔条件组合在一起。

Python程序设计语言认为任何非零(non-zero)和非空(non-null)的值都是True，而将零(zero)和空(null)都看成False。Python程序设计语言支持以下数学上常用的逻辑条件(其中，x和y为操作数)。

(1) x == y。如果两个操作数的值相等，那么条件为真(True)。

(2) x != y。如果两个操作数的值不相等，那么条件为真(True)。

(3) x > y。如果左边操作数大于右边操作数的值，那么条件为真(True)。

(4) x < y。如果左边操作数小于右边操作数的值，那么条件为真(True)。

(5) x >= y。如果左边操作数大于或等于右边操作数的值，那么条件为真(True)。

(6) x <= y。如果左边操作数小于或等于右边操作数的值，那么条件为真(True)。

以上这些条件表达式可以有多种不同的用途，但是最常见的是用在if语句中和循环语句中。if语句以if关键字开始。例7-1演示了如何使用if语句及如何使用比较运算符"＞"构造条件。在这段程序代码中，第1行和第2行代码分别创建了x和y两个数字变量并赋予了初值38和250，第3行和第4行代码的含义是如果y大于x就输出"y is larger than x !"(y大于x !)的信息。因为y等于250，而x等于38，所以if语句中的条件成立，因此系统会执行print语句。

例 7-1

```
>>> x = 38
>>> y = 250
>>> if y > x:
...     print('y is larger than x !')
...
y is larger than x !
```

☞ **指点迷津：**

如果读者学习或使用过其他程序设计语言，可能还有印象——那就是程序块是用大括号括起来的(如C或Java)或用Begin和End的关键字括起来(如Oracle的PL/SQL)。与这些语言不同，Python是以缩进(使用空白符)来定义程序代码的范围的(即同一程序块的每一行代码必须缩进相同的空格)。如果在例7-1的语句中的print语句没有缩进，这段代码在执行时会产生错误。

7.2 利用and与or构造条件

正如在7.1节介绍的那样，如果要构建一个复杂的(布尔)条件，您需要使用逻辑运算符and、or和not将简单的(布尔)条件组合在一起。这三个逻辑运算符的解释如下。

(1) and。如果运算符两边的两个表达式的值都是真，则返回真。

(2) or。如果运算符两边有一个表达式的值是真，则返回真。

（3）not。反转表达式的结果，如果表达式的值是真，则返回假，否则返回真。

这里需要指出的是，逻辑运算符两边的表达式的值都必须是布尔值，即只能是真（True）或假（False）。下面我们用两个例子来演示逻辑运算符and和or的具体使用。

可以使用and的运算符将两个或多个比较条件组合成一个条件。在介绍完了逻辑运算符之后，老师让孩子们写一段程序代码，在这段代码中要使用if语句测试x是否大于和等于y，并且x是否小于z，如果条件成立就输出一行提示信息。孩子们很快写出了如例7-2所示的Python程序代码并运行了这段代码。

例 7-2

```
>>> x = 38
>>> y = 38
>>> z = 250
>>> if (x >= y) and (x < z):
...    print('Both conditions are True !')
...
Both conditions are True !
```

以上这段代码成功地执行之后，老师让孩子们解释一下这段代码的含义。二师兄回答道："首先创建了三个数字变量——两个38和一个250，因为x和y都是38，所以and运算符左边的比较表达式（x >= y）的条件成立（为True）；同时38小于250，所以and运算符右边的比较表达式（x < z）的条件也成立（也为True）；因此整个条件为True，Python输出括号中的信息。"

发现孩子们已经完全理解了逻辑运算符and，老师又让孩子们再写一段程序代码，在这段代码中要使用if语句测试x是否大于和等于y，或者x是否小于z，如果条件成立也输出一行提示信息。孩子们不一会儿就写出了如例7-3所示的Python程序代码并运行了这段代码。

例 7-3

```
>>> x = 38
>>> y = 38
>>> z = 250
>>> if (x >= y) or (x < z):
...    print('At least one of the conditions is True !')
...
At least one of the conditions is True !
```

or运算符所要求的条件比and运算符宽松，因为在两个条件中只要有一个成立（为True），那么这个or表达式的结果就是True，所以以上代码执行的结果是输出print语句所提供的信息。

孩子们、班主任和校方的不懈努力终于获得了丰厚的回报。全地区的期末统考成绩出来了，这帮孩子竟然全部挤进了前8%。当看到这一结果时，班主任激动地失声大哭起来。

扫一扫，看视频

7.3　简单if语句的实例

我们继续介绍简单if语句，所谓简单if语句就是没有包含任何elif和else子句的if语句。我们通过例7-4的Python程序代码来演示简单if语句的用法。这段Python程序代码可能是一个退休人员管理系统的一部分，用户可以输入自己（也可以是别人）的年龄，当您输入的年龄小于60岁时，系统就会显示"您不到退休年龄，还必须继续工作为革命事业再做些贡献 !!!"这段信息。当您输入的年龄大于或等于60岁时，系统不会显示这段信息。为了增加代码的重用性，在程序中是通过input语句输入变量age的初值并转换成整数。您可以在Python的图形工具中输入例7-4的代码，确认无误之后以retired.py为文件名存盘（存放在当前目录中）并执行这个程序。

例7-4

```
age = int(input("请输入年龄 : "))
if age < 60:      # 如果 age 小于 60 就使用 print 语句列出相关信息
    print(' 您不到退休年龄，还必须继续工作为革命事业再做些贡献 !!!')
请输入年龄 : 59
您不到退休年龄，还必须继续工作为革命事业再做些贡献 !!!
```

在执行以上这段Python程序代码时，当出现"请输入年龄:"时，您要输入所需的年龄（标有下画线的数字）。按下Enter键之后，该程序继续执行，执行成功之后就显示最后一行的信息了。

如果您又对另外年龄感兴趣了，如60岁。那又该怎么办呢？此时，您使用IDLE重新运行这段程序代码，如例7-5所示。

例7-5

```
请输入年龄 : 60
>>>
```

再次执行这段Python程序代码，当出现"请输入年龄："时，您可以输入不同的年龄（如60）。按下Enter键之后，该程序继续执行，执行成功之后就直接显示Python解释器的提示符了，因为if语句中的条件不成立，所以不执行后续的操作。

在if语句中，可以利用逻辑运算符and、or或not将多个条件表达式组合成一个布尔表达式。为了使读者容易理解，还是老办法，用例子来说明。如果您留意过一些招工广告的话，也许还有印象，一般对前台或文秘的招工可能要求应征者满足以下条件。

（1）女性。

（2）年龄在18~35岁。

（3）最好大学或以上学历。

（4）相貌端庄。

（5）未婚。

（6）等等。

下面通过例子来实现上述的第1个和第2个条件（有些条件很难在计算机上实现，如相貌端庄，唯一的办法只有让领导亲自过目了）并进行相应的检测。例7-6就是实现它们的Python程序代码，确认无误后以secretary.py为文件名存盘（存放在当前目录中），随即执行这个程序。

例7-6

```
age = int(input("请输入年龄 : "))
gender = input("性别 : ")
if ((age >= 18) and (age <= 35)) and (gender == 'F'):
    print(' 这位美女可能成为下一任秘书 !!!')
请输入年龄 : 21
```

性别：F
这位美女可能成为下一任秘书 ！！！

在执行以上这段Python程序代码时，出现"请输入年龄："时，要输入应征者的年龄（标有下画线的部分）；出现"性别："时，要输入应征者的性别（也是标有下画线的部分）。按下Enter键之后，该程序继续执行，执行成功之后就显示后面的信息了。这是因为这位应征者是一位20刚出头的美女，当然满足公司的招工要求（即if语句中的条件成立）。

如果还有另外一个应征者，如21岁，不过是一位帅哥。那又会怎么样呢？此时，您只需使用Python的图形工具重新执行这段程序代码就行了，如例7-7所示。

例 7-7

请输入年龄：21
性别：M
>>>

再次执行以上这段程序代码，出现"请输入年龄："时，您要输入应征者的年龄（21）；出现"性别："时，您要输入应征者的性别（M）。按下Enter键之后，该程序继续执行，执行成功之后就只显示Python解释器的提示信息了。

如果又来了一个应征者，如年龄是36岁的女士。那又该怎么办呢？此时，您也只需使用Python的图形工具重新执行这段程序代码就行了，如例7-8所示。看来这个职位还挺吸引人的，居然这么多人来争这一个职位。

例 7-8

请输入年龄：36
性别：F
>>>

再次执行以上这段程序代码，出现"请输入年龄："时，您要输入应征者的年龄（36）；出现"性别："时，您要输入应征者的性别（F）。按下Enter键之后，该程序继续执行，执行成功之后就只显示Python解释器的提示符了。虽然这位应征者长得非常端庄，但按公司的标准年龄超过35岁了（虽然只大了一岁，看来公司的标准还挺严格），这当然也不符合公司的招工要求。

扫一扫，看视频

7.4 多路分支语句

在以上几节中给出的if语句的例子都是在if语句的条件成立时执行一些语句，而当条件不成立时则什么都不做。如果条件不成立，您需要让程序执行另外的一条或多条语句，则可以在if语句中加入else关键字，即使用if-else语句。如例7-9所示的Python程序代码中所使用的if-else语句就可以捕捉到if条件的所有可能性，是不是更好一些？

例 7-9

```
>>> x = 250
>>> y = 38
>>> if y > x:
```

```
...     print('y is larger than x !')
... else:
...     print('y is not larger than x !')
...
y is not larger than x !
```

在例7-9中，显然38（y）小于250（x），因此第一个条件（if之后的条件）为false，所以Python执行else之后的语句——输出"y is not larger than x !"。

到目前为止，我们所介绍的分支（if）语句过于简单，很难解决多路分支的问题。为此，Python在if语句中提供了elif关键字来解决多路分支（多个判断条件）的问题。在Python的if语句中，elif关键字的含义是：如果之前的条件都不是真（not true），那么就试一下elif所指定的条件。将例7-9的程序代码略加修改，将原来的"else:"语句修改为"elif y < x:"，如例7-10所示。

例 7-10

```
>>> x = 250
>>> y = 38
>>> if y > x:
...     print('y is larger than x !')
... elif y < x:
...     print('y is not larger than x !')
...
y is not larger than x !
```

在例7-10中，显然38（y）小于250（x），因此第一个条件（if之后的条件）为false，但是elif的条件为真（因为38确实小于250），所以Python执行elif之后的语句——输出"y is not larger than x !"。

在if语句中有一个或多个elif关键字时（多路分支时），可以使用else关键字来捕捉之前所有if和elif都没有捕捉到的条件（即所有的条件都为false），如例7-11所示。

例 7-11

```
>>> x = 250
>>> y = 38
>>> if y > x:
...     print('y is larger than x !')
... elif y == x:
...     print('x and y are equal !')
... else:
...     print('y is not larger than x !')
...
y is not larger than x !
```

在例7-11中，显然38（y）小于250（x），因此第一个条件（if之后的条件）为false，而接下来的elif的条件也为false（因为38不等于250），所以程序继续执行到else并输出"y is not larger than x !"。

在if语句中加入了else语句之后，if语句的执行流程会比简单if语句复杂些，在有些Python程序设计书籍中给出了如图7-4所示的if-else语句的执行流程示意图，而另一些Python程序设计书籍则给出了如图7-5所示的if-else语句的执行流程示意图。

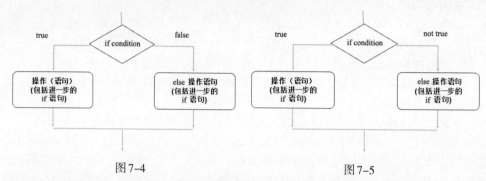

图7-4   图7-5

在if-else语句执行流程示意图中的操作（语句）可以是多个语句，也可以嵌套一个或多个if语句。以这样的方式就可以构造出非常复杂的逻辑，不过为了程序的易读性，嵌套最好不要超过三层，正如咱们的老祖先说的那样"事不过三"。因为实验表明，一般人在阅读超过三层嵌套的程序时会失去信心和兴趣，而且理解力也会大幅度地下降。

您觉得图7-4的if-else语句的执行流程有没有问题？当然有问题了，而且问题可能还有点严重。因为根据图7-4的执行流程，当if的条件为true（成立）时程序执行左面分支的操作，而当if的条件为false（不成立）时程序执行右面else之后的操作。问题是当if的条件为null（为空，即无法确定是成立还是不成立）时程序执行哪一个分支呢？实际上，当if的条件为null时程序也执行右面else之后的操作（即与false执行同一分支）。

您觉得图7-5的if-else语句的执行流程有没有问题？当然也有问题了，而且问题也挺严重的。因为根据图7-5的if执行流程，当if的条件为true（成立）时程序执行左面分支的操作，而当if的条件为not true时程序执行右面else之后的操作。请读者回顾一下本章7.2节中有关逻辑运算符not的解释，就知道实际上not true就是false，闹了半天图7-5和图7-4是一回事。同样的原理，当if的条件为null时程序也执行右面else之后的操作（即与false执行同一分支）。

if-elif语句是解决多路分支的，显然该语句的执行流程会比if-else语句略微复杂。在有些Python程序设计书籍中给出了如图7-6所示的if-elif语句的执行流程示意图，而另一些Python程序设计书籍中则给出了如图7-7所示的if-elif语句的执行流程示意图。

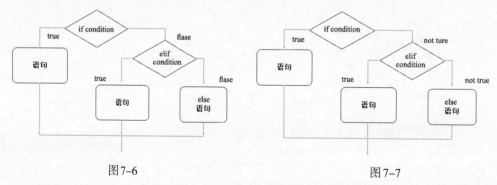

图7-6   图7-7

只要对图7-6和图7-7的if-elif语句执行流程示意图稍加分析，您就可以发现它们也存在与图7-4和图7-5的if-elif语句执行流程示意图完全相同的问题。

7.5　多路分支语句的实例

接下来，通过一个例子来演示if-elif语句的用法。这段Python程序代码可能是一个人事管理系统的一部分，用户可以输入代表不同学位的单个字符，之后程序就会根据用户输入的字符显示与学位相关的信息。为了增加代码的重用性，在程序中是通过input语句输入变量degree的初值。在这段Python程序代码中，利用变量degree和比较运算符==构造了所需的条件。当变量degree的值等于B时输出中文字符串"此人拥有学士学位。"；当变量degree的值等于M时输出中文字符串"此人拥有硕士学位。"；当变量degree的值等于D时输出中文字符串"此人拥有博士学位。"

☞ **指点迷津：**

读者必须了解的是在计算机中同一个字符的英文编码和中文编码可能不同，所以读者在程序中要使用中文时，输入任何标点符号时一定要在英文模式下输入，以免造成不必要的困扰。这些在处理程序的中文输入和输出所遇到的问题在软件中普遍存在，如在Oracle数据库管理系统中。所以千万要记住，在程序代码中使用汉字时，所有的特殊字符一定要在英文模式下输入，这样可以避免许多不必要的麻烦。这可能也是不少中文的教材在介绍程序代码时只使用ASCII码字符的原因。本书之所以在一些程序代码中使用汉字，是因为在开发真正的应用程序时可能最终的用户根本就不懂英文，在这种情况下使用汉字就是唯一的选择了。其实，老祖先给我们留下的优美汉字是最适合写诗的，而不太适合写程序和科技方面的书籍，因为汉语的多义性太严重了。

老师对要编写的程序做了以上详细说明之后，他要求孩子们一起来完成这个程序。孩子们嘀咕了一会儿开始编写了如例7-12所示的Python程序代码。确认无误后以degree.py为文件名存盘（存放在当前目录中），随即执行这段程序代码并开始了测试工作。

例 7-12

```
degree = input("请输入学位 (B, M, D): ")

if degree == 'B':
    print('此人拥有学士学位。')
elif degree == 'M':
    print('此人拥有硕士学位。')
elif degree == 'D':
    print('此人拥有博士学位。')
请输入学位 (B, M, D): B
此人拥有学士学位。
```

在执行以上这段Python程序代码时，出现"请输入学位 (B, M, D): "时，孩子们输入了B（标有下画线的字符）。按下Enter键之后，该程序继续执行，执行成功之后就显示了"此人拥有学士学位。"信息。

孩子们重新执行这段程序代码。出现"请输入学位 (B, M, D): "时，孩子们输入了M（标有下画线的字符）。按下Enter键之后，该程序继续执行，执行成功之后就显示了"此人拥有硕士学位。"信息，如例7-13所示。

例 7-13

请输入学位 (B, M, D): <u>M</u>
此人拥有硕士学位。

孩子们重新执行这段程序代码。出现"请输入学位 (B, M, D):"时，孩子们输入了D（标有下画线的字符）。按下Enter键之后，该程序继续执行，执行成功之后就显示了"此人拥有博士学位。"信息，如例7-14所示。

例 7-14

请输入学位 (B, M, D): <u>D</u>
此人拥有博士学位。

孩子们最后一次重新执行这段程序代码。出现"请输学位 (B, M, D):"时，孩子们输入了Y（也可以是没有在学位字符清单中的任何字符，其最后显示的内容都完全相同）。按下Enter键之后，该程序继续执行，执行成功之后直接显示Python解释器的提示符，如例7-15所示。

例 7-15

请输入学位 (B, M, D): <u>Y</u>
>>>

☞ **指点迷津：**

在程序调试时，要保证测试过代码的每一个分支，即要尽可能地测试过每一种可能性，如孩子们在以上例子中所做的那样。

例 7-16

```
degree = input("请输入学位 (B, M, or D): ")
if degree == 'B':
    print('此人拥有学士学位。')
elif degree == 'M':
    print('此人拥有硕士学位。')
elif degree == 'D':
    print('此人拥有博士学位。')
else:
    print('此人没有学位。')
请输入学位 (B, M, or D): k
此人没有学位。
```

在执行以上这段Python程序代码时，出现"请输入学位 (B, M, or D):"时，老师输入了k（也可以是没有在学位字符清单中的任何字符，其最后显示的内容都完全相同）。按下Enter键之后，该程序继续执行，执行成功之后就显示了"此人没有学位。"信息。

老师再次执行这段程序代码。出现"请输学位 (B, M, or D):"时，这次老师输入了y（标有下画线的字符）。按下Enter键之后，该程序继续执行，执行成功之后就显示了"此人没有学位。"信息，如例7-17所示。

例7-17

> 请输入学位 (B, M, or D): y
> 此人没有学位。

老师解释说："这个程序在执行时，只要输入的不是B、M或D就都执行else关键字之后的语句。"

7.6　分支语句嵌套的实例

扫一扫，看视频

在前面已经讲过了if语句可以嵌套，而且可以多层嵌套，因此老师也想给孩子们一个这方面的例子，让他们练练手。他想起来之前有关日历的例子，在那个例子中没有处理闰年的问题，于是他要求孩子们利用刚刚学过的if语句，写一段判断某个特定年份是不是闰年的Python程序代码。

在听完了老师有关闰年的算法之后，孩子们研究了一会儿就在Python的图形编辑器中写出了如例7-18所示的程序代码。

例7-18

```
year = int(input("Please enter a year: "))
if (year % 4) == 0:
    if (year % 100) == 0:
        if (year % 400) == 0:
            print(str(year) + " is a leap year !")  # 整百年能被 400 整除的为闰年
        else:
            print(str(year) + ' is a not leap year !')
    else:
        print(str(year) + " is a leap year !")        # 非整百年能被 4 整除的为闰年
else:
    print(str(year) + ' is not a leap year !')
```

随后，孩子们在Python图形工具中运行了以上这段程序代码，如例7-19所示。其中，标有下画线的数字是孩子们输入的。按下Enter键之后，该程序继续执行，执行成功之后就显示了"2020 is a leap year!（2020年是闰年！）"。

例7-19

> Please enter a year: 2020
> 2020 is a leap year !

孩子们再次执行这段程序代码。当出现Please enter a year: 时，这次孩子们输入了2019。按下Enter键之后，该程序继续执行，执行成功之后就显示了"2019 is not a leap year!（2019年不是闰年！）"信息，如例7-20所示。

例7-20

> Please enter a year: 2019
> 2019 is not a leap year !

利用计算机上的日历，孩子们很快确认了例7-19和例7-20的显示结果都准确无误。随后，一个孩子问老师："这个算法是怎样证明的？"

老师笑嘻嘻地回答："咱们的老祖宗们慢慢凑出来的，反正只要能把多出的那一天放个地方（月份里）并能说圆了就行。"听了老师的解释之后，孩子们小声嘀咕起来："我们的老师怎么越看越像外星人呀！"

扫一扫，看视频

7.7　if和if-else语句的省略形式

孩子们都觉得老师会偷懒，可是偏偏Python又为偷懒提供了便利的方法。如果在if语句之后只有一个要执行的语句，您可以将这个语句与if语句放在同一行上，如例7-21所示。在这段程序代码中，第4行代码就是if语句的省略形式。

例 7-21

```
>>> x = 250
>>> y = 38
>>>
>>> if x > y: print('x is larger than y !')
x is larger than y !
```

对于if-else语句，如果在if语句之后只有一个要执行的语句，并且else语句之后也只有一个要执行的语句，您可以将它们都放在同一行上，如例7-22所示。在这段程序代码中，第4行代码就是if-else语句的省略形式。

例 7-22

```
>>> x = 38
>>> y = 250
>>>
>>> print('x > y') if x > y else print('x <= y')
x <= y
```

如果愿意的话，您甚至可以在一行上写多个if-else语句，如例7-23所示。在这段程序代码中，第4行代码的含义是：因为if语句中的条件（x > y）不成立，所以执行第2个if语句；第2个if语句中的条件（x == y）不成立，所以执行其后的else语句，输出Y；如果成立，则应该执行之前的else语句，输出X。

例 7-23

```
>>> x = 38
>>> y = 250
>>>
>>> print('X') if x > y else print('=') if x == y else print('Y')
Y
```

☞ **指点迷津：**

尽管以上介绍的if和if-else语句的省略（简化）形式可以缩短代码的长度，但是却明显降低了代码的易读性，特别是用于多个if-else语句时。我个人的意见是能不用就不用，能少用就少用。本书介绍这种方法的目的是让读者能读懂这种表示方法，并不是鼓励大家使用这种方法。

扫一扫，看视频

7.8 退休人员管理系统实例

尽管可以使用在if语句中嵌套一个或多个if语句的方式构造出多路分支语句，但是这样做的结果会使程序的逻辑变得复杂并且使易读性明显下降。因此，在实际工作中，应该尽可能避免使用if语句的嵌套，而使用elif子句。

外星人又召见了这帮孩子们，可能是外星人年纪也都很大了，他们也想知道地球人年纪大了是如何生活的，因此让孩子们编写一个简化的退休人员管理系统。

例7-24就是这个系统的Python程序代码，孩子们是利用if-elif语句（即多路分支语句）来完成这个程序的，实际上就是例7-4的加强版，孩子们还顽皮地在程序的最后加上了：当变量age的值等于100时输出中文字符串"您现在可以免费乘坐过山车和免费蹦极了!!!"。用户可以输入自己（也可以是别人）的年龄，当输入的年龄小于60时，系统就会显示"您不到退休年龄，还必须继续工作为革命事业再做些贡献!!!"。当您输入的年龄为60～64时，系统就会显示"您可以退休了，并且可以半价进入一般的公园!!!"。当您输入的年龄为65～79时，系统就会显示"您现在可以免费进公园和免费乘坐公交车了!!!"。当您输入的年龄为80～89时，系统就会显示"您现在可以享受每月¥100的老年补贴了!!!"。当您输入的年龄为90～99时，系统就会显示"您现在可以享受每月¥200的高龄补贴了!!!"。当您输入的年龄为100或超过100时，系统就会显示"您现在可以免费乘坐过山车和免费蹦极了!!!"。为了增加代码的重用性，在程序中是通过input语句输入变量age的值。存盘后，运行这段代码，并开始测试工作。

例7-24

```
age = int(input("请输入年龄："))
if age < 60:      # 如果age小于60就使用print语句列出相关信息
    print('您不到退休年龄，还必须继续工作为革命事业再做些贡献  !!!')
elif age < 65:
    print('您可以退休了，并且可以半价进入一般的公园  !!!')
elif age < 80:
    print('您现在可以免费进公园和免费乘坐公交车了  !!!')
elif age < 90:
    print('您现在可以享受每月¥100的老年补贴了  !!!')
elif age < 100:
    print('您现在可以享受每月¥200的高龄补贴了  !!!')
else:
    print('您现在可以免费乘坐过山车和免费蹦极了  !!!')
请输入年龄：59
您不到退休年龄，还必须继续工作为革命事业再做些贡献  !!!
```

在执行以上这段Python程序代码时，出现"请输入年龄:"时，孩子们输入了59（标有下画线的数字）。按下Enter键之后，该程序继续执行，执行成功之后就显示了"您不到退休年龄，还必须继续工作为革命事业再做些贡献!!!"的信息。

孩子们重新执行这段程序代码，出现"请输入年龄:"时，孩子们输入了60（标有下画线的数字）。按下Enter键之后，该程序继续执行，执行成功之后就显示了"您可以退休了，并且可以半价进入一般的公园!!!"的信息，如例7-25所示。

例7-25

```
请输入年龄：60
您可以退休了，并且可以半价进入一般的公园 !!!
```

孩子们再次执行这段程序代码，出现"请输入年龄:"时，孩子们输入了77（标有下画线的数字）。按下Enter键之后，该程序继续执行，执行成功之后就显示了"您现在可以免费进公园和免费乘坐公交车了!!!"的信息，如例7-26所示。

例7-26

```
请输入年龄：77
您现在可以免费进公园和免费乘坐公交车了 !!!
```

孩子们继续测试程序代码的下一个分支，再次执行这段程序代码，出现"请输入年龄:"时，孩子们输入了88（标有下画线的数字）。按下Enter键之后，该程序继续执行，执行成功之后就显示了"您现在可以享受每月¥100的老年补贴了!!!"的信息，如例7-27所示。

例7-27

```
请输入年龄：88
您现在可以享受每月 ¥100 的老年补贴了 !!!
```

孩子们继续测试程序代码的下一个分支，又一次执行这段程序代码，出现"请输入年龄:"时，孩子们输入了99（标有下画线的数字）。按下Enter键之后，该程序继续执行，执行成功之后就显示了"您现在可以享受每月¥200的高龄补贴了!!!"的信息，如例7-28所示。

例7-28

```
请输入年龄：99
您现在可以享受每月 ¥200 的高龄补贴了 !!!
```

孩子们继续测试程序代码的最后一个分支，再次执行这段程序代码，出现"请输入年龄:"时，孩子们输入了100（标有下画线的数字）。按下Enter键之后，该程序继续执行，执行成功之后就显示了"您现在可以免费乘坐过山车和免费蹦极了!!!"的信息，如例7-29所示。

例7-29

```
请输入年龄：100
您现在可以免费乘坐过山车和免费蹦极了 !!!
```

外星人看了最后一次程序测试所显示的结果就觉得奇怪，心想这百岁老人还有胆量坐过山车和蹦极吗？那心脏受得了吗？再看孩子们那诡异的微笑就知道这里面一定有诈。

外星人问："都老得快掉渣了，怎么坐过山车？又怎么能蹦极？"

孩子们心想，你们不是比他们还要老上N倍。他们随即嬉皮笑脸地回答："那是商家的广告，就是因为老人家们根本就不可能去坐过山车或蹦极。如果商家让我们免费，他们可就赔大发了。"

仔细看过孩子们写的程序和他们调试程序的过程，外星人觉得这样的程序设计和调试水平不应该是玩游戏玩出来的。于是问孩子们："你们是怎么学到这些的？"

孩子们齐声回答："老师教的。"

外星人又问："那老师与你们是同类吗？"

孩子们没有完全理解外星人的问题，在孩子们心目中，老师与他们大不相同，因此异口同声地回答："不是。"

外星人感到非常困惑：一个与人类不同的物种怎么会担负起教育人类下一代的工作？这种两个不同物种之间的共生关系是怎样形成的呢？又是怎样维系的呢？

当在一个if语句中有多个elif子句时，如果第1个条件是false或null，控制就将转向下一个elif子句，条件是从上到下一个接一个测试的。如果所有的条件都是false或null，else子句中的语句将被执行。不过最后的else子句是可选的，并且在一个if语句中最多只能有一个else子句（如果使用了else子句，它一定是最后一个子句）。

Python程序设计语言的逻辑表达式的求值算法使用的是短路逻辑（short-circuit logic），也叫短路求值（short-circuit evaluation）。那么，什么是短路逻辑呢？

短路逻辑或短路求值（又称最小化求值）是一种逻辑运算符的求值策略。只有当第一个运算数的值无法确定逻辑运算的结果时，才对第二个运算数进行求值。例如，当and的第一个运算数的值为false时，其结果必定为false；当or的第一个运算数为true时，最后结果必定为true，在这种情况下，就不需要知道第二个运算数的具体值。

为了提高Python程序的效率，您应该将最有可能为false的条件表达式放在and运算符的前边（开始处），而应该将最有可能为true的条件表达式放在or运算符的前边（开始处）。如果两个条件可能为true或false的概率相同，那么将条件表达式求值较快的一个放在开始处。

因为在if-elif语句中逻辑条件的测试是按顺序进行的，当测试到条件为true后就执行与这个条件相关的语句，随后就会退出if语句（即开始执行if语句之后的语句）。因此，后面如果再有为true的条件，那些与之相关的语句也不会执行了。因此，为了提高Python程序的效率，在if-elif语句中if-elsif条件应该按照最有可能是true到最不可能为true的顺序排列，这样就可以节省测试那些false条件的时间。

7.9　习　题

1. 以下是要判断x与y是否相等的程序代码段，请在以下代码段中填写上遗失的Python程序代码。

```
x = 38
y = 250
_____:
    print('The sun should rise up from the west !')
```

2. 以下是要判断y是否小于或相等x的程序代码段，请在以下代码段中填写上遗失的Python程序代码。

```
x = 38
y = 250
_____:
    print('The sun should rise up from the west !')
```

3. 以下是要判断x与y是否相等的程序代码段，如果相等就输出"The sun should rise up from the west !"（太阳应该从西方升起！）；如果不等就输出"The sun rises up from the east !"（太阳从东方升起！）。请在以下代码段中填写上遗失的Python程序代码。

```
x = 38
y = 250
_____:
    print('The sun should rise up from the west !')
_____:
    print('The sun rises up from the east !')
```

4. 以下是比较x与y大小的程序代码段，如果相等就输出"The sun should rise up from the west !"（太阳应该从西方升起！）；否则判断y是否小于x，如果小于就输出"The sun should rise up from the west again !"（太阳应该再从西边升起！）；否则就输出"The sun rises up from the east !"（太阳从东方升起！）。请在以下代码段中填写上遗失的Python程序代码。

```
x = 38
y = 250
_____:
    print('The sun should rise up from the west !')
_____:
    print('The sun should rise up from the west again !')
____:
    print('The sun rises up from the east !')
```

5. 以下是比较x与y大小的程序代码段，如果x大于或等于y并且x小于z（即两条件同时成立），则输出"The sun rises up from the east !"（太阳从东方升起！）。请在以下代码段中填写上遗失的两个关键字。

```
x = 38
y = 38
z = 250
___(x >= y) ___ (x < z):
    print('The sun rises up from the east !')
```

6. 以下是比较x与y大小的程序代码段，如果x大于或等于y或者x小于z（即两条件中只要有一个条件成立），则输出"The sun rises up from the east !"（太阳从东方升起！）。请在以下代码段中填写上遗失的两个关键字。

```
x = 38
y = 38
```

```
z = 250
___ (x >= y) ___ (x < z):
    print('The sun rises up from the east !')
```

7. 以下是比较x与y大小的程序代码段，如果x等于y不成立（即求x == y的逻辑非），则输出"The sun should rise up from the west !"（太阳应该从西方升起！）。请在以下代码段中填写上遗失的Python程序代码。

```
x = 38
y = 250
_____ :
    print('The sun should rise up from the west !')
```

☞ **指点迷津：**

虽然在这一章的7.2节中并未给出逻辑运算符not的具体例子，但是给出了该运算符的定义。实际上，我们在本书的第3章的3.1.3小节中曾经给出了两个使用逻辑运算符not的例子——它们是例3-16和例3-17。再加上这一道习题，算是对not运算符的补充吧！

扫一扫, 看视频

第8章 Python的循环语句

利用循环语句来完成那些乏味的重复操作是几乎所有程序设计语言最重要的部分之一, 当然在Python程序设计语言中也不例外。Python提供了两种类型的循环语句, 利用这些循环语句可以非常方便地完成那些重复的特定操作。

其实, 循环操作(语句)的概念本身就来自我们的现实生活并在现实中得到了相当广泛的应用, 以下是几个日常生活中常见的循环操作的例子。

(1)太阳下山明早依旧爬上来——每天循环一次。

(2)花儿谢了明年还是一样地开——每年循环一次。

(3)生活就是一个7日接着一个7日——两重循环, 内循环每日一次, 外循环每周(每7日)一次。

如果读者有兴趣, 相信您可以很容易地举出更多在现实生活中循环操作的例子。实际上, 学习Python程序设计语言的过程本身也可以看成一个循环。

扫一扫, 看视频

8.1 while循环简介

所谓的循环, 就是多次地重复一个语句或语句序列。Python提供了若干个循环结构以控制语句的重复执行。循环主要用于重复执行一些语句直到一个条件满足为止。在一个循环中必须有一个退出条件, 否则这个循环就变成了一个死循环(永远循环下去)。在程序控制结构中, 条件(分支)属于第一类控制结构, 而循环属于第二类控制结构。Python提供了以下两种类型的循环结构(语句)。

(1)while循环。执行基于一个条件的重复操作。

(2)for循环。遍历任何序列的项目(元素), 如一个字符串或一个列表。

在这两种形式的循环中, 最简单的循环语句就是while循环, 它是由包含在while关键字和冒号(:)之后缩进的一个语句序列构成的。

使用while循环在条件为真(true)时重复执行循环体中的语句, 而当条件不再是true(即为false或null)时退出循环。循环的条件是在每次重复开始时测试, 这种循环是在条件为false或null时终止。如果在循环一开始时条件就是false或null, 那么就不会执行任何重复的操作。因此, 完全有可能在循环体中的语句从来就没有执行过。while循环语句的语法如下。

```
while 条件 :
    语句1;
    语句2;
```

　　...

　　需要注意的是，在while循环语句中，循环的条件必须放在while和冒号（:）两个关键字之间，而循环的条件是在每次重复开始时测试的。图8-1是while循环的结构流程图。

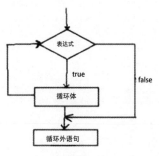

图8-1

　　如图8-1所示，在进入循环体之前，对循环控制变量要进行初始化（赋予初值）。还有一般在每次循环中都要修改循环控制变量，否则该循环将成为死循环。

　　利用while循环，可以在循环条件满足（为true）时重复执行一组语句（程序代码），从而大大地简化程序的编写。如您可以使用例8-1的Python程序代码，利用while循环轻松地获取2～10的全部偶数。

　　例 8-1

```
>>> i = 2
>>> while i < 11:
...    print(i)
...    i = i + 2
...
2
4
6
8
10
```

8.2　while循环实例——自然数的阶乘

　　在介绍以下自然数阶乘程序之前，先简要地介绍一下什么是自然数的阶乘。一个正整数（自然数）n的阶乘表示为$n!$，$n!$是n及所有小于它的正整数的乘积（$0!$为1），如：

　　$6! = 6 \times 5 \times 4 \times 3 \times 2 \times 1$

　　对于任何$n \geq 1$，$n!$的数学公式定义如下：

　　$n! = 1 \times 2 \times 3 \times \cdots \times (n-2) \times (n-1) \times n$

　　以上n的阶乘公式也可以简化成如下的形式：

　　$n! = n \cdot (n-1)!$

例如，5！ = 5×4！，6！ = 6×5！，100！ = 100×99！，等等。

介绍完while循环语句，老师让孩子们利用刚刚学过的知识设计并开发一个求自然数阶乘的Python源程序。

在听完了老师有关阶乘算法的介绍之后，孩子们叽叽喳喳地讨论了一会儿，然后就在Python的图形编辑器中写出了如例8-2所示的程序代码。为了节省篇幅，我们在代码中用注释来解释代码的含义。

例 8-2

```
n = int(input('Please enter a natural number: '))
i = 1                   # 初始化 while 循环语句的控制变量 i
factorial = 1           # 相当于 n = 1
while i < n + 1:
    factorial = factorial * i   # 相当于 n! = n×(n-1)!
    i += 1                              # 将循环控制变量的值加 1，即 i=i+1
print('n! = ' + str(factorial)) # 将阶乘值转换成字符串才能进行两个字符串的拼接
```

随后，孩子们在Python图形工具中运行了以上这段程序代码，如例8-3所示。其中，标有下画线的数字是孩子们输入的。按下Enter键之后，该程序继续执行，执行成功之后就显示了"n! = 1"。

例 8-3

```
Please enter a natural number: 1
n! = 1
```

孩子们再次执行这段程序代码，出现Please enter a natural number: 时，这次孩子们输入了5。按下Enter键之后，该程序继续执行，执行成功之后就显示了"n! = 120"的信息，如例8-4所示。

例 8-4

```
Please enter a natural number: 5
n! = 120
```

利用计算机上的计算器，孩子们很快确认了例8-3和例8-4的显示结果都准确无误。

8.3　while循环实例——自然数的阶乘改进版

老师看到孩子们这么快就完成了一个比较复杂的程序的编写和测试，心里非常高兴，但是脸上还是尽量不表示出来。如果不挑出点毛病，这帮毛孩子们可能觉得他们已经变成了Python的高手了。老师说："尽管你们写的这个程序已经不错了，但是还是存在瑕疵的。"

孩子们赶紧问："哪个地方又出问题了？"

老师说："当用户输入的数字是负数或0时程序无法正确处理。"老师说完之后，给出了如例8-5所示改进后的求自然数阶乘的Python源程序代码。实际上，只是在孩子们的计算阶乘的程序代码之前加了段处理负数和0的代码（利用if-elif语句）。

例 8-5

```
n = int(input('Please enter a natural number: '))
i = 1
```

```
factorial = 1
# 以下 if elif 语句是处理输入数字为负数或 0 的程序代码
if n < 0:
    print('You entered a negative number !')
elif n == 0:
    print('0! = 1')
else:
    while i < n + 1:
        factorial *= i              # Same as factorial = factorial * i
        i += 1
    print('n! = ' + str(factorial))
```

随后，老师在Python图形工具中运行了以上这段程序代码，如例8-6所示。其中，标有下画线的数字是老师输入的。按下Enter键之后，该程序继续执行，执行成功之后就显示了"0! = 1"。

例8-6

```
Please enter a natural number: 0
0! = 1
```

随后，老师再次执行这段程序代码。当出现"Please enter a natural number:"时，这次老师输入了–2。按下Enter键之后，该程序继续执行，执行成功之后就显示了"You entered a negative number !"的警示信息，如例8–7所示。

例8-7

```
Please enter a natural number: -2
You entered a negative number !
```

最后，老师再次执行这段程序代码。当出现"Please enter a natural number:"时，这次他输入了6。按下Enter键之后，该程序继续执行，执行成功之后就显示了"n! = 720"的信息，如例8–8所示。

例8-8

```
Please enter a natural number: 6
n! = 720
```

这回老师再一次在孩子们面前证明了他的实力。这帮孩子们也不是省油的灯。一个孩子问："您写的这段程序并没有处理输入是浮点数（带小数点的数）或是字符的问题呀？"

老师说："当然处理了，其实我之前讲过，你们可能记不清楚了，没关系，就当再复习一遍吧！"于是，老师再次执行以上那段程序代码。当出现"Please enter a natural number:"时，这次他输入了5.6。按下Enter键之后，该程序继续执行，执行成功之后就显示了错误信息，如例8-9所示。

例8-9

```
Please enter a natural number: 5.6
Traceback (most recent call last):
  File "E:/python/ch08/factorial2.py", line 1, in <module>
```

```
n = int(input('Please enter a natural number: '))
ValueError: invalid literal for int() with base 10: '5.6'
```

最后，老师再次执行这段程序代码。当出现"Please enter a natural number:"时，这次他输入了字符a。按下Enter键之后，该程序继续执行，执行成功之后就显示了错误的信息，如例8-10所示。

例8-10

```
Please enter a natural number: a
Traceback (most recent call last):
  File "E:/python/ch08/factorial2.py", line 1, in <module>
    n = int(input('Please enter a natural number: '))
ValueError: invalid literal for int() with base 10: 'a'
```

随即，老师解释道："看看Python显示的错误信息的最后一行，你们就应该很清楚出错的原因了；否则，就是你们的英语没学好，是不是？实际上，是int那个函数帮助我们处理了浮点数和字符输入的问题，Python想的是不是挺周到的？"

孩子们小声嘀咕起来："你还真别说，这老师还挺牛。"

☞ **指点迷津：**

> 实际上，例8-2的求自然数阶乘的程序代码可以处理0！。因为在循环体之外阶乘factorial已经初始化为1了，当n等于0时，循环体内的语句一次也没有执行，所以print语句输出的factorial就是1。换句话说，例8-5的程序代码中有关n是否等于零的处理代码都是多余的，可以完全不要。

扫一扫，看视频

8.4　break语句与continue语句

在某一特定条件下，您可能需要提前结束循环。在这种情况下，break语句将派上用场，该语句可以在while的条件依然为true时终止循环。如可以使用例8-11的Python程序代码，在while循环中使用break语句轻松地获取1～5的全部奇数。

例8-11

```
>>> i = 1
>>> while i < 11:
...   print(i)
...   if i >= 5:
...     break
...   i += 2
...
1
3
5
```

　　有时您可能只想不要某一次的循环操作，而接下来的循环操作还需要继续执行，此时就可以使用Python所提供的另一个与终止循环有关的语句——continue语句。该语句是停止当前的这次循环操作，并进行接下来的循环操作。如可以使用例8-12的Python程序代码，在while循环中使用continue语句轻松地获取1 ~ 10的全部奇数（除了5之外）。

例 8-12

```
>>> i = -1
>>> while i < 9:
...    i += 2
...    if i == 5:
...      continue
...    print(i)
...
1
3
7
9
```

☞ **指点迷津：**

　　与例8-11相比，在例8-12的程序代码中，我们对调了print(i)语句与i += 2语句。因为如果是在程序的末尾使用i += 2，这段程序在i等于5开始将进入死循环，因为在此之后i += 2将永远不会执行。另外，由于是i先加2之后才执行print语句，所以为了输出1，在进入循环体之前先将i初始化为-1。

8.5　Python的for循环

　　与其他程序设计语言有些不同，在Python程序设计语言中，for循环主要是用于在一个序列（如一个列表、一个元组、一个字典或一个字符串）上的迭代操作。在很大程度上，Python的for循环更像其他面向对象的程序设计语言中所使用的迭代器的方法。

　　使用for循环可以执行一组语句，每次循环顺序地操作列表（或元组、或集合等）中的一个元素。如可以使用例8-13的Python程序代码，利用for循环，输出friends列表中的每一个元素。

例 8-13

```
>>> friends = ['fox', 'dog', 'pig', 'monkey']
>>> for f in friends:
...    print(f)
...
fox
dog
pig
monkey
```

与其他程序设计语言不同的是，在Python程序设计语言中，for循环不需要预先设置下标变量（索引变量）。

在Python程序设计语言中甚至连字符串都是可以迭代的对象，因为它们包含了字符串的一个序列。如可以使用例8-14的Python程序代码，利用for循环，输出字符串Polar Bear中的每一个字符。

例 8-14

```
>>> for c in 'Polar Bear':
...     print(c)
...
P
o
l
a
r

B
e
a
r
```

8.6　在for循环中使用break语句和continue语句

break语句不但可以用在while循环中，也同样可以用在for循环中。利用break语句可以在循环遍历全部的元素之前就终止循环。如可以使用例8-15的Python程序代码在for循环中使用break语句，输出friends列表中从第一个元素到pig元素（包括pig元素）的每一个元素。

例 8-15

```
>>> friends = ['fox', 'dog', 'pig', 'monkey']
>>> for f in friends:
...     print(f)
...     if f == 'pig':
...         break
...
fox
dog
pig
```

例8-15的if语句告诉我们，当f等于pig时，就执行break语句终止for循环，所以其显示结果只到pig元素为止。

我们略微修改一下例8-15中的源程序代码，将print语句放到最后，这个程序执行后将只输出friends列表中的前两个元素fox和dog，而pig和其后的元素都被开除了，如例8-16的程序代码。

第8章 Python的循环语句 135

例 8-16

```
>>> friends = ['fox', 'dog', 'pig', 'monkey']
>>> for f in friends:
...    if f == 'pig':
...       break
...    print(f)
...
fox
dog
```

与break语句一样，continue语句不仅可以用在while循环中，也同样可以用在for循环中。该语句是停止当前的这次循环操作，并进行接下来的循环操作。如可以使用例8–17的Python程序代码在for循环中使用continue语句，输出friends列表中除pig元素外的每一个元素。

例 8-17

```
>>> friends = ['fox', 'dog', 'pig', 'monkey']
>>> for f in friends:
...    if f == 'pig':
...       continue
...    print(f)
...
fox
dog
monkey
```

例8–17的if语句告诉我们，当f等于pig 时就执行continue语句，终止for的这一次循环，继续下一次循环，所以其显示结果只有元素pig没在名单中（被开除了）。

扫一扫，看视频

8.7   内置函数range

正如上两节中所介绍的那样，Python程序设计语言的for循环语句并没有用来控制循环次数的控制变量、变量初值和步长。为了解决这一问题，Python提供了一个内置函数range，您可以使用range函数来指定一组程序代码在一个循环中执行的次数。

函数range返回一个数字序列，其默认：起始值为0，增量（步长）为1，并且以一个指定的数字结束。如可以使用例8–18的Python程序代码，在for循环中使用range函数输出0 ～ 6。

例 8-18

```
>>> for i in range(7):
...    print(i)
...
0
1
2
```

```
3
4
5
6
```

从例8-18的显示输出可以看出：range(7)的值是不包括7的，其值是0～6。其中，0是初值，增量为1。

虽然range函数默认的初值是0，但是您可以通过添加一个初值参数来指定这个初值，如range(3, 8)的初值是3，即其值从3～7（并不包含8）。如可以使用例8-19的Python程序代码在for循环中使用range(3, 8)函数输出3～7。

例 8-19

```
>>> for i in range(3, 8):
...     print(i)
...
3
4
5
6
7
```

从例8-19的显示输出可以看出：range(3, 8)的值是不包括8的，其值是3～7。其中，0是初值，增量还是1。

虽然range函数默认的步长是1，但是您也可以通过添加一个步长参数来指定步长，如for i in range(1, 10, 2)的初值就是1，增量是2，终值是10（并不包含10）。如可以使用例8-20的Python程序代码在for循环中使用for i in range(1, 10, 2)函数输出10以内的全部奇数。

例 8-20

```
>>> for i in range(1, 10, 2):
...     print(i)
...
1
3
5
7
9
```

从例8-20的显示输出可以看出：range(1, 10, 2)的值是不包括10的，其值是1、3、5、7、9。其中，初值是1，增量是2。

从以上的几个例子中可以看出，在某些情况下使用包含range函数的for循环似乎要比while循环简单一些。

8.8　for循环实例——自然数的阶乘改进版

在介绍了for循环语句之后，老师让孩子们利用刚刚学过的for循环语句重新编写那个求自然数阶乘的Python源程序。

孩子们稍微讨论了一下就在Python的图形编辑器中写出了如例8-21所示的程序代码。为了节省篇幅，在代码中用注释来解释代码的含义。

例 8-21

```python
n = int(input('Please enter a natural number: '))
factorial = 1
# 以下 if elif 语句是处理输入数字为负数或 0 的程序代码
if n < 0:
    print('You entered a negative number !')
elif n == 0:
    print('0! = 1')
else:
    for i in range(1, n+1):
        factorial *= i              # Same as factorial = factorial * i
    print('n! = ' + str(factorial))
```

看到孩子们很快完成了以上利用for循环语句重写的求自然数阶乘的Python程序代码的开发与测试，老师真的开始从心里喜欢上这帮淘气包们了。他已经教过许多期程序设计课程，这是他遇到的第一批悟性这么好的学生，原以为是碰到了一群泼猴，结果没想到是一群一点就通的孙猴子。

孩子们也发现，使用for循环似乎比使用while循环要简单一些。因为没有控制变量，所以有关控制变量初始化和加1的操作也都免了。一个孩子问老师："实际工作中到底应该使用哪一种方法呢？"

老师回答："如果客户熟悉while循环，你就使用for循环；如果客户熟悉for循环，你就使用while循环，哈哈，那你就被视为专家了。"因为真的喜欢这帮孩子们，所以老师也开起了玩笑。

8.9　for循环中的else关键字以及循环嵌套

与许多其他程序设计语言不同，Python程序设计语言在它的for循环中引入了else关键字。在一个for循环中的关键字else用于指定当循环完成时要执行一组程序代码。

如可以使用例8-22的Python程序代码在for循环中利用else关键字在该循环结束时输出说明信息和偶数的个数。这段程序代码是输出0～10的所有偶数（包括10），最后在循环结束时输出"Total even number is: count的值"。为了节省篇幅，我们以下用注释来解释每行程序代码的含义。

例 8-22

```python
>>> count = 0         # 将存储偶数个数的变量初始化为 0
>>> for n in range(0, 11, 2):  # for 循环的控制变量为 n
                      # 其初值为 0、终值为 11、步长为 2
...     print(n)      # 每次循环输出一个 n 的值，即 0、2、4 等
```

```
...     count += 1          # 将计数器 count 的值加 1
... else:
...     print('Total even number is: ' + str(count))
 # 当 for 循环结束时执行以上这个语句，str(count) 是将 count 转换成字符串
...
0
2
4
6
8
10
Total even number is: 6
```

从例8-22的显示输出可以看出：range(0, 11, 2)的值是不包括11的，其值是0～10的全部偶数。其中，0是初值，增量为2，11是终值。从这个例子可以看出：使用带有range的for循环来获取0～10的全部偶数似乎要比使用while循环简单一些。实际上，在例8-22中真正获取0～10的全部偶数的代码只有两行，它们是：

```
for n in range(0, 11, 2):
    print(n)
```

通过前面的学习，我们知道Python程序设计语言中的if语句是可以嵌套的。实际上，Python的循环也同样可以嵌套，而且可以进行多层的嵌套。您还可以将while循环和for循环彼此之间混合嵌套。

所谓的循环嵌套，就是一个循环的内部还有一个循环，对于外层循环的每次迭代（每次循环），这个内循环体都要执行一次。

如可以使用例8-23的Python程序代码在两层嵌套的for循环输出每种不同颜色的宠物。

例 8-23

```
>>> colors = ['black', 'white', 'yellow', 'grey']
>>> pets = ['cat', 'dog', 'rabbit',]
>>>
>>> for c in colors:
...     for p in pets:
...         print(c, p)
...
black cat
black dog
black rabbit
white cat
white dog
white rabbit
yellow cat
yellow dog
```

```
yellow rabbit
grey cat
grey dog
grey rabbit
```

从例8-23的显示输出可以看出：在每次执行外层循环时都要执行内循环，如第一次外循环，颜色为黑色，执行整个内循环就是遍历pets列表中的每个元素并执行print语句，其结果就是顺序输出black cat、black dog和black rabbit，以此类推。

在即将结束这一章之前，我们要强调的一点是：在实际工作中，应尽量少用循环的嵌套，如果不得不用，则应尽量减少嵌套的层数，因为过多的循环嵌套会使程序的流程很难被读懂。有研究表明，一般程序员在阅读超过三层的循环嵌套时就感觉到程序非常复杂，有时甚至干脆不想去阅读这样的程序了。还是要牢记咱们老祖先说的那句老话"事不过三"。

8.10　实例1——数字猜谜游戏

扫一扫，看视频

数字猜谜游戏程序的算法的基本思路是这样的：系统产生一个在某一范围（如1～250）内的随机数字，用户输入自己猜的数字，程序比较两个数字；如果不等，就要求用户重新输入另一个数字，如此反复直到相等为止。

又到了孩子们做上机实例的时间了。在解释完了数字猜谜游戏算法的基本思路之后，老师要求孩子们开发出一个数字猜谜游戏的Python程序。因为在这个程序中要使用一个系统模块random中的方法（函数），而孩子们还没有学到，所以他给出了这个语句import random并让孩子们将其放在他们程序的第1行。至于这部分内容，他告诉孩子们会在后面的课程中详细介绍。

孩子们商量之后，即开始了编程和测试。经过几次测试和修改之后，他们给出了例8-24的Python程序代码，并在计算机上执行了该程序。因为这个程序比较复杂，为了帮助读者更好地了解这个程序，他们为几乎每一行程序代码都加了比较详细的注释。

例 8-24

```
import random              # 导入系统模块 random
i = 1                      # 输入次数计数器初始化为1
x = random.randint(0,98)   # 产生一个 0 ～ 98 的随机数字
# \n 表示换行，即 \n 之后的信息输出在下一行
y = int( input('请输入0～98的一个数字 \n 然后查看是否与计算机产生的随机数字一样: '))
while x != y:              # 如果输入的数字不等于计算机产生的随机数字就循环
    if x > y:             # 如果输入数字大于计算机产生的随机数字就执行以下两个语句
        # 输出第 "i" 次输入的数字小于计算机产生的随机数字
        print('第' + str(i) + '次输入的数字小于计算机随机数字')
        y = int(input('请再次输入数字:'))   # 再次输入数字
    else:
    # 输出第 "i" 次输入的数字大于计算机产生的随机数字
        print('第' + str(i) + '次输入的数字大于计算机随机数字')
        y = int(input('请再次输入数字:'))   # 再次输入数字
```

```
        i+=1                                    # 将输入次数计算器加 1
    else: # 否则，即 x 等于 y，输出恭喜，第"i"次输入的数字与计算机产生的随机数字"y"一样
print('恭喜，第 '+ str(i) +' 次输入的数字与计算机产生的随机数字 ' +str(y)+ '一样')
        请输入 0 ～ 98 的一个数字
        然后查看是否与计算机产生的随机数字一样：50
        第 1 次输入的数字小于计算机产生的随机数字
        请再次输入数字：74
        第 2 次输入的数字小于计算机产生的随机数字
        请再次输入数字：86
        第 3 次输入的数字小于计算机产生的随机数字
        请再次输入数字：93
        第 4 次输入的数字大于计算机产生的随机数字
        请再次输入数字：80
        第 5 次输入的数字小于计算机产生的随机数字
        请再次输入数字：90
        恭喜，第 6 次输入的数字与计算机产生的随机数字 90 一样
```

每次执行以上程序，Python都会产生不同的随机数字。孩子们通过调试和运行这个程序也觉得很好玩。老师也看出了孩子们的喜悦，他说："可以把这个程序拿回家让你们的家人玩，不过你们最好先把那个产生随机数字的范围调大点，如调到 0 ～ 250，别让他们很快就猜到了。"孩子们高兴地点着头。

☞ **指点迷津：**

一般在猜数时可以采用折半法，即第一次将98折半，之后根据计算机的显示再折半；如第二次大约是74，以此类推。这样可以很快地猜到。实际上，这也就是计算机的折半法。另外，如果您不喜欢读带有过多注释的源程序，随书有该程序和所有实例的Python源程序文件。这些文件中的代码注释很少，所有的源程序都已经调试过，如果需要，您可以在计算机上直接执行这些文件。

8.11　实例2——约瑟夫生死游戏

在开始编写程序之前，我们首先简要地介绍一下约瑟夫生死游戏的内容。约瑟夫生死游戏的大意是：30个旅客同乘一条船，因为严重超载，加上风大浪高危险万分；因此船长告诉乘客，只有将全船一半的旅客丢入海中，其余人才能幸免于难。无奈，大家只得同意这种方法，并议定30个人围成一圈，由第一个人开始，依次报数，数到第9人，便将此人丢入大海中，然后从他的下一个人数起，数到第9人，再将他丢入大海，如此循环，直到剩下15个乘客为止。问哪些位置是将被扔下大海的位置。

外星人又召见了孩子们，他们召见孩子们的目的主要是提醒孩子们千万别泄密，其次是漫长的太空旅行实在太寂寞了，找孩子们闲聊可以解解闷。

外星人对孩子们说："我们想了解一下你们程序设计的真实水平，所以这次要你们一起编写一个有一定难度的程序。"在解释完约瑟夫生死游戏的玩法之后，外星人要求孩子们开发一个约瑟夫

生死游戏的Python程序。

　　孩子们讨论了一阵子之后，开始编程和测试，经过多次测试和修改之后，他们给出了例8–25的Python程序代码，并在计算机上执行了该程序。因为这个程序比较复杂，为了帮助读者更好地了解这个程序，他们为几乎每一行程序代码都加了比较详细的注释。

　　例 8-25

```
tourists={}              # 将游客的人数设置为一个空的字典
for n in range(1,31):    # 对游客字典进行初始化，每个 key 就是对应循环 n 的值
    tourists[n]=1        # 所有的值都是 1
print(tourists)          # 调试语句，列出 tourists 字典中全部内容
print(type(tourists))    # 调试语句，列出 tourists 的数据类型
die=0                    # 死者，即被丢入大海的人数初值为 0
i=1                      # 船上游客的编号初值为 1
survivors=0              # 幸存者，即留在船上活下来的初值为 0
while i<=31:             # 从 1 ～ 31 执行 while 循环体中的语句
    if i == 31:          # 如果 i 已经等于了 31，将 i 重新置为 1
        i=1
    elif survivors == 15:    # 否则，如果幸存者已经为 15 名就执行 break 跳出
        break                # 循环，即结束了程序的运行
    else:
        if tourists[i] == 0:     # 否则，如果游客字典中键 i 对应的值为 0（死了）
            i+=1                 # 将 i 的值加 1
            continue             # 继续执行下一次循环
        else:                    # 否则，即游客字典中键 i 对应的值不为 0
            die +=1              # 死者人数加 1
            if die == 9:         # 如果死者人数为 9
                tourists[i]=0            # 将游客字典中键 i 对应的值改为 0
                die = 0                 # 死者人数改为 0
                print(str(i) + ' 号丢到海里喂鱼！')
                survivors +=1           # 幸存者人数加 1
            else:                # 否则，即如果死者人数不等于 9
                i+=1             # i 加 1（船上游客的编号加 1）
                continue         # 继续执行下一次循环
{1: 1, 2: 1, 3: 1, 4: 1, 5: 1, 6: 1, 7: 1, 8: 1, 9: 1, 10: 1, 11: 1, 12:
1, 13: 1, 14: 1, 15: 1, 16: 1, 17: 1, 18: 1, 19: 1, 20: 1, 21: 1, 22: 1, 23:
1, 24: 1, 25: 1, 26: 1, 27: 1, 28: 1, 29: 1, 30: 1}
<class 'dict'>
 9 号丢到海里喂鱼！
 18 号丢到海里喂鱼！
 27 号丢到海里喂鱼！
 6 号丢到海里喂鱼！
 16 号丢到海里喂鱼！
```

```
26 号丢到海里喂鱼！
7  号丢到海里喂鱼！
19 号丢到海里喂鱼！
30 号丢到海里喂鱼！
12 号丢到海里喂鱼！
24 号丢到海里喂鱼！
8  号丢到海里喂鱼！
22 号丢到海里喂鱼！
5  号丢到海里喂鱼！
23 号丢到海里喂鱼！
```

看到了例8-25的显示结果，孩子们终于可以确定这个程序已经没有什么问题了，于是他们将程序的第4行和第5行调试语句（即print语句）注释掉。孩子们留了个心眼儿，万一以后再发现什么问题，可以再打开调试语句（即将注释符号#去掉），这样修改和调试都很方便。最后，孩子们给出了例8-26的程序代码并立即运行了该程序。

例 8-26

```python
tourists={}                    # 将游客的人数设置为一个空的字典
for n in range(1,31):          # 对游客字典进行初始化，每个 key 就是对应循环 n 的值
    tourists[n]=1              # 所有的值都是 1
# print(tourists)              # 调试语句，列出 tourists 字典中全部内容
# print(type(tourists))        # 调试语句，列出 tourists 的数据类型
die=0                          # 死者，即被丢入大海的人数初值为 0
i=1                            # 船上游客的编号初值为 1
survivors=0                    # 幸存者，即留在船上活下来的初值为 0
while i<=31:                   # 从 1 ~ 31 执行 while 循环体中的语句
    if i == 31:               # 如果 i 已经等于了 31，将 i 重新置为 1
        i=1
    elif survivors == 15:     # 否则，如果幸存者已经为 15 名就执行 break 挑出
        break                 # 循环，即结束了程序的运行
    else:
        if tourists[i] == 0:  # 否则，如果游客字典中键 i 对应的值为 0（死了）
            i+=1              # 将 i 的值加 1
            continue          # 继续执行下一次循环
        else:                 # 否则，即游客字典中键 i 对应的值不为 0
            die +=1           # 死者人数加 1
            if die == 9:      # 如果死者人数为 9
                tourists[i]=0 # 将游客字典中键 i 对应的值改为 0
                die = 0       # 死者人数改为 0
                print(str(i) + ' 号丢到海里喂鱼！')
                survivors +=1 # 幸存者人数加 1
            else:             # 否则，即如果死者人数不等于 9
                i+=1          # i 加 1（船上游客的编号加 1）
```

```
                continue              # 继续执行下一次循环
```
    9 号丢到海里喂鱼！
    18 号丢到海里喂鱼！
    27 号丢到海里喂鱼！
    6 号丢到海里喂鱼！
    16 号丢到海里喂鱼！
    26 号丢到海里喂鱼！
    7 号丢到海里喂鱼！
    19 号丢到海里喂鱼！
    30 号丢到海里喂鱼！
    12 号丢到海里喂鱼！
    24 号丢到海里喂鱼！
    8 号丢到海里喂鱼！
    22 号丢到海里喂鱼！
    5 号丢到海里喂鱼！
    23 号丢到海里喂鱼！

　　注释掉调试用的输出语句之后，例8-26的显示结果已经没有那些客户不需要的调试信息了，是不是更清晰了？

　　实际上，例8-26的程序代码还有改进的空间。可以使用input语句来输入船上的总人数、游戏开始的位置、死亡人数和幸存者人数，用户还可以输入不同的数字。

　　外星人注意到孩子们在编程和调试期间都是战战兢兢，好像是被什么东西吓着了。这时一个胆大的孩子大着胆子问外星人："你们不是要让我们也玩这个游戏吧？"听了他的话，外星人忍不住大笑起来。

　　"放心吧，不会的。哈哈哈！"

8.12　习　题

　　1. 以下是只要n小于等于8就要输出n的程序代码段。请在以下代码段中填写上遗失的Python程序代码。

```
n = 0
_____8:
  print(n)
   n = n + 1
```

　　2. 以下是只要n小于等于8就要输出n的程序代码段，但是如果n等于4就终止循环。请在以下代码段中填写上遗失的那行（在if和print之间）Python程序代码。

```
n = 0
while n <= 8:
   if n == 4:

   _____

   print(n)
```

```
      n = n + 1
```

3. 以下的程序代码段遍历friends列表中的每一个元素，请在以下代码段中填写上遗失的Python程序代码。

```
friends = ['fox', 'dog', 'pig', 'monkey']
_____friends:
   print(f)
```

4. 以下的程序代码段遍历friends列表中的每一个元素，但是在f等于pig 时，跳过本次循环直接执行下一次循环。请在以下代码段中填写上遗失的那行（在if和print之间）Python程序代码。

```
friends = ['fox', 'dog', 'pig', 'monkey']
for f in friends:
   if f == 'pig':
_____
     print(f)
```

5. 以下Python程序代码在for循环中使用range函数输出10以内的全部奇数。请在以下代码段中填写上遗失的程序代码。

```
for i in _____:
   print(i)
```

第9章 Python的函数和匿名函数

在前面的几章中，我们已经详细地介绍了Python程序设计语言的常用数据类型、判断和循环控制结构等。在这一章中，我们将开始介绍模块化程序设计中一种非常重要的结构——函数。那么，什么是函数呢？

您可以很容易地找到在许多书中精确而且难以理解的答案。我们在这里给出一个通俗的说明。任何东西，只要它能接收输入，对输入进行加工并产生输出，它就可以被称为函数，如图9-1所示。例如，牛是一个函数，如图9-2所示。它的输入是草料，而输出的是牛奶（不包括公牛）。

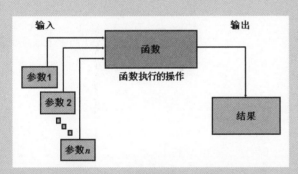

图9-1

图9-2

函数是最受结构化程序设计者吹捧的一种程序设计结构。它可以有一个或多个输入，但只能有一个输出，即函数只有一个出口。如果您的程序基本上都是由函数组成的，该程序会很容易调试，也很容易被重用。对于这么好的东西，Python程序设计语言的设计者们自然也不会放过。

9.1　函 数 概 述

函数是一个命名的Python程序块，它可以接收参数、可以被调用，并且会返回一个值。函数与其他程序设计语言中的过程在结构上极为相似，通常函数被用来执行一个单一且相关的操作。一个函数必须返回给它的调用环境一个值，而且也只能是一个值。

通过之前多章的学习，相信读者已经知道Python程序设计语言提供了大量的内置函数，如print。其实，您也可以自己创建所需要的函数，而这些函数被称为用户定义函数（user-defined functions）。函数方便了程序代码的重用，并使程序代码的维护更加容易。一旦函数被验证过，它们就可以被用在任何应用程序中，而且应用程序的数量不限。如果处理需要改变，只有相关的函数需要更改。是不是很方便？

那么，如何定义一个Python函数呢？您可以定义一些提供所需功能的函数，以下就是在Python程序中定义一个函数的一些简单规则。

（1）函数代码块以关键字def开始，紧随其后的是函数名和以圆括号括起来的参数。

（2）任何输入参数都应该放在括号中。

（3）一个函数的第一个语句可能是一个可选的语句——该函数的文档字符（即说明函数的注释）串或称docstring。

（4）在每个函数中的代码块以一个冒号（:）和缩进开始。

（5）语句return [表达式] 退出函数，并将一个表达式（是可选的）返回给调用者（程序）。如果return语句之后没有参数（表达式），那么就返回None。

定义函数的语法格式如下。

```
def 函数名 ( 参数清单 ):
    "function_docstring"
    函数主体部分（即函数中的语句）
    return [ 表达式 ]
```

☞ **指点迷津：**

Python程序设计语言默认参数是按照位置调用的，即在调用函数时，所使用的实参要与这些参数定义时的顺序完全一样。

阅读完以上对函数的介绍之后，相信读者对函数应该有了初步的了解。为了帮助您记住函数的功能和特性，现将它们总结如下。

（1）函数是一个只能在它被调用时才能够执行的程序代码块。

（2）调用程序（者）可以将数据以参数的形式传递给一个函数。

（3）一个函数可以返回作为结果的数据。

扫一扫，看视频

9.2 函数的创建和调用

在Python程序设计语言中，您要使用def关键字来定义一个函数。调用一个函数的方法很简单，就是使用该函数的名字随后紧跟圆括号（括号里面是参数清单，当然也可以没有参数）。

如例9-1所示的Python程序代码定义了一个marriage（婚姻）的函数，并随后调用了这个函数。这个函数没有参数，且非常简单，只是输出两行汉字而已。

例 9-1

```
def marriage():
    print('夫妻是生活在现实中，而恋人是生活在美丽的梦中。')
    print('白头偕老的婚姻是基于相互的理解。')
marriage()
夫妻是生活在现实中，而恋人是生活在美丽的梦中。
白头偕老的婚姻是基于相互的理解。
```

以上定义的函数没有任何参数，因此每次调用所产生的结果都是一样的。这样的函数实用性不大。可以将信息作为参数传递给函数，参数是在函数名之后的括号中定义的。您可以指定任意多个参数，只是这些参数之间要使用逗号(,)分隔开。

在例9-2的程序代码中定义了一个只带有一个参数f的函数findings。实际上，这个函数只是由例9-1的marriage函数略加修改而得来的。这个函数是输出调用该函数时所提供的字符串（参数）。

例9-2

```
def findings(f):
    print(f)
findings('红豆生南国，春来发几枝。')
findings('执子之手，与子偕老。')
findings('成功之路是一条充满艰辛的路。')
findings('不断地奋斗终将走上成功之路。')
findings('奋斗的过程就是自我坚持的过程。')
findings('投资都期望回报！')
红豆生南国，春来发几枝。
执子之手，与子偕老。
成功之路是一条充满艰辛的路。
不断地奋斗终将走上成功之路。
奋斗的过程就是自我坚持的过程。
投资都期望回报！
```

显然，findings函数要比marriage函数灵活和实用多了。

9.3　函数参数的默认值

在实际工作中，时常有这样的情况发生——在调用一个函数时经常使用一个或多个特定的参数。在这种情况下，您可以定义该函数参数为默认值。如果在调用这一函数时没有指定参数，函数就使用定义的默认参数值。

例9-3的程序代码中定义了一个只带有一个参数p的函数pet，但是为这个参数p指定了默认值rabbit（兔子）。

例9-3

```
def pet(p = 'rabbit'):
    print('I love my ' + p + ' very much !')
pet('dog')
pet('cat')
pet('monkey')
pet()
I love my dog very much !
I love my cat very much !
I love my monkey very much !
```

```
I love my rabbit very much !
```

例9-3的显示结果清楚地表明：如果在调用函数pet时指定了参数p，输出语句就在指定的位置输出指定的字符串；如果没有指定参数p（最后一行的调用语句），输出语句就在指定的位置输出参数的默认值（兔子）。是不是挺方便的？

9.4　以一个列表作为传递的参数

实际上，可以将任何数据类型的参数传递给一个函数（如数字、字符串、列表、字典等），并且在该函数的内部，这个参数将以相同的数据类型进行操作。例如，如果你传递了一个列表作为参数，当这个参数传递给该函数时，该参数仍然是一个列表，如例9-4所示。

例9-4

```
def friend(f):
    for i in f:
        print(i)
pets = ['monkey', 'pig', 'cat', 'rabbit']
names = ['大师兄', '二师兄', '妮妮', 'ㄚㄚ']
friend(names)
friend(pets)
friend('tiger')
friend('8')
大师兄
二师兄
妮妮
ㄚㄚ
monkey
pig
cat
rabbit
t
i
g
e
r
8
```

从例9-4的显示结果可以清楚地看出：只要参数是可以迭代的数据类型（因为使用了for循环来循环输出参数中的每个元素），函数的调用都可以正常执行。不过结果是否有实际意义，那就很难说了。要保证结果具有实际意义，那是调用者（用户或开发人员）的职责。

9.5　函数的返回语句

正如在本章开始的9.1节中介绍的那样，可以使用return语句退出函数并返回一个值，如果return语句之后没有参数（表达式），那么就返回None。也就是说，虽然之前几节所定义的所有函数都没有使用return语句显式地返回一个值，但是这些函数其实都有返回值，它们都是None。

为了证明以上说法，我们在原来例9-1的Python程序代码的最后添加三行代码，如例9-5所示。其中，第1行代码的含义是将marriage函数的返回值赋予变量m；第2行代码的含义是输出变量m的值；第3行代码的含义是输出变量m数据类型。

例9-5

```
def marriage():
    print('夫妻是生活在现实中，而恋人是生活在美丽的梦中。')
    print('白头偕老的婚姻是基于相互的理解。')
m = marriage()
print(m)
print(type(m))
夫妻是生活在现实中，而恋人是生活在美丽的梦中。
白头偕老的婚姻是基于相互的理解。
None
<class 'NoneType'>
```

例9-5的显示结果清楚地表明：marriage函数的返回值m为None，而这个值的数据类型是None类型。这回应该没有什么怀疑了吧？

接下来，利用函数重新书写第8章中例8-2的阶乘程序代码，即将那个Python源程序重新定义成一个名为factorial的函数，如例9-6所示。其中的所有print语句都属于调用（测试）语句，它们都不属于函数factorial。属于函数的程序代码从def开始到return语句结束。

例9-6

```
def factorial(n):
    i = 1
    f = 1
    while i < n + 1:
        f = f * i
        i += 1
    return f
print('3! = ' + str(factorial(3)))
print('4! = ' + str(factorial(4)))
print('5! = ' + str(factorial(5)))
print('6! = ' + str(factorial(6)))
3! = 6
4! = 24
5! = 120
```

```
6! = 720
```

从例9-6的显示结果可以清楚地看出：这个factorial函数与之前的阶乘Python程序的功能完全相同。

☞ **指点迷津：**

例9-6的求阶乘函数factorial可以正确地计算出0！，而且在n为负值时也能工作，只是其值永远为1而已，您可以使用例9-7的程序代码来验证这一点。

例9-7

```
def factorial(n):
    i = 1
    f = 1
    while i < n + 1:
        f = f * i
        i += 1
    return f
print('0! = ' + str(factorial(0)))
print('-100! = ' + str(factorial(-100)))
0! = 1
-100! = 1
```

扫一扫，看视频

9.6 Python函数实例——兔子数列

在介绍本节的兔子数列Python程序之前，先简要地介绍一下兔子数列，也就是数学上所称的斐波那契数列。

斐波那契数列（Fibonacci sequence）又称黄金分割数列，因数学家列昂纳多·斐波那契（Leonardo Fibonacci）以兔子繁殖为例子而引入，故又称为"兔子数列"，指的是这样一个数列：0、1、1、2、3、5、8、13、21、34、…在数学上，斐波那契数列以如下递推的方法定义：$f_0=0$，$f_1=1$，$f_n=f_{n-1}+f_{n-2}$（$n \geqslant 2$，$n \in N*$），用文字来叙述，就是斐波那契数列由0和1开始，之后的斐波那契数列系数就由之前的两数相加。在现代物理、准晶体结构、化学等领域，斐波那契数列都有直接的应用。其中，$n \in N*$表示n属于自然数。

老师简单地说明了一下兔子数列的定义，随后他就让孩子们开发一个斐波那契数列函数，并要对这个函数进行测试。孩子们认真讨论了一阵子之后，他们给出了例9-8的Python程序代码及测试结果。为了减少篇幅和解释方便，在这个例子中还是使用注释来解释每一行程序代码的含义。

例9-8

```
def fibonacci(n):        # write Rabbit series up to n
    '''Display a Rabbit(Fibonacci) series up to n.'''
    f0 = 0               # 将0赋予f0
    f1 = 1               # 将1赋予f1
    while f0 < n:        # 只要n大于当前的斐波那契数就做循环操作
```

```
            print(str(f0) + ' ')    # 输出当前的斐波那契数并在其后加一空格
            temp = f1               # 将 f1 的值保存在临时变量 temp 中
            f1 = f0 + f1            # 将 f0+f1 的值重新赋予变量 f1
            f0 = temp              # 再将临时变量 temp 的值重新赋予变量 f。
    print()                        # 输出空行
 # 调用 fibonacci 函数显示小于 100 的所有斐波那契数
fibonacci(100)
0
1
1
2
3
5
8
13
21
34
55
89
```

在看到孩子们完美地完成了兔子数列函数的开发和测试之后，老师说："其实，人口大爆炸理论的原理就来自这个有关兔子繁殖的斐波那契数列，只不过把兔子改成了人而已。"

9.7　Python函数的关键字参数传递方法

到目前为止，我们只介绍了一种使用参数调用函数的方法，那就是按位置使用参数的调用方法。除了这一种方法之外，还可以使用关键字参数（即关键字=值）的形式来调用函数。关键字参数是用于函数调用的。当在一个函数调用中使用关键字参数时，调用者（调用语句）是通过参数的名字来标识参数的。

这种方法允许您跳过一些参数或把这些参数排除在外，因为Python解释器能够使用所提供的关键字来匹配参数值。

关键字参数匹配是以任意顺序列出实参和与之相关的对应形参，但是要使用关联操作符将每一个实参与对应的形参用名字关联起来。Python程序设计语言的关联操作符是一个等号（=）。这时参数的顺序已经没有意义了。这种表示法更啰唆，但是它却使您的代码更容易阅读也更容易维护。有时一个函数的参数列表发生了变化，如参数的顺序变化或加入了新的可选参数，您使用这种表示法就可以避免修改您的程序代码。

我们通过例9-9的显示宠物名字、年龄、颜色和宠物类型的函数以及使用不同的参数方式调用这一函数的程序代码帮助读者进一步了解以上所说的关键字参数方法的实际应用。在这段代码中的5个函数调用语句都可以正确执行，是不是很方便？

例 9-9

```
def displaypet(name='Brown Bear', age='1', color='Yellow', ptype='Dog'):
    print('Name: ' + name)
    print('Age: ' + age)
    print('Color: ' + color)
    print('Type: ' + ptype)
    print()


displaypet()                                    # 全部使用默认参数的函数调用
displaypet(name='Tiger')
displaypet(name='Tiger',  color='White')
displaypet(color='White', ptype='Cat')
displaypet('Polar Bear',  '3', 'White', 'Dog')    # 使用位置参数的函数调用
Name: Brown Bear
Age: 1
Color: Yellow
Type: Dog
Name: Tiger
Age: 1
Color: Yellow
Type: Dog
Name: Tiger
Age: 1
Color: White
Type: Dog
Name: Brown Bear
Age: 1
Color: White
Type: Cat
Name: Polar Bear
Age: 3
Color: White
Type: Dog
```

如果将例9-9中最后一行调用函数displaypet中的第2个参数由按位置改为关键字参数方法，在执行该函数调用时Python将产生错误信息，如例9-10所示。

例 9-10

```
>>> def displaypet(name='Brown Bear', age='1', color='Yellow',
ptype='Dog'):
...     print('Name: ' + name)
...     print('Age: ' + age)
...     print('Color: ' + color)
```

```
...      print('Type: ' + ptype)
...      print()
...
>>> displaypet('Polar Bear',  age='3', 'White', 'Dog')
  File "<stdin>", line 1
SyntaxError: positional argument follows keyword argument
```

但是如果在位置参数之后所有的参数传递都是以关键字参数形式的话，函数调用会正常执行，如例9-11和例9-12所示。

例9-11

```
>>> displaypet('Polar Bear',  age='3', color='White', ptype='Dog')
Name: Polar Bear
Age: 3
Color: White
Type: Dog
```

例9-12

```
>>> displaypet('Polar Bear', '3', color='White', ptype='Dog')
Name: Polar Bear
Age: 3
Color: White
Type: Dog
```

☞ **指点迷津：**

Python程序设计语言规定：在一个函数调用中，如果是位置参数与关键字参数混合使用，那么关键字参数必须而且只能跟在位置参数之后。这一点请读者务必要小心留意。

关键字参数的表示法对软件开发商的意义非常重大，因为软件开发商在开发一个函数时可以将几乎所有的可能情况都考虑进去，这样可能需要的形参会很多，如18个。但是在卖给用户时它并不需要用户了解全部18个参数，一个用户只需理解他所需要的参数就可以了。如用户A只需第1个参数，那么开发商就只要教会他理解第1个参数就行了，之后他使用按名字的表示法调用这个函数就行了，而其他的参数全部使用默认值。对于用户A来说，他甚至可能认为这个函数只有一个参数。如用户B只需第3个和第8个参数，那么开发商就只要教会他理解第3个和第8个参数就行了，之后他使用关键字参数的表示法调用这个函数就行了，而其他的参数全部使用默认值。对于用户B来说，他甚至可能认为该函数只有两个参数。利用关键字参数的表示法，开发商可以使其程序代码的重用最大化，而且程序的推广变得更加容易、软件使用的培训时间也明显减少。用按关键字参数的表示法的好处还这么多，没想到吧？

9.8 Python程序设计语言的pass语句

除了在第8章中介绍过的break和continue语句之外，Python程序设计语言还提供了一个与它们有些相似的语句——pass语句。Python的pass语句是一个空语句，它只是为了保持程序结构的完整性而设计的。pass 语句不做任何事情，一般用作占位语句。

那么，这个pass语句在实际的软件设计和开发中究竟有什么用处呢？一般大型程序的开发团队有很多程序员，在程序设计或开发的初期，最重要的是确定下来程序的结构和主要的程序块（如主要的函数或循环体等）。但是此时，一些程序块的具体功能如何实现可能还不知道，甚至于团队中也没有人知道如何实现，可能这方面的程序员正在招聘中，或者可能这部分的程序要外包给专门的软件开发公司。在这种情况下，pass语句就格外好用了。

例如，在一个正在开发的应用系统中，需要使用Oracle数据库作为后台提供该应用系统的数据存储。在该系统中有两个重要的函数：一个是从Oracle数据库读取所需的数据；另一个是将Python程序处理好的数据写回Oracle数据库相应的表中。可是开发团队目前没人懂Oracle，而公司正在招聘这方面的程序员。此时，该应用系统的设计者将可以使用类似例9-13和例9-14的Python源程序代码来分别定义出所需的oracle_read读函数和oracle_write写函数。

例 9-13

```
def oracle_read(*args):
    pass  # 从 Oracle 数据库中读取所有 Python 程序所需的数据
```

例 9-14

```
def oracle_write(*args):
    pass  # 将 Python 程序所产生的数据写回 Oracle 数据库相应的表中
```

以上这两个函数的操作代码将由新招聘的程序员在将来实现，而应用系统其他部分的程序开发就可以继续进行了。

除了在函数中可以使用pass语句外，pass语句也可能出现在循环体中。例9-15是一段利用菜单选项来完成处理Oracle中数据的Python源程序代码。在这段程序中使用了一个编程小技巧，那就是利用while True产生一个死循环，只要用户输入的字符不是e（exit的第一个字母），程序就一直循环等待用户的输入。这一编程技巧在开发操作系统或类似的软件时经常使用，因为这类软件中很难知道用户什么时候退出软件。因为在编写这个程序时，程序的设计者可能还不知道如何操作Oracle数据库，所以使用pass语句为后面的程序开发预留了空间。

例 9-15

```
print('=== This Application will process Oracle Data ===')
print()
print('Enter q for querying data from Oracle DB: ')
print('Enter u for updating data in Oracle DB: ')
print('Enter i for inserting data into Oracle DB: ')
print('Enter d for deleting data from Oracle DB: ')
print('Enter e for existing this application: ')


while True:
    choice = input()
    if choice == 'e':
        break
```

```
        pass   # 根据输入对 Oracle 的数据做相应的处理
=== This Application will process Oracle Data ===
Enter q for querying data from Oracle DB:
Enter u for updating data in Oracle DB:
Enter i for inserting data into Oracle DB:
Enter d for deleting data from Oracle DB:
Enter e for existing this application:
q
u
i
e
>>>
```

　　利用pass语句，您可以很快地开发出程序的总体结构。至于那些细节，可以将来再慢慢地实现——将pass语句替换成真正的程序代码（也可能是函数调用）。其实，以上的方法也可以在项目投标时使用。如在与客户谈判的初期，您不可能完全实现软件的功能，您就可以使用以上的方法实现软件的一个框架并演示给用户看，这样无疑会为您的公司增加赢得招标项目的概率。

　　为了帮助不太熟悉英文的读者理解例9-15的Python源程序代码，我们在以下给出了这个程序的中文版，如例9-16所示。

例 9-16

```
print('=== 这个应用软件将处理 Oracle 数据 ===')
print()
print('输入 q 查询 Oracle 数据库中的数据：')
print('输入 u 修改 Oracle 数据库中的数据：')
print('输入 i 向 Oracle 数据库中插入数据：')
print('输入 d 从 Oracle 数据库中删除数据：')
print('输入 e 退出本应用软件：')


while True:
    choice = input()
    if choice == 'e':
        break
    pass   # 根据输入对 Oracle 的数据做相应的处理
=== 这个应用软件将处理 Oracle 数据 ===

输入 q 查询 Oracle 数据库中的数据：
输入 u 修改 Oracle 数据库中的数据：
输入 i 向 Oracle 数据库中插入数据：
输入 d 从 Oracle 数据库中删除数据：
输入 e 退出本应用软件：
q
i
```

```
d
e
>>>
```

为了帮助读者加深对pass语句的理解，在本节的最后我们给出一个在for循环体中使用pass语句的例子，如例9-17所示。在这段程序代码中，当字符串中的字母是c时，执行pass语句块。

例9-17

```
for c in 'fibonacci':
    if c == 'c':
        pass
        print('execute pass statement !')
    print('The current letter is: ', c)
print('Well done !!!')
The current letter is:  f
The current letter is:  i
The current letter is:  b
The current letter is:  o
The current letter is:  n
The current letter is:  a
execute pass statement !
The current letter is:  c
execute pass statement !
The current letter is:  c
The current letter is:  i
Well done !!!
```

扫一扫，看视频

9.9　Python程序设计语言的匿名函数

为了方便编程，Python程序设计语言提供了一种特殊的函数——匿名函数（也称为lambda函数）。与一般的函数不同，匿名函数不需要使用def关键字声明（定义）。Python使用lambda关键字来创建一个小的匿名函数。所谓匿名，也就是不再使用 def 语句这样标准的形式定义这个函数。lambda函数具有如下的一些特性。

（1）lambda函数只是一个表达式，函数体比 def 简单很多。

（2）lambda函数的主体是一个表达式，而不是一个代码块，仅仅能在lambda表达式中封装有限的程序代码。

（3）lambda函数拥有自己的局域命名空间，而且不能访问自己参数列表之外或全局命名空间里的参数。

lambda函数的语法只包含一个语句，它可以有多个参数，但是只能有一个表达式。其语法格式如下：

```
lambda arguments : expression
```

在调用lambda函数时，表达式被执行并且返回表达式的值，如例9-18所示。这段程序代码定义了一个lambda函数求一个数的平方，并在print语句中通过传递的实参（数字）的方式来输出所给数字的平方。

例 9-18

```
>>> x2 = lambda x: x ** 2
>>> print(x2(3))
9
```

lambda函数可以使用多个参数，如例9-19所示。这段程序代码定义了一个lambda函数求第一个数的第二个数次方，并在print语句中通过传递的两个实参（数字）的方式来输出结果。

例 9-19

```
>>> x = lambda x1, x2: x1 ** x2
>>> print(x(2,4))
16
```

lambda函数当然也可以使用两个以上的参数，如例9-20所示。这段程序代码定义了一个lambda函数求第一个数与第二个数和第三个数的总和，并在print语句中通过传递的三个实参（数字）的方式来输出这三个数的总和。

例 9-20

```
>>> x = lambda x1, x2, x3: x1 + x2 + x3
>>> print(x(18, 28, 38))
84
```

Python的lambda函数（匿名函数）与Oracle的PL/SQL程序设计语言中的匿名块（anonymous blocks）非常相似。一些程序员愿意使用lambda函数的主要原因是与普通函数相比，它非常简单。

班主任经过了几天的认真思考，终于找到了一个完美的方法——那就是动员班上那帮淘丫头们也去参加Python培训。让培训中心的老师们来教她们学Python，也是一个不错的主意。在班主任的鼓励下，加上那帮淘小子们的示范作用，女孩儿们都参加了Python培训。

在接下来的一段时间里，女孩儿们在老师的引导下，跟男孩儿们一起兴致高昂地学了起来。

9.10 Python变量的范围

在Python程序设计语言中，程序的变量并不是在任何地方都可以访问的，访问权限决定于这个变量是在哪里赋值的。与许多其他程序设计语言或脚本语言相似，Python的变量也有作用域（也称定义域），但是Python对变量的作用域进行了扩展。Python的变量作用域是一个变量可以被访问的范围（区域）——变量的作用域决定了在哪一部分程序中可以访问哪个特定的变量名称。Python变量的作用域包括以下4种。

（1）本地local（也称局域或局部）作用域。

（2）封闭（enclosing）作用域。

（3）全局（global）作用域。

（4）内置（built-in）作用域。

这些作用域用于限制变量在函数、模块（module）和类（class）中的可见性。有关模块和类，我们在后面的章节中会详细介绍。Python将以 L→E→G→B 的顺序查找变量——在局部作用域找不到，便会去局部外的区域找（如封闭作用域），再找不到就会去全局作用域找，最后去内置作用域中找。以下是一个利用变量赋值的位置来定义变量作用域的简单例子。

```
g_sum = 250                    # 全局作用域
    def outer():
        o_sum = 38             # 封闭作用域（outer 函数中，包括 inner 函数中）
        def inner():
            l_sum = 3          # 局部（本地）作用域
```

内置作用域是通过一个名为 builtins 的标准模块来实现的，但是这些变量名并没有自动放入内置作用域内，您必须先导入builtins这个文件之后才能够使用它们。在Python3.0以上版本中，可以使用如例9-21的Python程序代码来查看到底预定义了哪些变量。为了节省篇幅，我们省略了该段程序的输出结果。

例 9-21

```
>>> import builtins
>>> dir(builtins)
```

在Python程序中只有模块、类及函数（def、lambda）才会引入新的作用域，而其他的程序块（如 if-elif-else、try-except、for或while等）都不会引入新的作用域，也就是说在这些语句内定义的任何变量，外部也可以访问，如例9-22所示。

例 9-22

```
>>> if True:
    dilemma = '究竟是神创造了人，还是人创造了神？'
>>> dilemma
    dilemma_inner = '究竟是神创造了人，还是人创造了神？'
```

在例9-22的程序代码中，变量dilemma是在if语句块中定义的，但是在这个if语句块之外依然可以访问。如果将变量dilemma定义在一个函数中，则它就是一个本地变量了，函数外部就不能访问了，如例9-23所示。

例 9-23

```
>>> def find_truth():
 dilemma_inner = '究竟是神创造了人，还是人创造了神？'
>>> dilemma_inner
Traceback (most recent call last):
  File "<pyshell#13>", line 1, in <module>
    dilemma_inner
NameError: name 'dilemma_inner' is not defined
```

例9-23的显示结果的最后一行清楚地说明了造成错误的原因：dilemma_inner没有定义——这

个变量在find_truth函数之外是不可见的。

　　实际上，以上问题也是困扰了人类社会几千年的超难问题。那些伟大的哲人们争论了数千年都没有给出一个明确的答案，因为以目前的科学水平既没有办法证明神是存在的，也没有办法证明神是不存在的。而且这个问题本身已经远远超出了人类的智力范围。

9.11　Python的全局变量和局域(本地)变量

　　虽然在Python程序设计语言中变量的作用域有4种，但是经常用到的只有全局变量和局域(本地)变量，这两种变量也被称为基本变量。定义在函数内部的变量拥有一个局部作用域(本地变量)，定义在函数外部的变量拥有一个全局作用域(全局变量)。局域变量只能在其被声明的函数内部访问，而全局变量可以在整个程序范围内访问。调用函数时，所有在函数内声明的变量名称都将被加入本地作用域中，如例9-24所示。

例 9-24

```
lyrics = '老婆老婆我爱你, 阿弥陀佛保佑你! '
# Song function definition is here
def song(s1, s2):
    lyrics = s1 + s2
    print('Lytics: ' + lyrics)
    return lyrics
song('老婆老婆你爱我, ', '阿弥陀佛保佑我!')
print('Lytics: ' + lyrics)
Lytics: 老婆老婆你爱我, 阿弥陀佛保佑我!      # 函数内是局域变量 lytics
Lytics: 老婆老婆我爱你, 阿弥陀佛保佑你!      # 函数外是全局变量 lytics
```

　　在例9-24的程序代码中，函数之外定义的变量是全局变量，而函数内部定义的是本地变量。第一行代码中的中文是摘自一首曾经流行的网络歌曲，lyrics中文意思是歌词。

　　当想将内部作用域的变量变更为外部作用域的变量时，就需要用到global和nonlocal关键字。例9-25的程序代码将函数song内部的变量lyrics修改为全局变量。

例 9-25

```
lyrics = '老婆老婆我爱你, 阿弥陀佛保佑你! '
# Song function definition is here
def song():
    global lyrics
    print('Lytics: ' + lyrics)
song()
print('Lytics: ' + lyrics)
Lytics: 老婆老婆我爱你, 阿弥陀佛保佑你!      # 函数内也是全局变量了
Lytics: 老婆老婆我爱你, 阿弥陀佛保佑你!      # 函数外是全局变量 lytics
```

　　如果要修改嵌套作用域(enclosing 作用域，外层并非全局作用域)中的变量，则需要使用nonlocal 关键字，如例9-26所示。

例 9-26

```
def outer_song():
    lyrics = '老婆老婆我爱你，阿弥陀佛保佑你！'
    def inner_song():
        nonlocal lyrics          # nonlocal 关键字声明
        lyrics = '老婆老婆你爱我，阿弥陀佛保佑我！'
        print(lyrics)
    inner_song()
    print(lyrics)
outer_song()
老婆老婆你爱我，阿弥陀佛保佑我！          # 函数内是局域变量 lyrics
老婆老婆你爱我，阿弥陀佛保佑我！          # 因为使用了 nonlocal 关键字
```

☞ **指点迷津：**

　　如果您在阅读第9.10和9.11节时发现有些内容不能完全理解，您完全不需要紧张。因为这些内容是在开发大型软件时才用到的。实际上，Python程序设计语言自动处理变量作用域处理得是比较好的，对于一般小型程序的开发，您甚至完全不需要担心这些问题。实际上，许多操作系统管理员或数据库管理员是将Python程序设计语言当作类似Shell的脚本语言来使用的，在这种情况下所开发的程序一般都比较短，所以变量作用域的问题也没那么明显。不少Python的书几乎都没有提到变量作用域或者是一带而过。所以即使这部分的内容没有完全理解也不会影响后面的学习。等将来读者有了一定的编程经验以后，这部分的内容就显得很简单了。

9.12　递归算法原理和计算机堆栈简介

　　递归是一种常用的数学和程序设计概念。这意味着一个函数（在其他程序设计语言中也可能是过程）可以调用自己。程序调用自身的编程技巧称为递归（recursion）。递归作为一种算法，在程序设计语言中广泛应用，是一个过程或函数在其定义或说明中可以直接或间接调用自身的一种方法，它通常把一个大型复杂的问题层层转化为一个与原问题相似的规模较小的问题来求解，递归策略只需少量的程序代码就可描述出解题过程所需要的多次重复计算，大大地减少了程序的代码量。递归的能力在于用有限的语句来定义对象的无限集合。一般来说，递归需要有边界条件、递归前进段（调用自己）和递归返回段。当边界条件不满足时，递归前进（继续调用自己）；当边界条件满足时，递归返回。

　　在计算机中，一般递归操作需要一个堆栈的内存结构。如果您没有学习过计算机原理或相关的课程，也许对堆栈的概念感到很陌生，这也没关系。我们下面用现实生活中的一个例子来简单地解释一下堆栈的工作原理。相信您应该看过战争题材的电影或电视剧（不是冷兵器的战争片），一打仗就离不开枪。其实，计算机中堆栈的工作原理与枪的子弹夹的工作原理极为相似。子弹夹就相当于堆栈，而子弹就相当于变量（数据行）。当在往子弹夹里压子弹时，总是一个子弹压在之前的子弹之上，最先压入的子弹在底下，而最后一个压入的一定在顶部，而每次开火时枪打出去的子弹一定总是顶部的（即所谓的先进后出），如图9-3和图9-4所示。

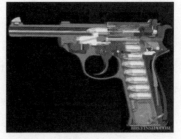

图 9-3　　　　　　　　　　图 9-4

与上面的图示类似，计算机的堆栈也是一个先进后出的内存结构。当每次递归调用时，计算机将把当前的变量都压入堆栈，一组放在之前那组之上；返回时，从最后压入堆栈的变量开始返回——后进先出。当对堆栈有了比较清楚的理解之后，理解程序的递归就变得容易多了。

得知一群女孩子也参加了Python培训，外星人有些紧张。她们与那帮淘小子们整天在一起，指不定哪天就知道他们是外星人的卧底了。最后，一个资历较老的外星人给出了一个万全之策——那就是将这群女孩子也招为卧底。规矩和标准都与之前的一模一样。

扫一扫，看视频

9.13　Python函数的递归

Python程序设计语言中的函数也可以递归调用——一个定义的函数可以调用自己（这个函数本身）。当老师介绍完了递归算法和堆栈的原理之后，他让孩子们使用递归的方法重新编写求自然数阶乘的Python函数。

孩子们经过一番讨论并仔细地研究了例9-6的求自然数阶乘的Python函数，之后写出了如例9-27所示的以递归方式来求自然数阶乘的Python函数。确认无误之后，以recursive_factorial.py为文件名存入当前目录，并执行了这个程序。

例 9-27

```
def factorial(n):
    if(n>1):
        r = n * factorial(n-1)      # 递归调用自己，即 n! = n × (n-1)!
        print(str(n) + '! = ' + str(r))
    else:
        r = 1                       # 当n不大于1时，n! = 1
        print(str(n) + '! = ' + str(r))
    return r                        # 返回 n！
factorial(4)
factorial(0)
1! = 1
2! = 2
3! = 6
4! = 24
0! = 1
```

在例9-27的程序代码中，只要$n>1$，程序就不停地进行递归调用；当到$n=1$时，程序开始执行返回操作，如图9-5所示。在这个图中，递归时要将相关的变量和表达式压入堆栈，回退时将它们弹出堆栈并进行相关的计算，堆栈的操作是后进先出——最后一个压入堆栈的最先弹出。实际上，从例9-27的显示结果也能看出这一点：在递归调用部分，1！最先求出，接下来是2！，其次是3！，最后是4！。

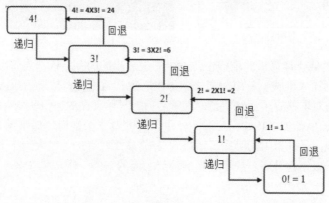

图9-5

如果读者看了图9-5之后对递归调用的操作还有一些困惑，也没有关系，我们再给出一个在factorial函数执行递归调用时计算机内部操作的示意图，如图9-6所示。相信读者仔细阅读这个图之后应该能够理解函数递归调用。

$n=1$时，$1==1$，factorial(1) =1   堆栈顶部
$n=2$时，$2>1$，将2* factorial(1)压入堆栈 2* factorial(1) 返回2*1=2
$n=3$时，$3>1$，将3* factorial(2)压入堆栈 3* factorial(2) 返回3*2=6
$n=4$时，$4>1$，将4* factorial(3)压入堆栈 4* factorial(3) 返回4*6=24

图9-6

☞ **指点迷津：**

在阅读图9-6时，请先阅读左侧，之后再阅读右侧，并按照箭头指向的方向阅读，也就是在左侧由下至上，而在右侧则是由上至下。

9.14　递归函数实例——兔子数列

为了让孩子们加深对递归程序设计的理解，老师让孩子们使用递归函数重新编写本章9.6节的兔子(斐波那契)数列程序。

孩子们认真地研究了一阵子在例9-8中的那个有关兔子数列的Python程序代码，之后利用刚刚学会的Python递归函数编写了一个兔子数列的递归函数，例9-28就是这个兔子数列递归函数和辅助的测试程序代码。确认代码准确无误之后，他们以recursive_rabbit.py为文件名存入当前目录，随即运行了这个程序。其中，标有下画线的数字(12)是他们输入的，也可以输入其他的自然数。

例 9-28

```
# Fibonacci numbers module
def fib(n):
    """fib is a recursive function that
        returns a Fibonacci sequence"""
    if n <= 1:
        return n
    else:
        return(fib(n-1) + fib(n-2))  # 递归计算斐波那契数
# 以下部分实际上是测试用的代码
# Obtain input from a user
num = int(input("How many Fibonacci number do you want? "))
# Check whether the input number is correct
if num <= 0:
    print("Please enter a positive integer !")
else:
    print("Fibonacci sequence:")
    for i in range(num):
        print(fib(i))
How many Fibonacci number do you want? 12
Fibonacci sequence:
0
1
1
2
3
5
8
13
21
34
55
89
```

从例 9-28 所示可以看出，使用递归函数来实现斐波那契数列似乎要简单些，因为最主要的语句只有一行代码——"return(fib(n-1) + fib(n-2))"。

☞ **指点迷津：**

对于一些刚刚入行的新手来说，要理解递归程序的工作原理一般需要一些时间。最好的方法就是按照本书 9.13 节所介绍的方法走一遍或几遍递归程序的流程。

不少 Python 的书并没有介绍函数递归，有的书虽然介绍了也是几笔带过。实际上，递归程序设计在 IT 领域使用非常普遍，在数据结构、算法分析与设计、AI 等领域中许多算法都是用递归完成的。您不一定要编写递归函数，但是学会了递归程序设计的方法，您就可以很容易地读懂其他程序员写的递归程序。

正如本章9.12节所介绍的那样，在计算机中递归算法要使用内存的堆栈结构来实现。如果程序设计不好，可能会消耗大量的内存，甚至将内存耗光，而且过度的递归也会消耗大量的CPU时间。程序员在编写递归程序时要十分小心，因为如果处置不当，很容易写出永远运行的递归程序，或写出的递归程序效率非常低下，即消耗大量的内存或CPU的处理能力。然而，如果正确地运用递归方法，您可能编写出非常高效和优雅的程序代码。

9.15 习　题

1. 以下是一个创建marriage函数的程序代码段，请在以下代码段中填写上遗失的Python程序代码。

```
_____ :
    print('夫妻是生活在现实中，而恋人是生活在美丽的梦中。')
    print('白头偕老的婚姻是基于相互的理解。')
```

2. 以下是一个创建marriage函数之后再调用这个函数的程序代码段，请在以下代码段中填写上遗失的Python程序代码。

```
def marriage():
    print('夫妻是生活在现实中，而恋人是生活在美丽的梦中。')
    print('白头偕老的婚姻是基于相互的理解。')
_____()
```

3. 以下是一个创建pet函数的程序代码段，请在以下代码段中填写上遗失的Python程序代码。

```
def pet(p = 'rabbit'):
    print('I love my ' +___+ ' very much !')
```

4. 以下的函数返回字符串s1和s2的拼接结果（即s1 + s2），请在以下代码段中填写上遗失的返回语句。

```
def song(s1, s2):
    lyrics = s1 + s2
    print('Lytics: ' + lyrics)
    _____
```

5. 以下这段Python程序代码定义了一个lambda函数，该函数求一个数的平方并返回，请在以下代码段中填写上遗失的程序代码。

```
x2 = _____ 2
```

第10章　Python的模块及PIP

　　模块化就是将大的程序代码块转换成较小的一些被称为模块的程序块。在模块化之后，这些模块可以被同一个程序重用，也可以与其他程序共享。与维护一个单一的大程序代码相比，维护和调试由一些较小的模块所组成的代码要容易得多。如果需要，通过加入更多的功能，这些模块可以很容易地根据客户的要求进行扩展和变更，而且不会影响程序中的其他模块。

　　使用模块化的程序设计方法，函数的维护更加容易，因为代码只存放在一个地方，并且对函数所做的任何修改也都在这同一个地方。在Python程序设计中，函数是模块化程序设计的基础。要使函数更灵活，重要的一点是可以改变所操作的数据（可以通过使用输入参数传递给一个函数）。而函数执行的结果可以通过返回（return）语句返回给函数的调用者。利用函数进行模块化程序设计的基本原则是：尽可能地创建较小的、灵活的、可重用的代码段，以方便程序的管理和维护。灵活性是通过使用带有参数的函数而获得的，而正是这种灵活性又通过使用不同的输入值使得相同的程序代码能够重用。

10.1　Python模块是什么及如何创建

　　到目前为止，我们已经介绍了Python中几乎所有编程所需的基本语句和构件，并编写了许多Python程序代码。但是在前面的章节中我们基本上是用 Python 解释器来编程的，在这种情况下，如果退出 Python 解释器之后再重新登录，那么所定义的一切就都消失了。为此 Python 提供了一个办法，那就是将这些定义好的程序代码存放在一个文件中，而这个文件就被称为模块。模块是一个包含所有定义的函数和变量的文件，其后缀名是.py（实际上，之前我们已经使用过了，只是没有明确说明和解释）。模块可以被别的程序引入，以便使用该模块中的函数等功能。这也是使用 Python 标准库的方法。

　　利用模块，您可以将逻辑上相关的Python程序代码放入一个模块中。将相关的程序代码放入一个模块使得代码更容易理解而且更容易使用。在很大程度上，Python的模块与Oracle公司的PL/SQL程序设计语言中的软件包极为相似。简单地说，一个模块就是一个由Python代码所组成的文件。在一个模块中可以定义一些函数、类和变量。一个模块也可能包含可运行的代码。

　　简而言之，在Python中一个模块可以被看作一个代码库，它是一个包含了您在应用程序中想要使用的一组函数的文件。

　　那么如何创建一个模块呢？之前我们曾经创建过，只是没有明确指出这一点。要创建一个模块仅仅是将您所需要的Python程序代码存储在一个以".py"为文件扩展名的文件中，创建模块的方法这么简单，没有想到吧？

☞ **指点迷津：**

在很多情况下，以.py结尾的Python源程序文件也被称为脚本文件，而创建这样一个Python源程序文件也常常被称为创建一个脚本。

实际上，在之前的章节中我们已经创建过模块，只是没有讲明而已。接下来，我们用一系列例子来演示在命令行模式下如何创建和执行模块。首先启动Windows的命令行界面，为了操作方便，最好先使用操作系统的cd命令切换到当前工作目录（文件夹），如例10-1所示。注意当前工作目录必须在操作系统中是存在的，否则您要先在操作系统上创建这个目录。

例10-1

```
C:\Users\MOON>cd E:\python\ch10
C:\Users\MOON>e:
```

随后，使用如例10-2所示的操作系统命令开启记事本，并在当前目录中创建一个空文件（在这个例子中为oracle_module.py）。在随后弹出的对话框中单击Yes按钮来确认要创建一个新文件，如图10-1所示。在记事本中输入这个模块的Python程序代码，如图10-2所示。实际上，在记事本中输入的代码就是第9章9.8节中的例9-15的程序代码。

例10-2

```
E:\python\ch10>notepad oracle_module.py
```

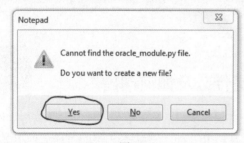

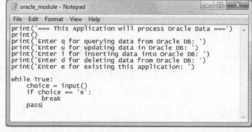

图10-1　　　　　　　　　　　　　　　　　　图10-2

确认程序代码准确无误之后，选择File→Save命令存盘，如图10-3所示。随后，在命令行中用Python解释器执行（当前目录中的）oracle_module.py文件，如图10-4所示。

图10-3　　　　　　　　　　　　　　　　　　图10-4

按下Enter键之后，Python就会显示操作提示菜单，您可以根据需要参考提示信息输入不同的字符，只要您输入的不是e，程序就会循环等待再次输入，当输入e之后，程序就终止了，如图10-5所示。

图 10-5

10.2　利用IDLE创建Python模块

　　在10.1节中详细地介绍了怎样使用操作系统自带的正文编辑器来创建模块，并以命令行模式执行模块中的程序代码。如果要开发比较大或复杂的模块，Python的图形编辑器可能更方便，因为它会自动输入每个程序块所需空格，以及自动检测出一些语法错误。

　　接下来，用一系列例子来演示在图形模式下如何创建和执行模块。首先，单击"开始"按钮，接下来选择IDLE（Python 3.7 64-bit）选项，如图10-6所示；随后就会出现图形化的Shell窗口，选择File→New File命令，如图10-7所示。

图 10-6

图 10-7

　　随即会开启Python的图形编辑器，输入模块的Python程序代码，如图10-8所示。确认程序代码准确无误之后，选择File→Save或Save As命令存盘，如图10-9所示。

　　之后会出现Save As对话框，按图10-10所示选择文件的存储目录（文件夹）和文件名（文件类型接受默认的Python文件类型），单击Save按钮存储该文件。选择图形编辑器中的Run→Run Module命令以运行该模块，如图10-11所示。

图10-8　　　　　　　　　　　　　　　图10-9

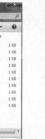 

图10-10　　　　　　　　　　　　　　图10-11

随后，Python自动启动IDLE（图形）解释器，并执行这个模块中的程序代码。当按下Enter键之后，Python就会显示操作提示菜单，您可以根据需要参考提示信息输入不同的字符，只要您输入的不是e，程序就会循环等待再次输入，当输入e之后，程序就终止了，如图10-12所示。

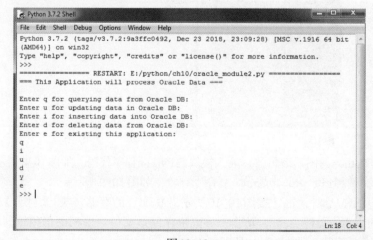

图10-12

扫一扫，看视频

10.3　导入和使用模块

在以上两节中，都是以直接运行模块文件的方式来执行模块的程序代码。如果认为只有这样才能执行模块的程序代码，那也太小看 Python 程序设计语言了。只要 Python 源文件存在，无论是谁创建的，只要需要，您都可以使用 import 语句将其导入您的 Python 源程序中，之后就可以使用这个模块中所定义的函数或变量。import 语句的语法如下：

```
import 模块 1[, 模块 2[, ... 模块 N]]
```

当解释器遇到 import 语句时，如果模块在当前的搜索路径范围内就会被导入。搜索路径是一个 Python 解释器会进行搜索的所有目录的列表。最简单的办法是将模块文件所在的目录设置为当前目录，这样可以减少一些不必要的麻烦。

为了简单起见，将第 9 章求阶乘和求兔子数列（斐波那契数列）的两个函数，即如例 10-3 所示的程序代码，存入当前目录中的 rabfact.py 文件。这样就创建了一个名为 rabfact 的模块。实际上，该模块中的两个函数只是在第 9 章中相应例子上做了略微的修改，删除了相关的调用语句和多余的输出语句。

例 10-3

```python
def factorial(n):
    if(n>1):
        r = n * factorial(n-1)
        print(str(n) + '! = ' + str(r))
    else:
        r = 1
        print(str(n) + '! = ' + str(r))
    return r
def fibonacci(n):    # 写 n 列兔子系数
    '''Display a Rabbit(Fibonacci) series up to n.'''
    f0 = 0
    f1 = 1
    while f0 < n:
        print(str(f0) + ' ')
        temp = f1
        f1 = f0 + f1
        f0 = temp
    print()
```

接下来，启动 Windows 的命令行界面，为了操作方便，使用操作系统的 cd 命令切换到当前工作目录（文件夹），随即开启 Python 解释器，如例 10-4 所示。

例 10-4

```
E:\python\ch10>cd E:\python\ch10
E:\python\ch10>e:
```

```
E:\python\ch10>py
Python 3.7.2 (tags/v3.7.2:9a3ffc0492, Dec 23 2018, 23:09:28) [MSC v.1916 64
bit(AMD64)] on win32Type "help", "copyright", "credits" or "license" for more
information.
>>>
```

在Python解释器中，您就可以使用import命令导入所需的模块了，如例10-5所示的程序代码就是导入（当前目录中的）rabfact模块，并调用该模块中的斐波那契函数（实参为100）。

例 10-5

```
>>> import rabfact
>>> rabfact.fibonacci(100)
0
1
1
2
3
5
8
13
21
34
55
89
```

☞ **指点迷津：**

　　当使用一个来自某个模块的函数时，需要使用这样的语法：模块名.函数名。

一个模块一旦被导入，只要不退出Python解释器，您就一直可以使用这个模块中的函数（或变量），如例10-6所示的程序代码就是调用该模块中的阶乘函数求出5！。

例 10-6

```
>>> rabfact.factorial(5)
1! = 1
2! = 2
3! = 6
4! = 24
5! = 120
```

10.4　如何确定模块的搜索路径

　　在前几节的例子中，为了方便，我们都是将需要的模块存放在当前目录中。这在实际工作中，特别是大型软件开发项目中，操作起来比较困难。因为大型软件的开发可能需要许多程序员，而且程序代码也很多，几乎不可能让所有的程序员都在一个目录下操作。一般在比较大型的软件（程序）开发项目中，会创建一个或几个专门存放所需模块的目录，当程序导入这些模块时，让Python自动搜索这个或这些目录。

在Python中，一个模块只会被导入一次，不管你执行了多少次import。这样可以防止导入模块被一遍又一遍地多次执行。那么，当使用import语句导入一个模块时，Python解释器是怎样找到对应的文件的呢？这就涉及Python的搜索路径，搜索路径是由一系列目录名组成的，Python解释器就依次从这些目录中去寻找所引入的模块。

这看上去是不是非常像操作系统的环境变量？实际上，也确实可以通过定义环境变量的方式来确定搜索路径，正如我们在第1章1.1节中所介绍的那样——可以通过使用操作系统的set命令来设置环境变量path。

搜索路径是在Python编译或安装的时候就确定的，安装新的库应该也会修改。搜索路径被存储在Python自带的sys模块的path变量中。要查看sys模块中的path变量的值，您需要首先导入sys模块，可以使用例10-7的代码列出Python要搜索的全部路径。

例 10-7

```
>>> import sys
>>> sys.path
['', 'C:\\Users\\MOON\\AppData\\Local\\Programs\\Python\\Python37\\
python37.zip'
, 'C:\\Users\\MOON\\AppData\\Local\\Programs\\Python\\Python37\\DLLs',
'C:\\User
s\\MOON\\AppData\\Local\\Programs\\Python\\Python37\\lib', 'C:\\Users\\
MOON\\App
Data\\Local\\Programs\\Python\\Python37', 'C:\\Users\\MOON\\AppData\\
Local\\Prog
rams\\Python\\Python37\\lib\\site-packages']
```

在例10-7的结果中，sys.path 输出是一个列表，其中第一项是空串''，代表当前目录。这也就是为什么Python总能找到当前目录中的模块或文件的原因所在。如果觉得以上的显示结果不清楚，您可以利用for语句循环列出sys.path列表中的每一个目录（元素）。

例 10-8

```
>>> for p in sys.path:
...     p
...
''
'C:\\Users\\MOON\\AppData\\Local\\Programs\\Python\\Python37\\python37.zip'
'C:\\Users\\MOON\\AppData\\Local\\Programs\\Python\\Python37\\DLLs'
'C:\\Users\\MOON\\AppData\\Local\\Programs\\Python\\Python37\\lib'
'C:\\Users\\MOON\\AppData\\Local\\Programs\\Python\\Python37'
'C:\\Users\\MOON\\AppData\\Local\\Programs\\Python\\Python37\\lib\\site-
packages'
```

例10-8显示的结果是不是清楚多了？这里需要指出的是，在以上的例子中最好不要使用print语句，因为print语句显示的结果中没有单引号，而当前目录是以空串表示的，这样显示的结果有可能看不出当前目录。

以上例子中所列出的搜索路径都是Python自己定义的。那么，怎样才能将我们自己定义的目录添加到Python的搜索路径中呢？既然sys.path是一个列表，我们就可以使用列表的方法将我们定义的目录轻松地添加到Python的搜索路径中。如可以使用例10-9的代码在sys.path列表的第2个位置插入F:\python\Oracle这个目录（元素），随后使用for语句列出sys.path列表所定义的每个目录。

例 10-9

```
>>> sys.path.insert(1, 'F:\python\Oracle')
>>> for p in sys.path:
...     p
...
''
'F:\\python\\Oracle'
'C:\\Users\\MOON\\AppData\\Local\\Programs\\Python\\Python37\\python37.zip'
'C:\\Users\\MOON\\AppData\\Local\\Programs\\Python\\Python37\\DLLs'
'C:\\Users\\MOON\\AppData\\Local\\Programs\\Python\\Python37\\lib'
'C:\\Users\\MOON\\AppData\\Local\\Programs\\Python\\Python37'
'C:\\Users\\MOON\\AppData\\Local\\Programs\\Python\\Python37\\lib\\site-packages'
```

例10-9显示的结果表明：搜索的第2条路径就是我们刚刚定义的目录。所有您添加或修改过的搜索路径在退出Python解释器之后就都失效了——下一次重新进入Python解释器时sys.path已经恢复了系统的设置。

一般在大型程序开发时，项目的负责人或高级程序员会在应用程序的开始部分放上搜索路径的设置语句以方便后面的程序开发。

扫一扫，看视频

10.5 在模块中定义变量

以上几节中的例子都是介绍如何在一个模块中定义（创建）函数或如何使用模块中的函数。在Python的模块中，除了可以包括函数外，还可以包含所有数据类型的变量（如列表、字典、对象等）。

接下来，我们用几个具体的例子来演示如何在一个模块中定义一个字典变量，以及如何导入和使用这个字典变量。首先在编辑器中输入如例10-10所示的创建字典dog1的Python程序代码，确认无误之后存入当前目录中的dogs.py文件。

例 10-10

```
dog1 = {
    'name': 'Brown Bear',
    'color': 'Yellow',
    'age': 3,
    'gender': 'M' }
```

接下来，在当前目录中启动Python解释器并运行如例10-11所示的Python程序代码。其中，第1行代码是导入（当前目录中的）dogs模块；第2行代码是将dogs模块中的变量的dog1赋予dog变量；第3行代码是输出dog变量的数据类型。

例 10-11

```
>>> import dogs
>>> dog = dogs.dog1
>>> print(type(dog))
<class 'dict'>
```

例10-11的显示结果表明：dog是一个字典类型的变量。也可以使用例10-12的命令输出字典dog中的内容。

例 10-12

```
>>> print(dog)
{'name': 'Brown Bear', 'color': 'Yellow', 'age': 3, 'gender': 'M'}
```

也可以利用字典变量的键将某一个特定的值赋予一个变量，如例10-13所示的程序代码。其中，第1行代码是将dogs模块中字典变量dog1的第2个元素的值赋予变量c；第2行代码是输出变量c的值。

例 10-13

```
>>> c = dogs.dog1['color']
>>> print(c)
Yellow
```

在实际的程序开发中，一般是将一些逻辑上相关的变量和函数存入一个模块。这样可以方便程序的开发和调试，也方便将来的程序管理。

通过前面的学习，读者应该已经了解到：在一个模块中存放的是一些相关的变量与函数。根据结构化程序设计的思想，要将大的程序划分成多个不同的小程序块（如函数），方便程序的阅读、开发、调试及管理和维护。可能会有读者问，到底一个函数的大小应该为多少呢？有的程序设计方面的书籍说函数的大小要适中，以提高程序的易读性。不知读者看懂了没有？不懂也没有关系，因为以上的这句话就根本没有说清楚。但是这个适中究竟是多大呢？一般不要超过一页纸，因为研究发现：当人在阅读过程中换页时，理解力会大幅度下降，而且频繁地来回换页很快就会使阅读者失去兴趣。

10.6　from-import语句

如果一个模块定义了许多函数和变量，而您只需其中的一个函数。此时可以使用from-import语句从一个模块中只导入您所需要的部分（如函数）。我们在本章中定义了一个名为rabfact的模块，其中包含了两个函数：一个是求阶乘的函数factorial；另一个是求兔子数列的函数fibonacci。如果现在您只想使用fibonacci函数，那么您可以使用类似例10-14的Python程序代码。其中，第1行代码是导入（当前目录中的）rabfact模块中的fibonacci函数；第2行代码是调用fibonacci函数输出小于100的所有斐波那契数。

例 10-14

```
>>> from rabfact import fibonacci
>>> fibonacci(100)
0
1
1
2
3
5
8
13
21
34
55
89
```

是不是挺方便的？您也可以使用from-import语句从一个模块中导入该模块中的全部内容，如果现在想使用factorial函数，您可以使用类似例10-15的Python程序代码。其中，第1行代码是导入（当前目录中的）rabfact模块中的全部内容；第2行代码是调用factorial函数输出6的阶乘。

例 10-15

```
>>> from rabfact import *
>>> factorial(6)
1! = 1
2! = 2
3! = 6
4! = 24
5! = 120
6! = 720
720
```

☞ 指点迷津：

　　当使用from关键字导入模块的内容时，在引用该模块中的元素时是不需要使用模块名的。这在某些情况下可以为编程提供一些便利。但是当导入多个模块时，变量和函数重名的问题可能会为编程与调试带来不必要的困惑。所以，建议读者在使用时还是要谨慎一些。

10.7　模块的命名以及模块的重新命名

　　Python程序设计语言对模块命名几乎没什么要求，模块名可以是任何您喜欢的（操作系统）文件名，不过只是必须以.py作为该文件的扩展名（即文件名以.py结尾）。您还可以在导入一个模块时为这个模块创建一个别名，创建模块别名是通过在导入语句中使用as关键字来完成的。当模块名很长时，为该模块创建一个别名会为程序员编程提供一点点方便。如您的程序将频繁调用

rabfact模块中的函数，此时为了后面的编程方便，将可以在导入rabfact模块时为这个模块创建一个较短的别名，如您可以使用类似例10-16的Python程序代码。其中，第1行代码是在导入rabfact模块中的全部内容的同时，为该模块创建一个别名rf；第2行代码是利用别名rf调用rabfact模块中的factorial函数输出5的阶乘。

例 10-16

```
>>> import rabfact as rf
>>> rf.factorial(5)
1! = 1
2! = 2
3! = 6
4! = 24
5! = 120
120
```

10.8 Python的内置模块

扫一扫，看视频

为了方便编程和使用Python程序设计语言，Python提供了一些内置模块。只要需要，您可以随时导入这些模块。例如，您现在想知道所使用的是哪一种操作系统，您就可以使用例10-17的程序代码。其中，第1行代码是导入内置模块platform；第2行代码是调用platform模块中的system函数并将返回值赋予变量p；最后一行代码是输出变量p的值——操作系统的类型。有了内置模块，干起活来是不是很方便？

例 10-17

```
>>> import platform
>>> p = platform.system()
>>> print(p)
Windows
```

Python提供了一个内置函数dir，利用此函数可以列出一个模块中的全部函数和变量的名字。如可以使用例10-18的程序代码列出在platform模块中定义的全部名字。

例 10-18

```
>>> import platform
>>> f = dir(platform)
>>> print(f)
```

为了节省篇幅，省略了显示输出结果。如果您发现使用例10-18的方法列出来的内容不好阅读，您可以使用for循环来输出f列表中的每一个名字（元素），如例10-19所示。

例 10-19

```
>>> for i in f:
...     print(i)
...
```

```
DEV_NULL
_UNIXCONFDIR
_WIN32_CLIENT_RELEASES
_WIN32_SERVER_RELEASES
__builtins__
__cached__
...
sys
system
system_alias
uname
uname_result
version
warnings
win32_ver
```

例10-19的显示结果是不是清楚多了？在显示结果中的"..."表示省略了一些名字，其目的是减少输出量。

10.9　修改Python解释器的提示符

通过之前的学习，读者可能已经注意到了：当进入Python解释器时，Python解释器的提示符是>>>，如果在解释器中执行一个多行语句，那么随后的提示符为"..."。实际上，这两个提示符是以变量的方式存放的。与path变量相同，定义这两个提示符的变量也存在Python的内置模块sys中，它们分别是ps1和ps2。可以使用例10-20和例10-21的程序代码来分别显示这两个变量。其中，sys.ps1称为一级提示符，而sys.ps2称为二级提示符。

例 10-20

```
>>> import sys
>>> sys.ps1
'>>> '
```

例 10-21

```
>>> sys.ps2
'... '
```

如果需要，用户或程序员可以根据实际情况修改这两个变量。修改的方法也很简单，就是通过赋值语句来修改它们的值。

老师介绍完了sys模块和sys.ps1与sys.ps2之后，觉得应该让孩子们动动手了。他说："假设现在某公司是使用Oracle数据库存储数据，该公司正在开发一个狗狗管理的项目，简称狗项目。请孩子们将Python解释器的一级提示符改为'Oracle> '，将解释器的二级提示符改为'Dog... '，方便这个狗项目软件的开发和项目管理。"

孩子们首先回顾了一下刚刚学习的sys模块以及如何导入模块之后，分别使用例10-22和例10-23的Python程序代码修改了sys.ps1和sys.ps2这两个变量的值。

例 10-22

```
>>> import sys
>>> sys.ps1 = 'Oracle> '
Oracle>
```

例 10-23

```
Oracle> sys.ps2 = 'Dog... '
Oracle>
```

当Python执行完sys.ps1 = 'Oracle> '语句之后，Python解释器的一级提示符立即就变成为Oracle> 。但是当Python执行完sys.ps2 = 'Dog... '语句之后，孩子们却无法确认解释器的二级提示符是否已经修改为Dog... 。于是，他们使用了例10-24的程序代码循环输出列表变量sys.path中的每个元素（搜索路径）。在这种情况下，这段程序的第二行开始Python解释器的二级提示符已经是Dog... 了。

例 10-24

```
Oracle> for p in sys.path:
Dog...     p
Dog...
''
'C:\\Users\\MOON\\AppData\\Local\\Programs\\Python\\Python37\\python37.zip'
'C:\\Users\\MOON\\AppData\\Local\\Programs\\Python\\Python37\\DLLs'
'C:\\Users\\MOON\\AppData\\Local\\Programs\\Python\\Python37\\lib'
'C:\\Users\\MOON\\AppData\\Local\\Programs\\Python\\Python37'
'C:\\Users\\MOON\\AppData\\Local\\Programs\\Python\\Python37\\lib\\site-
packages'
```

10.10　如何模块化Python现有的程序代码

在实际的程序（软件）开发中，在很多情况下，并不是一开始就能够确定哪些程序代码是可以重用的，往往是当程序开发进行了一段时间，甚至程序已经上线实际运行了一段时间，才能够确定哪些部分的代码可以重用——应该重新修改为函数模块。要模块化现存的程序代码，应该执行如下的步骤。

（1）定位和标识重复的程序代码块（部分）。

（2）将这些重复的程序代码移到一个Python函数中。

（3）将原来重复的程序代码以新的Python函数调用代替。

图10-13给出了以上操作步骤的示意图（其中，P是Python function的第一个字母）。

如果读者将来要从事软件或信息系统设计与开发方面的工作，一定要切记：永远不要梦想开发出一个完美的系统，因为您永远没有足够的资源（包括时间、金钱和人力等）。一般开发系统的第1步是以最快的速度开发出一个用户可以接受的系统（可以称为第1版甚至试用版），之后再一步步地不断优化（第2版、第3版等）。这样您才能很快地获得客户并锁住客户。读者可以回想现在很流行的软件在刚刚问世时可以用bugs满天飞来形容，但是经过多年的不断优化和改进，现在已经成了许多人很难放弃的软件了。

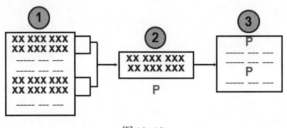

图10-13

扫一扫，看视频

10.11 Python模块的深入探讨

一个模块就是一个包含了一些Python定义和语句的文件。该文件名就是模块名末尾加上后缀（文件的扩展名）.py。在一个模块内部，可以获得该模块的名字（作为一个字符串），它就是全局变量__name__的值。例如，之前我们在当前目录中创建了一个名为rabfact的模块。现在您就可以进入Python解释器，随后使用例10-25的程序代码导入rabfact这个模块，此时可以使用全局变量__name__列出该模块的名字。

例 10-25

```
>>> import rabfact as rf
>>> rf.__name__
'rabfact'
```

有时，您可能希望在操作系统命令行界面中直接以特定参数执行一个模块中的指定函数——以"python 模块名.py <参数清单>"的方式执行模块中的特定函数。例如，您想在Windows命令行窗口中直接以特定数字执行rabfact模块中的求阶乘函数。

为了能够做到以上这一点，我们需要对之前的rabfact模块做一点点的改动，即在模块的末尾添加上一个做相关处理的语句，如例10-26的最后三行所示。

例 10-26

```
def factorial(n):
    if(n>1):
        r = n * factorial(n-1)
        print(str(n) + '! = ' + str(r))
    else:
        r = 1
        print(str(n) + '! = ' + str(r))
    return r
def fibonacci(n):        # 写 n 列兔子数列
    '''Display a Rabbit(Fibonacci) series up to n.'''
```

```
        f0 = 0
        f1 = 1
        while f0 < n:
            print(str(f0) + ' ')
            temp = f1
            f1 = f0 + f1
            f0 = temp
        print()
print(__name__)                     # 调试语句
if __name__ == "__main__":
    import sys
    print(sys.argv[0])              # 调试语句
    print(sys.argv[1])              # 调试语句
    factorial(int(sys.argv[1]))
```

　　从例 10-26 的程序代码可以看出：虽然习惯上将 import 语句放在程序开始处，但实际上 import 语句可以放在程序的任何地方。其中，sys.argv[0] 为命令行传入的第 1 个参数，就是包含模块的文件名，这里为 rabfact2.py；而 sys.argv[1] 为命令行传入的第 2 个参数，一般是要传递给所调用函数的参数；factorial(int(sys.argv[1])) 为将第 2 个参数转换成整数之后以它为实参调用该模块中的阶乘函数 factorial。

☞ **指点迷津：**

　　三个 print 语句都是调试语句，只是为了显示这些系统变量的内容，以帮助读者理解这些系统变量的具体定义。在完成调试之后，您应该将它们删除掉或注释掉。

　　例 10-27

```
E:\python\ch10>py rabfact2.py 6
__main__
rabfact2.py
6
1! = 1
2! = 2
3! = 6
4! = 24
5! = 120
6! = 720
```

　　实际上，使用以上这种方法编写和运行 Python 程序代码已经非常接近在操作系统上直接运行可执行文件了。这种方法使所生成的文件既可以当作可导入的模块，也可以当作脚本直接运行。

　　也可以将例 10-27 的整行命令存入一个 Windows 的 .bat 文件中，之后您就可以直接运行这个 Windows 的 .bat 文件了。如您在 Windows 命令行窗口启动记事本并创建一个名为 factorial.bat 的 Windows 批文件，如例 10-28 所示。随后，在记事本中输入 py rabfact3.py 6，之后存盘。注意这里的 rabfact3.py 与 rabfact2.py 相比只少了三个调试用的 print 语句，其他都是一模一样，如例10-29所示。

例10-28

```
E:\python\ch10>notepad factorial.bat
```

例10-29

```
py rabfact3.py 6
```

之后，就可以在Windows命令行界面以直接输入批文件名factorial的方式执行rabfact3模块中的factorial函数，如例10-30所示。看上去是不是挺专业的？

例10-30

```
E:\python\ch10>factorial
E:\python\ch10>py rabfact3.py 6
1! = 1
2! = 2
3! = 6
4! = 24
5! = 120
6! = 720
```

在例10-26的程序代码中，我们只调用了模块中的一个函数，而且也只调用了一次。其实，我们可以用类似的方法调用一个模块中的多个函数而且可以多次调用。要达到这一目的非常简单，只要在例10-26的程序代码的末尾再添加几行类似的代码就行了，如例10-31所示。为了节省篇幅，这里只显示了相关的程序代码，其他部分与例10-26的程序代码完全相同。

例10-31

```
if __name__ == "__main__":
    import sys
    factorial(int(sys.argv[1]))
    fibonacci(int(sys.argv[2]))
    factorial(int(sys.argv[3]))
    fibonacci(int(sys.argv[4]))
```

以rabfact4.py为文件名存盘后，您可以用类似例10-32的命令直接运行rabfact4模块中的两个函数并运行两次。其中，第1个参数3传递给函数factorial；第2个参数20传递给函数fibonacci；第3个参数5传递给函数factorial；第4个参数80传递给函数fibonacci。

例10-32

```
E:\python\ch10>py rabfact4.py 3 20 5 80
E:\python\ch10>py rabfact4.py 3 20 5 80
1! = 1
2! = 2
3! = 6
0
1
```

```
1
2
3
5
8
13
...
```

为了节省篇幅，省略了大部分的输出结果。看了例10-31和例10-32之后，您是不是觉得Python的模块功能还是蛮强大的？

10.12　Python的软件包管理器——PIP简介

　　Python被认为是一种连电池（包括所需的一切）都包括的语言——Python不需要下载其他的软件包就包含了一个丰富和多样的标准代码库，在该代码库中包括了许许多多的软件包和模块，以帮助程序员（开发人员）进行脚本和应用程序的开发。正是这一点使得Python在许多项目开发中占尽了先机。

　　同时，Python有一个非常活跃的社群，该社群甚至贡献了更大量的可以帮助您完成开发需求的软件包。如何安装这些非标准的软件包呢？答案是使用PIP。

　　那么，什么是PIP？PIP是一个Python软件包管理程序。换句话说，PIP是一个允许您安装和管理额外的代码库及非标准代码库依赖性的工具。因为软件包的管理非常重要，所以在Python的3.4版和之后的版本中安装程序默认已经安装了PIP。

> ☞ 指点迷津：
> 　　PIP这个名字的确切来源我没有查到，我猜测应该是Python Install Package（Python安装软件包）三个单词的字首。

　　谈论那么多的软件包管理和维护，读者可能要问：什么是软件包？简单地说，一个软件包包括一些逻辑上相关模块所需的所有文件。而模块是您可以包括在您所开发软件中的一些Python代码库。软件包是一个可能包含其他模块或递归地包括其他软件包的Python模块。如果需要，用户或程序开发人员可以将这样的Python软件包导入他们的Python程序代码中。

　　在使用PIP之前，您可能需要检查一下PIP是否已经安装。可以使用例10-33的命令检查PIP是否已经安装。

例 10-33

```
E:\python\ch10>pip --version
pip 18.1 from c:\users\moon\appdata\local\programs\python\python37\
lib\site-packages\pip (python 3.7)
```

　　如果以上命令无法执行，您可能需要使用cd命令将当前目录切换到Python脚本所在的目录，即C:\Users\MOON\AppData\Local\Programs\Python\Python37\Scripts（在您的计算机上可能略有不同）。

例10-33显示的结果表明这台计算机已经安装了PIP。如果没有安装PIP，您需要从https://pypi.org/project/pip/下载并安装它。

如果想知道目前Python已经安装了哪些软件包，您可以使用PIP的list命令，如例10-34所示。

例 10-34

```
E:\python\ch10>pip list
Package           Version
----------------  -------
cx-Oracle         7.0.0
cycler            0.10.0
Django            2.1.5
matplotlib        3.0.3
numpy             1.16.2
Pillow            5.4.1
pip               18.1
pyparsing         2.3.1
python-dateutil   2.8.0
pytz              2018.9
scipy             1.2.1
setuptools        40.6.2
six               1.12.0
```

从例10-34显示的结果可以看出：这个系统上安装的软件包还真不少。这是因为之前我在上面做过一些其他的工作，如果是新安装的Python系统，上面的显示会很少。

10.13　软件包下载、安装、使用与卸载

下载和安装一个Python软件包是一件非常容易的事情，只要开启命令行窗口，告诉PIP要安装的软件包的名字就行了。如例10-35所示的命令是下载并安装camelcase软件包。如果在您的系统上环境变量path没有设置好，您需要先切换到Python脚本所在的目录。

例 10-35

```
E:\python\ch10>pip install camelcase
Collecting camelcase
  Using cached https://files.pythonhosted.org/packages/24/54/
6bc20bf371c1c78193e2e4179097a7b779e56f420d0da41222a3b7d87890/
camelcase-0.2.tar.gz
Installing collected packages: camelcase
  Running setup.py install for camelcase ... done
Successfully installed camelcase-0.2
```

从例10-35显示的结果可以看出：您已经成功地下载并安装了camelcase软件包。可以使用PIP的list命令检查camelcase软件包是否已经安装成功，如例10-36所示。

例 10-36

```
E:\python\ch10>pip list
Package           Version
---------------   -------
camelcase         0.2
cx-Oracle         7.0.0
cycler            0.10.0
Django            2.1.5
...
```

　　一旦软件包camelcase安装成功，您就可以立即使用它了。您可以使用import导入命令将camelcase软件包导入您的程序代码中。如例10-37的程序代码所示，其中，第1行代码是导入camelcase软件包；第2行代码是创建一个camelcase.CamelCase的对象c（可以使用type（c）列出c的数据类型）；第3行代码是将一个字符串赋予变量s；最后一行代码是将字符串s中每个单词的第一个字母转换成大写并输出转换之后的字符串。

例 10-37

```
>>> import camelcase
>>> c = camelcase.CamelCase()
>>> s = 'Enter e for existing this application'
>>> print(c.hump(s))
Enter E For Existing This Application
```

　　这里稍微说明一下，camelcase的意思是驼峰格式（驼峰式大小写），因为有大写有小写，所以看上去有些像驼峰。看来这个软件包的名字还挺形象的，对吧？

　　如果经过一段时间，发现了这个camelcase软件包没什么用处，您就可以使用PIP的卸载命令uninstall将这个软件包卸载掉（当然也可以卸载其他不需要的软件包），如例10-38所示。其中，带有下画线的字母y是您输入的，其目的是系统让您确认一下是否真的要卸载这个软件包。

例 10-38

```
E:\python\ch10>pip uninstall camelcase
Uninstalling camelcase-0.2:
  Would remove:
c:\users\moon\appdata\local\programs\python\python37\lib\site-packages
\camelcase-0.2-py3.7.egg-info
c:\users\moon\appdata\local\programs\python\python37\lib\
site-packages\camelcase\*
Proceed (y/n)? y
  Successfully uninstalled camelcase-0.2
```

　　如果还是不放心，可以再次使用PIP的list命令重新列出系统上已经安装的软件包，确认以上的卸载是否成功，如例10-39所示。看了例10-39的显示结果，您是不是踏实多了？

例 10-39

```
E:\python\ch10>pip list
```

```
Package          Version
---------------  -------
cx-Oracle        7.0.0
cycler           0.10.0
Django           2.1.5
numpy            1.16.2
Pillow           5.4.1
...
```

10.14 习　题

1. 以下是一个导入（当前目录中的）rabfact模块，并调用该模块中的斐波那契函数的程序代码段，请在以下代码段中填写上遗失的第一行Python程序代码。

```
_____
rabfact.fibonacci(100)
```

2. 以下是一个列出Python要搜索的全部路径的代码段，请在以下代码段中填写上遗失的Python程序代码。

```
import _____
sys.path
```

3. 以下的程序代码段将在sys.path列表的第2个位置插入F:\python\Oracle这个目录（元素），随后使用for语句列出sys.path列表所定义的每个目录。请在以下代码段中填写上遗失的Python程序代码。

```
sys.path. _____
for p in sys.path:
    p
```

4. 以下程序代码段将导入rabfact模块中的fibonacci函数，并调用该函数输出小于100的所有斐波那契数。请在以下代码段中填写上遗失的Python程序代码。

```
_____ fibonacci
fibonacci(100)
```

5. 以下Python程序代码将导入rabfact模块中全部内容并为该模块创建一个别名rf，之后利用该别名调用rabfact模块中的factorial函数输出5的阶乘。请在以下代码段中填写上遗失的程序代码。

```
import _____
rf.factorial(5)
```

第11章 Python的正则表达式

扫一扫，看视频

一个正则表达式（regular expression）是一个特殊的字符序列，它利用在一个模式中给出特殊用法来帮助系统匹配或找到其他的字符串或字符串集合。正则表达式在UNIX和Linux操作系统中有广泛的应用。

11.1 Python正则表达式概述

扫一扫，看视频

　　Python程序设计语言能够在一个或多个字符串中搜索某一特定的字符模式（character pattern），也被称为正则表达式。一个模式可以是一个单一的字符、一个字符串、一个单词或一个句子。

　　一个正则表达式是描述一组字符串的一个模式。正则表达式的构成是模仿了数学表达式，通过使用操作符将较小的表达式组合成一个新的表达式。一个正则表达式既可以是一些纯文本文字，也可以是用来产生模式的一些特殊字符。

　　一个正则表达式是一个形成某一搜索模式的字符序列。而一个正则表达式常常被用来检查一个字符串中是否包含（这个正则表达式）所指定的搜索模式。在Python程序设计语言中，如果需要使用正则表达式，要首先导入一个名为re（regular expression的缩写）的内置模块。在导入了re模块之后，您就可以开始在程序中随心所欲地使用正则表达式了。如您要搜索一个字符串以确定它是否以单词Your开始，并以Friend结束。例11-1就是完成这一工作的Python程序代码。

例 11-1

```
>>> import re
>>> s = 'Your Dog is Actually Your Best Friend'
>>> b = re.search('^Your.*Friend$', s)
>>> if (b):  # 如果s中存在指定的模式就执行下面的输出语句
...   print("Yes! you have a best friend!")
... else:  # 如果s中不存在指定的模式就执行下面的输出语句
...   print('Sorry, you have no best friend at all!')
...
Yes! you have a best friend!
```

　　在例11-1的代码中，除了第3行代码之外，其他的代码读者应该比较熟悉了。因此，在这里我们只详细解释这一行代码。首先请看其中的正则表达式^Your.*Friend$，^Your表示以Your开始，其后的"."表示一个而且只能是一个字符，再其后的"*"表示0个或多个字符，最后的Friend$表示以Friend结尾。这里需要指出的一点是：那个点"."是不能少的，因为少了就有可能匹配成

YourFriend。整行代码的含义是在s字符串中搜索以Your开始后面跟1个或多个字符最后必须以Friend结尾的模式，并将搜索的结果存入变量b中。

可能有读者问变量b到底是什么数据类型呀？您可以使用例11-2的Python程序代码轻松地获得所需要的结果。

例 11-2

```
>>> print(type(b))
<class 're.Match'>
```

如果觉得例11-2的显示结果过于简单了，您还可以使用例11-3的Python程序代码获取变量b的更详细信息。

例 11-3

```
>>> b
<re.Match object; span=(0, 37), match='Your Dog is Actually Your Best Friend'>
```

在例11-3的显示结果中，span=(0, 37)表示跨度（范围）从第1个到第37个字符（s[0]~s[36]）为止。实际上，是匹配了整个字符串。

11.2 Python正则表达式函数与元字符

在例11-1中所使用的re.search是re模块提供的一个进行正则表达式操作的函数，该函数用以在一个字符串中搜索指定的模式（正则表达式）。re模块提供的有关正则表达式运算的函数不止search这一个。re模块提供了一组与正则表达式操作相关的函数，它们允许您在一个字符串中搜索一个匹配模式（正则表达式）。

（1）findall：返回一个包括全部与模式相匹配的字符串列表。

（2）search：如果在字符串的任何地方有匹配的字符串，则返回一个匹配对象。

（3）split：在字符串的每一个匹配处进行分割（到指定的正则表达式为止）返回一个列表。

（4）sub：替换一个或多个匹配的字符串。

例11-1的正则表达式^Your.*Friend$中使用了多个特殊的字符来帮助我们构造功能强大的正则表达式。这些特殊的字符也称为元字符，元字符在正则表达式中具有特殊的含义，在Python的正则表达式中可以使用的元字符很多。这些元字符和它们的描述及解释如表11-1所示。

表11-1 元字符的描述与解释

元字符	描 述	例 子	解 释
[]	字符的一个集合	"[c-n]"	可以是c、d、…、n中的任何一个字符
\	逃逸符或一特殊序列	"*"	恢复*的原义，不再作为元字符使用
.	换行符之外的任何一个字符	"g..d"	包含g并以d结尾中间为任意两个字符
^	以随后的字符串开始	"^The"	以The开始
$	以之前的字符串结束	"dog$"	以dog结束
*	*之前字符的0次或多次出现	"dog*"	包含do其后跟0个或多个g

续表

元字符	描 述	例 子	解 释
+	+之前字符的1次或多次出现	"dog+"	包含do其后面跟1个或多个g
{}	前面字符出现的精确次数	"al{2}"	l必须出现两次而且只能是两次
|	二者选一	"M|F"	是M（男）或者F（女）

☞ **指点迷津：**

一个元字符就是一个描述其他（一些）字符的字符。在IT行业还有另一个常用的术语，那就是元数据。元数据是一个描述其他数据的数据。

为了帮助读者进一步理解以上这些元字符在字符串搜索操作中的具体应用，我们接下来用一系列例子演示以上每个元字符的用法。首先，使用例11-4的Python程序代码导入re模块，随后定义一个字符串变量并赋予初值。

例 11-4

```
>>> import re
>>> s = 'Your Dog is Actually Your Best Friend'
```

接下来，我们首先测试[]的用法。可以使用例11-5的程序代码在字符串中查找"d到n"的任何字符并将结果存入变量f中，随后输出列表变量f中的全部内容（每一个元素）。

例 11-5

```
>>> f = re.findall('[d-n]', s)
>>> print(f)
['g', 'i', 'l', 'l', 'e', 'i', 'e', 'n', 'd']
```

为了测试逃逸符，我们要创建一个包含数字的字符串变量，随即使用findall函数查找字符串s1中的所有数字字符并赋予列表变量f，最后输出变量f中的每个元素，如例11-6所示。其中，第二行的代码中的'\d'表示在s1中搜索的是数字。是不是蛮方便的？

例 11-6

```
>>> s1 = 'This dog price is 250 NZ dollars.'
>>> f = re.findall('\d', s1)
>>> print(f)
['2', '5', '0']
```

继续使用已经定义的字符串变量s来测试元字符"."，使用findall函数查找字符串s中所有包含Yo其后必须跟两个字符的字符串，最后输出变量f中的每个元素，如例11-7所示。

例 11-7

```
>>> f = re.findall('Yo..', s)
>>> print(f)
['Your', 'Your']
```

继续使用已经定义的字符串变量s来测试元字符"^"，使用findall函数查找字符串s中所有包含Y而且必须是s中的第一个字母，之后必须跟两个字符的字符串，最后输出变量f中的每个元素，如例11-8所示。

例 11-8

```
>>> f = re.findall('^Y..', s)
>>> print(f)
['You']
```

继续使用字符串变量s来测试元字符\$，使用findall函数查找字符串s中所有包含F其后跟一个或多个字符最后以d：结尾（是s的最后一个字符）的字符串，最后列出变量f中的每个元素，如例11-9所示。

例 11-9

```
>>> f = re.findall('F.*d$', s)
>>> f
['Friend']
```

继续使用字符串变量s来测试元字符*和元字符|，使用findall函数查找字符串s中所有包含"Y或D"其后跟0个或多个字符o的字符串，最后列出变量f中的每个元素，如例11-10所示。

例 11-10

```
>>> f = re.findall('[Y|D]o*', s)
>>> f
['Yo', 'Do', 'Yo']
```

继续使用字符串变量s来测试元字符+和元字符|，使用findall函数查找字符串s中所有包含"Y或D"其后跟1个或多个字符o的字符串，最后列出变量f中的每个元素，如例11-11所示。

例 11-11

```
>>> f = re.findall('[Y|D]o+', s)
>>> f
['Yo', 'Do', 'Yo']
```

继续使用字符串变量s来测试{}，使用findall函数查找字符串s中所有包含a其后必须跟两个字符l（而且只能是两个l）的字符串，最后列出变量f中的每个元素，如例11-12所示。

例 11-12

```
>>> f = re.findall('al{2}', s)
>>> f
['all']
```

扫一扫，看视频

11.3　Python正则表达式中的特殊字符序列

为了构造更加复杂的正则表达式，解决一些比较困难的字符串搜寻操作，re模块还提供了一些特殊的字符序列。一个特殊的字符序列是一个以\开始的字符串，它们具有特殊的含义。这些字符序列和它们的描述及解释如表11-2所示。

表 11-2　字符序列的描述与解释

序列	描述	例子	解释
\A	如果指定字符在字符串首返回匹配	"\ADog"	检查该字符串是否以Dog开始
\b	指定字符在字符串中字首或尾返回匹配	r"dog\b"	检查dog是否出现在一个单词的结尾处
\B	指定字符在字符串中有匹配，不在字首或尾	r"dog\B"	检查dog是否出现，但不在单词的尾部
\d	在字符串包含数字处返回匹配值	"\d "	检查字符串中是否包括任何数字
\D	在字符串不包含数字处返回匹配值	"\D "	在任何非数字的地方返回一个匹配值
\s	在字符串包含空白字符处返回匹配值	"\s "	在任何空白字符的地方返回一个匹配值
\S	在字符串不包含空白字符处返回匹配值	"\S "	在非任何空白字符处返回一个匹配值
\w	在字符串包含字母、数字、_处返回匹配	"\w "	在字符串包含字母、数字、_处返回匹配
\W	在字符串不包含字母、数字、_处返回匹配	"\W "	在每一个非字母、数字、_处返回匹配
\Z	如果指定字符在字符串结尾返回匹配	"dog\Z "	检查该字符串是否以dog结尾

接下来，我们利用一系列例子演示以上每个特殊字符序列的用法。首先，使用例11-13的Python程序代码导入re模块，随后定义一个字符串变量并赋予初值。

例 11-13

```
>>> import re
>>> s = 'Your Dog is Actually Your Best Friend'
```

随后，我们首先测试\A的用法。可以使用例11-14的程序代码在字符串中查找以Your开始的任何字符并将结果存入变量f中，随后输出列表变量f中的全部内容（每一个元素）。

例 11-14

```
>>> f = re.findall('\AYour', s)
>>> f
['Your']
```

继续使用已经定义的字符串变量s来测试元字符"\b"，使用findall函数查找字符串s中所有以You开始的单词，最后输出变量f中的每个元素，如例11-15所示。在这段代码中的"r'\bYou'"中的r表示raw，保持原始的样子。

例 11-15

```
>>> f = re.findall(r'\bYou', s)
>>> f
['You', 'You']
```

继续使用已经定义的字符串变量s来测试元字符"\b"，使用findall函数查找字符串s中所有以ur结尾的单词，最后输出变量f中的每个元素，如例11-16所示。

例 11-16

```
>>> f = re.findall(r'ur\b', s)
>>> print(f)
['ur', 'ur']
```

继续使用已经定义的字符串变量s来测试元字符"\B"，使用findall函数查找字符串s中所有存在You但是不能在开始处的单词，最后输出变量f中的每个元素，如例11-17所示。因为字符串s中的两个Your和You都在字首，所以没有任何匹配了。

例 11-17

```
>>> f = re.findall(r'\BYou', s)
>>> f
[]
```

继续使用已经定义的字符串变量s来测试元字符"\B"，使用findall函数查找字符串s中所有存在You但是不能在结尾处的单词，最后输出变量f中的每个元素，如例11-18所示。因为字符串s中的两个Your和You都不在词尾，所以都匹配成功了。

例 11-18

```
>>> f = re.findall(r'You\B', s)
>>> print(f)
['You', 'You']
```

使用已经定义的字符串变量s来测试元字符"\d"，使用findall函数查找字符串s中所有数字（0～9）字符，最后输出变量f中的每个元素，如例11-19所示。因为字符串s中根本就没有数字，所以匹配失败。

例 11-19

```
>>> f = re.findall('\d', s)
>>> f
[]
```

使用已经定义的字符串变量s来测试元字符"\D"，使用findall函数查找字符串s中所有非数字（0～9）字符，最后输出变量f中的每个元素，如例11-20所示。因为字符串s中全部都是非数字字符，所以每一个字符都匹配成功了。

例 11-20

```
>>> f = re.findall('\D', s)
>>> print(f)
['Y', 'o', 'u', 'r', ' ', 'D', 'o', 'g', ' ', 'i', 's', ' ', 'A', 'c',
't', 'u',
    'a', 'l', 'l', 'y', ' ', 'Y', 'o', 'u', 'r', ' ', 'B', 'e', 's', 't', ' ',
'F',
    'r', 'i', 'e', 'n', 'd']
```

使用已经定义的字符串变量s来测试元字符\s，使用findall函数查找字符串s中所有空白字符，最后输出列表变量f中的每个元素，如例11-21所示。

例 11-21

```
>>> f = re.findall('\s', s)
>>> print(f)
[' ', ' ', ' ', ' ', ' ', ' ']
```

使用已经定义的字符串变量s来测试元字符"\w"，使用findall函数查找字符串s中所有单词字符（即从a～z、从0～9，以及下画线_的任意一个字符），最后输出列表变量f中的每个元素，如例11-22所示。

例 11-22

```
>>> f = re.findall('\w', s)
>>> print(f)
['Y', 'o', 'u', 'r', 'D', 'o', 'g', 'i', 's', 'A', 'c', 't', 'u', 'a',
'l', 'l',
  'y', 'Y', 'o', 'u', 'r', 'B', 'e', 's', 't', 'F', 'r', 'i', 'e', 'n',
'd']
```

例11-22的显示结果与例11-20的唯一区别是：在例11-22的显示结果中没有空格字符。

使用已经定义的字符串变量s来测试元字符"\W"，使用findall函数查找字符串s中所有非单词字符（既不是a～z，也不是0～9，也不是下画线"_"的任意一个字符，如@、！、%或空白字符等），最后输出列表变量f中的每个元素，如例11-23所示。

例 11-23

```
>>> f = re.findall('\W', s)
>>> print(f)
[' ', ' ', ' ', ' ', ' ', ' ']
```

例11-23的显示结果与例11-21的显示结果完全相同，这是因为在字符串s中除了空格符之外没有其他的非单词字符。

最后，使用已经定义的字符串变量s来测试元字符"\Z"，使用findall函数查找字符串s是否以Friend结尾，最后输出列表变量f中的内容，如例11-24所示。

例 11-24

```
>>> f = re.findall('Friend\Z', s)
>>> print(f)
['Friend']
```

11.4　原始字符串

扫一扫，看视频

在11.3节的例11-15和例11-16的正则表达式之前，我们都加上了字母r，如果没有r，其结果将不是我们所期望的。这是为什么呢？这是因为"\b"是一个很特殊的字符。为了说明这一点，您可以使用例11-25的print命令输出"\b"，其结果是输出空行。

例 11-25

```
>>> print('\b')
```

那么，"\b"这个字符究竟表示什么呢？您可以使用例11-26的代码以十六进制显示它的ASCII码值。如果不习惯十六进制，您也可以使用Python的函数ord求出"\b"的ASCII码值，如例11-27所示。

例 11-26

```
>>> '\b'
'\x08'
```

例 11-27

```
>>> ord('\b')
8
```

接下来，就可以核对ASCII码表以确定ASCII码8的准确含义。表11-3列出了部分ASCII码值与对应的字符，其中Dec表示十进制数，Hx表示十六进制数，Oct表示八进制数，而Char表示字符。

表11-3 部分ASCII码值与对应的字符

Dec	Hx	Oct	Char	
0	0	000	MUL	(null)
1	1	001	SOH	(start of heading)
2	2	002	STX	(start of text)
3	3	003	ETX	(end of text)
4	4	004	EOT	(end of transmission)
5	5	005	ENQ	(enquiry)
6	6	006	ACK	(acknowledge)
7	7	007	BEL	(bel1)
8	8	010	BS	(backspace)
9	9	011	TAB	(horizontal tab)
10	A	012	LF	(NL line feed,new line)
11	B	013	VT	(vertical tab)

从表11-3中可以查出ASCII码8是退格键。就这么不巧，与Python正则表达式中的特殊字符序列\b的定义冲突了，那么如何解决这一冲突呢？在这种情况下，Python的原始字符串（raw string）就可以大显身手了。

所谓的原始字符串，就是没有转义（没有特殊意义）的原本的字符串。如\d就是字符串\d没有其他的特别含义。那么对于一些特殊字符如何恢复它们的原始含义呢？之前我们曾经介绍过，如果是单个的特殊字符，可以使用逃逸符\。但是如果在一个很长的字符串中有多个特殊字符，此时如果再使用逃逸符来恢复每一个特殊字符的原始含义那就很麻烦，而且会使程序代码的易读性大大下降。

在这种情况下，Python提供了一种更简单、更易懂的方法，那就是在这个字符串之前冠以字母r或R（r是raw的第一字母，raw的中文意思是原始的）。此时作为逃逸符的反斜线恢复了它原本的意思就是\没有其他的含义，其他的特殊字符也是一样恢复原始含义。例如，r"\b"是由两个字符组成的，它们分别是反斜线和小写b。

接下来，用几个例子来说明在字符串\n之前使用r与不使用r之间的差别。可以使用例11-28的print命令输出\n，其结果是输出空行。

例 11-28

```
>>> print('\n')
```

接下来，再次使用例11-29的print命令输出原始的\n，其结果是输出\n，即这个字符串本身。

例11-29

```
>>> print(r'\n')
\n
```

那么，在一个字符串前冠以r时，Python是怎样将特殊字符恢复原始含义的呢？利用下面的例11-30和例11-31，读者就可以很轻松地发现其中的奥秘了。

例11-30

```
>>> '\n'
'\n'
```

例11-31

```
>>> r'\n'
'\\n'
```

对比例11-30和例11-31的显示结果就可以发现：其实Python使用了一个非常简单的方法——在特殊字符之前再添加一个逃逸符反斜线，这样它之后的反斜线就恢复了原始含义，不再是特殊字符了。Python这么伟大的设计居然使用了这么简单的方法，没想到吧？

☞ **指点迷津：**

考古学家和历史学家们发现一些失传的工艺居然多数是使用非常简单的方法完成的。读者在将来设计和开发软件或信息系统时，最好也奉行同样的原则——在满足要求的情况下使用最简单的设计。因为简单的系统容易实现、容易维护、容易推广，也容易培训，成本也会降低。

那么，\n这个字符究竟表示什么呢？可以使用Python的函数ord求出"\n"的ASCII码值，如例11-32所示。

例11-32

```
>>> ord('\n')
10
```

接下来，就可以核对ASCII码表以确定ASCII码10的准确含义了。从表11-3中可以查出ASCII码10是换行。

这里需要指出的是，在一个不包含特殊字符的字符串之前冠以r与否没有任何区别，如例11-33和例11-34所示。

例11-33

```
>>> print('\B')
\B
```

例11-34

```
>>> print(r'\B')
\B
```

11.5　Python正则表达式中的集合元字符

在Python正则表达式中的集合元字符是以一对方括号括起来的一些字符的一个集合，它们具有特殊的含义。一些常用的集合元字符及其描述如表11-4所示。

表11-4　常用的集合元字符及其描述

集合元字符	描　　　述
[jqk]	在指定字符（jqk）的任何一个字符出现处返回一个匹配值
[c-m]	对于任何在c～m的小写字母返回一个匹配值
[^jqk]	对于任何字符都返回一个匹配值，但是j、q和k除外
[01234]	指定数字（0、1、2、3、4）的任何一个出现处返回一个匹配值
[0-9]	对于任何在0～9的数字返回一个匹配值
[0-3][0-8]	对于任何从00～38的两位数返回一个匹配值
[a-z][A-Z]	对于任何大写或小写英文字母返回一个匹配值
[+]	对于任何+返回一个匹配值，即方括号中的+没有特殊含义
[*]	方括号中的*、.、|、()、{}、\$也同样没有特殊含义

接下来，利用一系列例子演示以上每个集合元字符的用法。首先，使用例11-35的Python程序代码导入re模块，随后定义一个字符串变量并赋予初值。

例 11-35

```
>>> import re
>>> s = 'Your Dog is Actually Your Best Friend'
```

随后，首先测试第1个集合元字符的用法。可以使用例11-36的程序代码在字符串中查找任何字符a、o或r并将结果存入变量f中，随后输出列表变量f中的全部内容（每一个元素）。

例 11-36

```
>>> f = re.findall('[aor]', s)
>>> print(f)
['o', 'r', 'o', 'a', 'o', 'r', 'r']
```

接下来，测试第2个集合元字符的用法。可以使用例11-37的程序代码在字符串中查找任何在c～o的英语字母并将结果存入变量f中，随后输出列表变量f中的全部内容（每一个元素）。

例 11-37

```
>>> f = re.findall('[c-o]', s)
>>> print(f)
['o', 'o', 'g', 'i', 'c', 'l', 'l', 'o', 'e', 'i', 'e', 'n', 'd']
```

接下来，测试第3个集合元字符的用法。可以使用例11-38的程序代码在字符串中查找除了a、o和r之外的任何字符并将结果存入变量f中，随后输出列表变量f中的全部内容（每一个元素）。

例 11-38

```
>>> f = re.findall('[^aor]', s)
```

```
>>> print(f)
['Y', 'u', ' ', 'D', 'g', ' ', 'i', 's', ' ', 'A', 'c', 't', 'u',
'l', 'l', 'y', ' ', 'Y', 'u', ' ', 'B', 'e', 's', 't', ' ', 'F', 'i',
 'e', 'n', 'd']
```

接下来，测试第4个集合元字符的用法。可以使用例11-39的程序代码在字符串中查找任何为0、3、6、8或9的数字字符，并将结果存入变量f中，随后输出列表变量f中的全部内容（每一个元素）。

例 11-39

```
>>> st = 'The complaint phone number is 09-4168235'
>>> f = re.findall('[03689]', st)
>>> print(f)
['0', '9', '6', '8', '3']
```

接下来，测试第5个集合元字符的用法。可以使用例11-40的程序代码在字符串中查找任何数字字符，并将结果存入变量f中，随后输出列表变量f中的全部内容（每一个元素）。

例 11-40

```
>>> f = re.findall('[0-9]', st)
>>> print(f)
['0', '9', '4', '1', '6', '8', '2', '3', '5']
```

接下来，测试第6个集合元字符的用法。可以使用例11-41的程序代码在字符串中查找任何00 ~ 59的两位数字，并将结果存入变量f中，随后输出列表变量f中的全部内容（每一个元素）。

例 11-41

```
>>> st = 'It is 10:53 PM'
>>> f = re.findall('[0-5][0-9]', st)
>>> print(f)
['10', '53']
```

接下来，测试第7个集合元字符的用法。可以使用例11-42的程序代码在字符串中查找任何小写和大写英文字母，并将结果存入变量f中，随后输出列表变量f中的全部内容（每一个元素）。

例 11-42

```
>>> f = re.findall('[a-zA-Z]', s)
>>> print(f)
['Y', 'o', 'u', 'r', 'D', 'o', 'g', 'i', 's', 'A', 'c', 't', 'u',
'a', 'l', 'l', 'y', 'Y', 'o', 'u', 'r', 'B', 'e', 's', 't', 'F', 'r',
 'i', 'e', 'n', 'd']
```

最后，测试第8个和第9个集合元字符的用法。可以使用例11-43的程序代码在字符串中查找任何+、*或$字符，并将结果存入变量f中，随后输出列表变量f中的全部内容（每一个元素）。

例 11-43

```
>>> f = re.findall('[+|*|$]', s)
>>> print(f)
[]
```

11.6　re模块的findall函数

在前面几节中，re模块中的findall函数是我们使用最多的，不过我们并没有详细地解释这一函数。从这一节开始，我们将陆续地解释在本章11.2节中列出的4个函数。首先，我们介绍函数findall。

函数findall将返回一个包含了所有匹配的列表。在这个列表中所包含的匹配值的顺序是按照它们被发现的次序排列的。如果没有发现任何匹配的值，该函数返回一个空列表。

如可以使用例11-44的程序代码在字符串中查找每一个字符o，并将结果存入列表变量f中，随后输出列表变量f中的全部内容（每一个元素）。

例 11-44

```
>>> import re
>>> s = 'Your Dog is Actually Your Best Friend'
>>> f = re.findall('o', s)
>>> f
['o', 'o', 'o']
```

如果想确定函数findall所返回的是否真的就是一个列表，您可以使用例11-45的程序代码列出存储函数findall返回结果的变量f的数据类型。

例 11-45

```
>>> type(f)
<class 'list'>
```

也可以使用例11-46的程序代码测试字符串s中是否包含了Cat，因为在这个字符串中根本就没有Cat（猫），所以返回的结果是一个空列表。

例 11-46

```
>>> import re
>>> s = 'Your Dog is Actually Your Best Friend'
>>> f = re.findall('Cat', s)
[]
```

11.7　re模块的search函数

函数search搜索字符串以找到匹配值，并且只要存在一个匹配值就返回一个Match对象（我们之后要介绍）。如果有多个匹配值，则只返回匹配的第一次出现。

如可以使用例11-47的程序代码在字符串s中查找第一个空白字符并将结果存入变量f中，随后输出变量f中的全部内容（每一个元素）。

例 11-47

```
>>> import re
```

```
>>> s = 'Your Dog is Actually Your Best Friend'
>>> f = re.search('\s', s)
>>> print(f)
<re.Match object; span=(4, 5), match=' '>
```

从例11-47的结果可以看出：该变量为一个Match对象类型，匹配的值为空格，匹配的范围从第5个字符开始到第6个字符结束（不包括第6个字符）。这里需要重复指出的是，字符串的开始下标是0。如果您想确定函数search所返回的是否真的就是一个Match对象，您可以使用例11-48的程序代码列出存储函数search返回结果的变量f的数据类型。

例 11-48

```
>>> print(type(f))
<class 're.Match'>
```

如果没有发现匹配，那么函数search返回的结果是None。您可以使用例11-49的程序代码测试字符串s中是否包含了"Cat"，因为在这个字符串中根本就没有Cat（猫），所以返回的结果是None。

例 11-49

```
>>> import re
>>> s = 'Your Dog is Actually Your Best Friend'
>>> f = re.search('Cat', s)
>>> print(f)
None
```

11.8　re模块的split函数

函数split将在每一个匹配处对字符串进行分割并返回一个列表（包含了每个分割后形成的字符串）。

如可以使用例11-50的程序代码在每一个空白字符处对字符串s进行分割并将结果存入变量f中，随后输出变量f中的全部内容（每一个元素）。

例 11-50

```
>>> import re
>>> s = 'Your Dog is Actually Your Best Friend'
>>> f = re.split('\s', s)
>>> print(f)
['Your', 'Dog', 'is', 'Actually', 'Your', 'Best', 'Friend']
```

从例11-50的结果可以看出：该变量应该为一个列表变量。如果想确定函数split所返回的是否真的就是一个列表对象，您心里还是不踏实，可以使用例11-51的程序代码列出变量f的数据类型。

例 11-51

```
>>> print(type(f))
```

```
<class 'list'>
```

可以通过指定maxsplit参数来控制分割的次数。如可以使用例11-52的程序代码，在空白字符第一次和第二次出现时分割字符串s。

例 11-52

```
>>> import re
>>> s = 'Your Dog is Actually Your Best Friend'
>>> f = re.split('\s', s, 2)
>>> print(f)
['Your', 'Dog', 'is Actually Your Best Friend']
```

11.9　re模块的sub函数

函数sub将以您所选择的正文来替代匹配的值。如可以使用例11-53的程序代码，用分号";"替代每一个空白字符并将结果存入变量f中，随后输出变量f中的全部内容（每一个元素）。

例 11-53

```
>>> import re
>>> s = 'Your Dog is Actually Your Best Friend
>>> f = re.sub('\s', ';', s)
>>> print(f)
Your;Dog;is;Actually;Your;Best;Friend
```

在sub函数中还可以指定替换的次数。如可以使用例11-54的程序代码，只使用分号替换头两个空白字符。

例 11-54

```
>>> import re
>>> s = 'Your Dog is Actually Your Best Friend'
>>> f = re.sub('\s', ';', s, 2)
>>> print(f)
Your;Dog;is Actually Your Best Friend
```

扫一扫，看视频

11.10　Match对象

实际上，通过使用函数search读者已经碰到过了Match对象（有关对象，我们在后面的章节中要比较详细地介绍）。一个Match对象是包含了有关搜索（search）和搜索结果信息的一个对象。如果没有匹配值，则返回值为None。

如在例11-55的程序代码中，函数search将返回一个Match对象，并将这个对象存入变量f中，随后输出变量f中的全部内容（每一个元素）。

例 11-55

```
>>> import re
>>> s = 'Your Dog is Actually Your Best Friend'
>>> f = re.search('ou', s)
>>> print(f)
<re.Match object; span=(1, 3), match='ou'>
```

从例11-55的显示结果可以看出：f是一个对象，匹配的模式是ou，匹配的元素是s[1]~s[3]（不包括s[3]，实际上就是第一个单词中的ou两个字符）。

Match对象具有若干个属性和方法用以提取有关搜索和搜索结果的信息，常用的如下。

（1）Match.span()：返回一个包含了匹配的开始和结束位置的元组。

（2）Match.string：返回传递给该函数的那个字符串。

（3）Match.group()：返回存在匹配值的部分字符串。

接下来用三个例子顺序地演示以上三个属性和方法的用法。首先将例11-55的程序代码做小小的修改，将输出语句改为print(f.span())，即输出ou的第一个匹配位置（开始到结束的位置），如例11-56所示。

例 11-56

```
>>> import re
>>> s = 'Your Dog is Actually Your Best Friend'
>>> f = re.search('ou', s)
>>> print(f.span())
(1, 3)
```

随后，还是将例11-55的程序代码做小小的修改，将输出语句改为print(f.string)，即输出传递给函数search的字符串，即字符串s，如例11-57所示。

例 11-57

```
>>> import re
>>> s = 'Your Dog is Actually Your Best Friend'
>>> f = re.search('ou', s)
>>> print(f.string)
Your Dog is Actually Your Best Friend
```

最后，再将例11-55的程序代码做小小的修改，将输出语句改为print(f.group())，即输出有匹配存在处的部分字符串，如例11-58所示。

例 11-58

```
>>> import re
>>> s = 'Your Dog is Actually Your Best Friend'
>>> f = re.search('ou', s)
>>> print(f.group())
ou
```

Python提供了这么方便的方法来获取字符串匹配信息，而且它们又如此地简单，没有想到吧？这里需要再次强调一下：如果没有发现任何匹配，函数search将返回值None，而不是Match对象。

扫一扫，看视频

11.11 实例——利用正则表达式检测E-mail地址

介绍完了正则表达式的内容之后，老师让孩子们利用刚刚学过的知识开发一个检测用户输入的E-mail地址是否正确的Python程序。

孩子们商量了一会儿之后，开始编写利用正则表达式来测试E-mail地址是否正确的Python程序，最后他们写出了例11-59的Python程序代码。确认无误之后，他们将该程序以email_ck2.py为文件名存入当前目录。随即就执行了这个程序，开始测试工作。注意：标有下画线的部分是您输入的内容（即电子邮件地址）。为了节省篇幅，我们用注释来解释程序代码的含义。

例 11-59

```
import re # 导入 re 模块
# 显示提示输入的信息，并将键盘输入的信息赋予变量 address
address = input('Please input your email address: ')
# 使用 search 方法检测字符串 address 中是否有指定的正则表达式，将结果赋予变量 ck
ck = re.search('^\w\w*@\w*\.\w*\.cn', address)
while (not ck):   # 只要没有匹配就循环
    print('No, your email address is wrong! Try it again!')
    address = input('Please input your email address: ')
    ck = re.match('^\w\w*@\w*\.\w*\.cn', address)
# 输出您的电子邮件地址正确的信息
print('OK, your email address is correct!')
Please input your email address: dog123@superdog.com.cn
OK, your email address is correct!
```

在例11-59的Python程序代码中，对于初学者来说，最关键的也是最难懂的就是那个正则表达式了。

接下来，我们顺序解释"'^\w\w*@\w*\.\w*\.cn'"这个正则表达式。

以单词字符（即从a～z，从0～9，以及下画线"_"的任意一个字符）开始后面跟0个或多个单词字符，随后是@，后跟0个或多个单词字符，紧随其后的是一个"."（因为"."是正则表达式中的元字符，所以在它之前加上了逃逸符"\"以恢复"."本来的意义），"."后又是0个或多个单词字符，随后又是"."，最后是cn。

在while语句的条件中，我们使用了一个小技巧。因为如果没有匹配，search函数返回None，而not None的值是true，也就是只要没有发现匹配的字符串就继续执行循环体中的语句。

☞ **指点迷津：**

变量address和变量ck必须在循环开始之前赋予初值，否则没有办法判断循环是否应该进行；变量address和ck变量也必须在循环之内再次赋值，否则循环无法结束，即变成了一个死循环。

为了保证测试E-mail地址是否正确的Python程序在实际运行时尽量少出问题，孩子们开始不断地测试。他们再次执行这个程序，并在提示输入处输入了123@superdog.com.cn，如例11-60所示。

例 11-60

```
Please input your email address: 123@superdog.com.cn
OK, your email address is correct!
```

随后，孩子们再次执行这个程序并在提示输入处输入了dog123@superdog#com.cn，他们故意输入一个错误——将第一个点输入成在电子邮箱地址中不可能出现的#，系统显示错误信息并要求重新输入；随后，他们再次故意输入一个错误——将最后一个字符输入成k而不是模式中要求的n，系统再次显示错误信息并要求重新输入；最后，他们输入了一个正确的电子邮箱地址dog@superdog.com.cn，这次终于系统显示了您的电子邮箱地址正确的信息，如例11-61所示。

例 11-61

```
Please input your email address: dog123@superdog#com.cn
No, your email address is wrong! Try it again!
Please input your email address: dog123@superdog.com.ck
No, your email address is wrong! Try it again!
Please input your email address: dog@superdog.com.cn
OK, your email address is correct!
```

测试完程序，一个孩子打趣地说："这程序还挺清廉的，好像眼里容不得任何沙子。如果将来都由程序来管理，是不是就不会有贪赃枉法的事发生了？"

老师说："如果程序本身出了错，那就可能造成灾难性的后果，就像误发射了核弹！"

孩子们说："编写和调试程序真烦琐，光调试那个不到一行的正则表达式就折腾了半天！"

老师接着说："编写和调试程序是一项非常细致的工作，稍不留意就可能掉进陷阱中去。一般在实际工作中，调试好的程序不到万不得已不要改动，因为有时一个小小的错误可能会造成系统很大的危害，对于程序而言常常是牵一发而动全身。"

11.12　习　题

1. 以下Python程序代码段在字符串中查找 "d到n" 的任何字符并将结果存入变量f中，随后输出列表变量f中的全部内容（每一个元素），请在以下代码段中填写上遗失的正则表达式。

```
import re
s = 'Your Dog is Actually Your Best Friend'
f = re.findall(' _____', s)
print(f)
```

2. 以下Python程序代码段使用findall函数查找字符串s中所有包含Yo其后必须跟两个字符的字符串，最后输出f变量中的每个元素，请在以下代码段中填写上遗失的正则表达式。

```
import re
s = 'Your Dog is Actually Your Best Friend'
f = re.findall(' _____', s)
print(f)
```

3. 以下Python程序代码段使用findall函数查找字符串s中所有包含Y，而且必须是s中的第一个字母之后必须跟两个字符的字符串，最后输出列表变量f中的每个元素，请在以下代码段中填写上遗失的正则表达式。

```
import re
s = 'Your Dog is Actually Your Best Friend'
f = re.findall(' ____', s)
print(f)
```

4. 以下Python程序代码段使用findall函数查找字符串s中所有包含F，其后跟一个或多个字符最后以d结尾的字符串，最后输出列表变量f中的每个元素，请在以下代码段中填写上遗失的正则表达式。

```
import re
s = 'Your Dog is Actually Your Best Friend'
f = re.findall(' ____', s)
print(f)
```

5. 以下Python程序代码段使用findall函数查找字符串s中所有单词字符（即a～z，0～9，以及下画线"_"的任意一个字符），最后输出列表变量f中的每个元素，请在以下代码段中填写上遗失的正则表达式。

```
import re
s = 'Your Dog is Actually Your Best Friend'
f = re.findall(' _____', s)
print(f)
```

第12章　异常处理及列表和字符串的深入探讨

到目前为止，我们所编写的所有Python程序都是假设其程序代码正常工作的。然而程序代码在运行时可能会出现一些没有预料到的错误，那么这些错误又该如何处理呢？在这一章中，我们首先要介绍Python为解决这样的问题而设计的异常处理机制。

那么，什么是Python程序中的异常呢？在Python程序中，异常（exception）就是一个错误条件（error condition）。可能有读者问：为什么不直接叫错误（error）？这是因为错误会让人联想到不好的东西，这有可能影响Python程序设计语言的推广。而且有些错误可能并非由Python程序设计语言本身引起的，而很可能是编写Python程序的程序员的疏忽而造成的，Python也没有必要为这样的错误背上骂名。使用"异常"这一词来代替错误的目的就是弱化错误这一词的负面效应。

在商业领域，经理和业务人员们已经习惯了使用正面的语言来讲述负面的事实。例如，"今年是我们公司最具挑战的一年"，其真正的意思可能是：今年公司差一点就倒闭了，好不容易挺过来；又如，"我们公司最近成功地完成了企业重组"，其真正的意思可能是：我们公司已经成功地裁掉了大批的员工。

在介绍完Python的异常处理之后，我们比较深入地讨论一下列表和字符串的一些特殊操作，如将一个字符串反转、去掉一个列表中的重复元素等。

12.1　异常处理概述

首先，我们通过一段简单的Python程序代码来具体解释什么是异常，这段程序代码非常简单，只要一个语句，如例12-1所示。仔细审查一下这段Python程序代码，似乎并不存在任何语法错误，按理说它应该能够执行成功。

例 12-1

```
>>> print(x)
Traceback (most recent call last):
  File "<stdin>", line 1, in <module>
NameError: name 'x' is not defined
```

但是以上这段Python程序代码的执行结果却令人感到震惊，因为系统显示的是错误信息。问题出在变量x在使用之前并不存在，所以系统显示了NameError: name 'x' is not defined出错信息。在运行期间所发生的这样的错误就称为异常。当一个异常发生时，这个程序块就被终止了。

您可以在您的Python程序块中处理这样的异常。Python运行期间的错误可能来自系统的设计缺陷、程序代码错误、硬件问题及许多其他的来源。因此，作为程序员，您无法预计所有可能的错误，但是您可以编写异常处理程序代码，让您的操作在出现错误时可以继续正常执行。

为了处理例12-1的Python程序中的异常，我们将对这段Python程序代码略加修改。将那个输出语句置入一个可选的异常处理块中，这一异常处理块是以关键字try开始的。修改后的Python程序代码如例12-2所示。

例 12-2

```
>>> try:
...     print(x)
... except:
...     print("This program has captured an exception !!!")
...
This program has captured an exception !!!
```

在执行以上这段Python程序代码时，执行成功之后就显示后面的信息"This program has captured an exception!!!"（该程序捕捉到了一个异常），这个Python程序正常结束。

有了异常处理段，虽然与之前程序代码一样，变量x在使用之前未定义的问题依然存在，但是这次这段Python程序代码就可以成功地执行了。与之前的Python程序代码非正常结束不同，这段程序代码是成功地执行了。当一个异常被抛出时，程序的控制流程就转移到所定义的异常块并且执行该异常块中的所有语句。也正因为如此，这段Python程序块正常结束，并成功地完成了其操作。

因为现在这段Python程序代码不但在出现错误时还能执行成功，而且能指出程序的错误所在，所以用户一定对这样的程序非常满意。

12.2　Python中的异常处理语句

异常就是Python程序中的一个错误，而这个错误是在一个Python程序块执行期间被抛出的。当Python抛出一个异常时，（异常所在的）那个程序块就终止了，但是您可以使用一段异常处理程序，在这个程序块结束之前执行最终的操作。实际上，就是当程序发生错误时，程序的控制无条件转到异常处理部分。

Python程序设计语言的异常处理块是以关键字try开始的，也被称为try语句。try语句包括try程序块（子句）、except程序块（子句），以及可选的finally程序块（子句）。

☞ **指点迷津：**
　　所谓的子句，就是一个语句的一部分或者说不完整的语句。如例12-2所示程序代码中except关键字之前的部分就是try子句，而except关键字和它之后的部分就是except子句。

try程序块是测试可能出错的程序代码，而except程序块是处理由try子句所发现的错误，而finally程序块是用来执行与try子句和except子句的结果无关的程序代码。try语句的工作方式如下。

（1）执行try子句（即在关键字try和关键字except之间的语句）。

（2）如果没有出现异常，则忽略except子句，try子句执行后结束。

（3）如果在执行try子句的过程中发现了异常，那么try子句余下的部分将被忽略。如果异常的类型和except之后的名称相符，那么对应的except子句将被执行。最后执行try语句之后的代码。

（4）如果一个异常没有与任何的except子句匹配，那么这个异常将会传递到上层的try中。

一个try语句可能包含多个except子句，分别处理不同的特定的异常，但是最多只有一个分支会被执行。一个except子句可以同时处理多个异常，这些异常将被放在一个括号里成为一个元组。例如：

```
except (RuntimeError, TypeError, NameError):
 pass
```

☞ **指点迷津：**

　为了提高程序的效率，一般有经验的程序员会将最有可能出现的异常放在最上方，即异常处理子句的次序是按异常出现的概率由大到小排列的。

为了进一步解释try语句是如何处理异常的，我们重新执行例12-2的Python程序代码，如例12-3所示。

例 12-3

```
>>> try:
...    print(x)
... except:
...    print("This program has captured an exception !!!")
...
This program has captured an exception !!!
```

Python解释器在执行以上这段程序代码时，因为变量x没有定义，所以try程序块将产生一个错误。因为try程序块抛出了一个错误，所以except程序块将被执行。如果没有try程序块，这个程序将会崩溃并且抛出一个错误，正如在例12-1中所看到的那样。

◀》**提示：**

　在Python的官方文档中抛出的英文为raise，我查了半天也没有查出为什么将raise翻译成了抛出。这里raise是一个动词，其原意是举起或提升的意思。英文原文中使用的是raise an exception（中文翻译成抛出一个异常）。一般公路上出了事故（也可能是公路本身出了问题，如塌了一个大坑），交管人员就要在这个出事的地方立上一个标志（举起一个标志或旗子），以避免车辆开到坑里去，而用在Python程序中raise an exception也有相同的含义，因为程序出错了不能再继续执行了，否则就掉到陷阱里去了，所以要在出错的地方举起一个标志。

12.3　多个异常的处理

如果需要，在一个try语句中可以使用多个except子句，而每一个except子句负责处理一种特定的错误。其中，最后一个except子句可以不使用异常的名称，它将被当作通配符使用——可以截获所有的异常。

为了方便Python编程，Python程序设计语言提供了一些标准的异常。Python能够自动地捕获到这些标准异常，每一个标准异常都有一个名字，您可以在程序需要的地方使用它们。一些可能常用的标准异常如下。

（1）NameError：当一个标识符没有定义时抛出。

（2）KeyError：当指定的键没有在字典中找到时抛出。

（3）IndexError：当一个下标（索引）在序列中没有找到时抛出。

（4）TypeError：当一个操作或函数试图操作一个无效的数据类型时抛出。

（5）ZeroDivisionError：所有数据类型在被0除或取模操作（分母为0）时抛出。

Python程序设计语言提供的标准异常远远不止以上所列出的5个，如果您需要，可以在Python官方文档中搜索Standard Exceptions，或者在互联网的搜索引擎中搜索Standard Exceptions in Python，您很快就可以搜索到您所需要的标准异常的说明。

最后，我们用一个例子来结束这一节。该例子是：如果try子句抛出了一个NameError异常，那么就执行"except NameError："块中的语句输出"You should define the variable y first !!!"错误信息，否则执行另一个异常块中的语句，如例12-4所示。

例 12-4

```
>>> try:
...     print(y)
... except NameError:
...     print("You should define the variable y first !!!")
... except:
...     print("My God, what has happened?")
...
You should define the variable y first !!!
```

从例12-4的显示结果可以看出：try程序块产生（抛出）了异常NameError，因为变量y真的没有定义。

12.4　try语句中的else和finally关键字

在try语句中，您可以使用else关键字定义一个这样的程序块，它是在没有任何错误被抛出的情况下执行的。例12-5就是一段在try语句中使用了关键字else的Python程序代码。在这段程序代码中，try程序块并没有产生（抛出）任何错误，所以except子句不会执行，而执行的是else子句。

例 12-5

```
try:
    print('A newest scientific discovery shows that the god is exist.')
    print('He is a super programmer, and')
    print('he creates our life by written programs with life codes
    (genes) !\n')
except:
    print('Something were wrong !')
else:
    print('Everything was OK !')
```

```
A newest scientific discovery shows that the god is exist.
He is a super programmer, and
he creates our life by written programs with life codes (genes) !
Everything was OK !
```

除了else关键字之外，在try语句中还可以使用另一个关键字finally。在try语句中，如果定义了finally程序块，那么不管try程序块是否抛出了错误，finally程序块都将被执行。

为了演示finally子句的用法，将例12-5的程序代码略加修改，只将else改为finally，如例12-6所示。该段程序代码的执行结果与例12-5的执行结果一模一样。

例 12-6

```
try:
    print('A newest scientific discovery shows that the god is exist.')
    print('He is a super programmer, and')
    print('he creates our life by written programs with life codes
    (genes) !\n')
except:
    print('Something were wrong !')
finally:
    print('Everything was OK !')
A newest scientific discovery shows that the god is exist.
He is a super programmer, and
he creates our life by written programs with life codes (genes) !
Everything was OK !
```

将例12-6的程序代码略加修改，在try子句的最后添加一个输出语句，输出一个没有定义的变量c，如例12-7所示。这段程序代码在执行时，try程序块会抛出一个异常，所以except子句中的语句会被执行，因此在显示的结果中会输出"Something were wrong !"而最后finally子句也一定会被执行，即在显示的结果的最后一行中输出"Everything was OK !"信息。

例 12-7

```
try:
    print('A newest scientific discovery shows that the god is exist.')
    print('He is a super programmer, and')
    print('he creates our life by written programs with life codes
    (genes) !\n')
    print(c)
except:
    print('Something were wrong !')
finally:
    print('Everything was OK !')
A newest scientific discovery shows that the god is exist.
He is a super programmer, and
he creates our life by written programs with life codes (genes) !
```

```
Something were wrong !
Everything was OK !
```

在这里再强调一次，finally子句与else子句是不同的，finally子句不管try程序块是否抛出了异常，它都会被执行。

扫一扫，看视频

12.5　finally子句的深入探讨

利用在12.4节中所介绍的finally子句（不管try程序块是否抛出了异常，它都会被执行）的特性，程序员可以利用这一子句关闭不再需要的对象（如很大的列表，甚至文件），并执行清理工作以释放系统资源。

下面我们通过一个例子来演示：在try程序块中以只读方式打开一个文件，随即对该文件进行写操作，显然try程序块会抛出一个异常。尽管有异常出现，finally子句照样正确执行（即正常关闭这个文件），如例12-8所示。

例 12-8

```
try:
    f = open('dogs.txt')
    f.write('Polar Bear')
except:
    print('Something went wrong when writing to the file')
finally:
    f.close()
Something went wrong when writing to the file
```

如果例12-8的Python程序有后续的代码，这些代码将会继续执行，而且不会使dogs.txt这个文件一直处于打开状态（即这个文件已经正常关闭了）。

这里需要解释的是，open('dogs.txt')使用默认的只读方式打开dogs.txt文件，所以该文件是无法进行写操作的。如果要进行写操作，要在文件名之后加上w或a选项。因为是以只读方式打开这个文件，所以try程序块中的语句试图写这一文件时将抛出一个异常。

如果一个异常在 try 子句里（或者在 except子句 或 else 子句里）被抛出，而又没有任何的except 把它拦截住，那么这个异常最后会在 finally 子句执行后被抛出。下面通过一个略微复杂些的例子（在同一个 try 语句里包含 except 和 finally 子句）来演示finally子句是如何处理的，如例12-9所示。这段程序代码定义了一个除法函数，只要调用这个函数时所给实参是数字并且第二个参数（分母）不为0，就返回两个数相除的结果。当输入的两个参数分别是8和4时，函数divide返回正确的结果result is: 2.0并显示executing finally clause。

例 12-9

```
def divide(x, y):
    try:
        r = x / y
    except ZeroDivisionError:
```

```
            print("division by zero!")
        else:
            print("result is: ", r)
        finally:
            print("executing finally clause")
divide(8, 4)
result is:  2.0
executing finally clause
```

接下来，再次调用divide函数。这次以4和0作为该函数的输入参数，如例12-10所示。因为分母是0，所以try子句抛出一个异常，而这个异常被except子句截获，所以except程序块中的输出语句被执行。最后finally程序块同样也被执行。

例 12-10

```
>>> divide(4, 0)
division by zero!
executing finally clause
```

最后，我们再次调用divide函数。这次以两个字符作为该函数的输入参数，如例12-11所示。因为两个字符无法相除，所以try子句抛出一个异常，而这个异常没有能够被except子句和else子句截获，所以finally程序块被执行，随后抛出这一异常。

例 12-11

```
>>> divide('9', '3')
executing finally clause
Traceback (most recent call last):
  File "<pyshell#1>", line 1, in <module>
    divide('9', '3')
  File "E:/python/ch12/try_divide.py", line 3, in divide
    r = x / y
TypeError: unsupported operand type(s) for /: 'str' and 'str'
```

12.6 负下标(索引)的应用

扫一扫，看视频

Python程序设计语言的字符串和列表下标(索引)可以是负值。对于字符串来说，下标为负值表示是到字符串结尾的位置(字符的个数)，而-1表示字符串的结束位置。这里需要指出的是，-0与0是相同的，都是字符串的第一个字符。

如果对于比较长的字符串要显示或查找字符串末尾的或靠近末尾处的字符，使用负下标就显得格外方便了，如例12-12所示。在这段程序代码中，首先创建了一个字符串变量s并赋予了一个很长字符串的初值。随即，利用负下标列出该字符串的最后一个字符s。

例 12-12

```
>>> s = 'God creates lifes by written programs with life genes'
```

```
>>> s[-1]
's'
```

接下来，继续使用字符串s，列出该字符串中倒数第2个字符"e"，如例12-13所示。

例 12-13

```
>>> s[-2]
'e'
```

接下来，还是继续使用字符串s，列出该字符串中倒数第5个字符到倒数第2个字符（不包括倒数第2个字符）之间的全部字符——gen，如例12-14所示。

例 12-14

```
>>> s[-5:-2]
'gen'
```

最后，还是继续使用字符串s，列出该字符串中下标为-0的字符，实际上就是下标为0的第一个字符G，如例12-15所示。利用负值的下标，是不是挺方便的？

例 12-15

```
>>> s[-0]
'G'
```

甚至可以将for循环体与range函数及字符串的负值下标结合起来使用，列出字符串末尾某一指定范围的全部字符，如例12-16所示。

例 12-16

```
>>> for i in range(-1, -11 ,-1):
...    print(s[i])
...
s
e
n
e
g
e
f
i
l
```

不仅仅是对于字符串，对于比较长的列表，同样可以使用相同的方法来处理，如例12-17所示。在这段程序代码中，首先创建一个列表变量pets并赋予了一个若干个元素的初值。随即，利用负下标列出该列表中的最后一个元素rabbit。

例 12-17

```
>>> pets = ['fox', 'dog', 'monkey', 'pig', 'cat', 'rabbit']
>>> pets[-1]
'rabbit'
```

接下来，还是继续使用列表pets，列出该列表中倒数第3个元素一直到最后一个元素（包括最后一个元素）之间的全部元素——['pig', 'cat', 'rabbit']，如例12-18所示。使用字符串和列表还有这么多花招，没想到吧？

例12-18

```
>>> pets[-3:]
['pig', 'cat', 'rabbit']
```

12.7　在Python中反转字符串

在程序设计中，有时可能需要将一个字符串反转——倒过来写。不过Python程序设计语言并没有提供内置的反转字符串操作的函数，当然也没有提供这样的语句。那么如何以最容易且最快速的方法来完成反转字符串操作呢？答案是出乎意料的简单，那就是使用一个步长为–1的反向切片操作。

我们通过将乾隆皇帝的御笔"客上天然居"反转的例子来演示以上反向切片操作，如例12-19所示。

例12-19

```
>>> str = ' 客上天然居 '
>>> str_rev = str[::-1]
>>> print(str_rev)
居然天上客
```

看了例12-19的程序代码和显示结果，让人不禁感慨乾隆皇帝真不愧为千古一帝，写出来的这句"回文诗"无论是正着念还是反着念都能有完整的句意。

接下来，为了解释利用反向切片反转一个字符串的具体操作，我们创建一个比较长的字符串变量并将其反转，最后再输出反转之后的字符串，如例12-20所示。

例12-20

```
>>> s = 'a super programmer'[::-1]
>>> print(s)
remmargorp repus a
```

下面逐一详细地解释以上这段Python程序代码的具体操作。

（1）定义了一个我们想要反转的字符串s，其值是a super programmer。

（2）创建一个从该字符串（s）末尾开始，并反向移动的切片（slice）。在这个例子中，slice语句[::-1]与[18::-1]的含义一模一样，其中18表示开始的位置（因为a super programmer有18个字符），在字符串的开始处结束（包括开始字符），每次向前（即反向）移动一个字符，–1表示反向移动一个字符。

（3）将反转后的字符串重新赋予字符串s，即s = 'a super programmer'[::-1]。

（4）由print语句输出反转后的字符串s中的全部内容，即粗体部分显示的结果。

可能有读者会问：你怎么知道字符串s中有18个字符的？难道是数出来的？当然是可以数出来，但是如果字符串特别长，如是250个字符，那数起来可就不轻松了。其实，有一个非常简单的方法。读者还记得函数len吗？可以利用这个函数轻而易举地获取一个字符串的准确长度，如例12-21所示。

例 12-21

```
>>> len(s)
18
```

这里需要提醒读者的是，有一些教程上说可以使用切片[18:0:-1]，这是有问题的，您可以使用例12-22的程序代码来进行验证。

例 12-22

```
>>> s = 'a super programmer'[18:0:-1]
>>> print(s)
remmargorp repus
```

当您看到例12-22的显示结果之后，有没有发现问题？问题是少了一个字符a。这是因为切片[18:0:-1]表示到s[0]为止，但是并不包括s[0]。如果将切片语句改为[18::-1]就没有问题了，如例12-23所示。

例 12-23

```
>>> s = "a super programmer"[18::-1]
>>> print(s)
remmargorp repus a
```

这么短的一行代码里就这么多的猫腻，没想到吧？所以您将来要自己编写程序时，一定要反复测试。

实际上，利用以上的切片方法不仅仅可以反转字符串，还可以反转一个列表中元素的次序。

接下来，为了解释利用反向切片反转一个列表中元素次序的具体操作，我们创建一个比较长的列表变量，其中的元素都是数字并且是按升序排列的；随后将其反转，最后再输出反转之后列表中的全部内容（每个元素），如例12-24所示。利用反向切片反转一个列表，比使用列表的reverse函数更简单一些。不过列表的reverse函数在语法上更清晰，易读性也更好。

例 12-24

```
>>> num = [1, 2, 3, 3, 4, 5, 6, 7, 8, 11, 23, 38, 250]
>>> rev_num = num[::-1]
>>> print(rev_num)
[250, 38, 23, 11, 8, 7, 6, 5, 4, 3, 3, 2, 1]
```

12.8 定义和调用反转字符串函数

如果工作中经常需要进行反转字符串的操作，就可以将例12-19的程序代码略加修改，将其修改为一个函数，如例12-25所示。这样您在需要反转某个字符串时，只要调用这个反转字符串的函数就行了，这样操作更加方便。

例 12-25

```
def rev_str(s):
    return s[::-1]
str = rev_str(' 客上天然居 ')
print(str)
居然天上客
```

接下来，逐一详细地解释例12-25这段Python程序代码中函数rev_str的具体操作。

（1）定义了一个以一个字符串作为参数的函数rev_str。

（2）反向移动切片（slice）这个字符串。在这个例子中，slice语句为[::-1]，表示在字符串的末尾处开始切片并在字符串的开始处结束（包括开始字符），每次向前（即反向）移动一个字符，–1表示反向移动一个字符。

（3）将反转后的字符串返回return s[::-1]。

接下来的是一个函数调用语句，以中文字符串"客上天然居"为参数调用函数rev_str，并将返回的结果赋予字符串变量str。最后由print语句输出反转后的字符串str中的全部内容，即粗体部分显示的结果。

一旦函数rev_str创建之后，您就可以反复多次地调用了，如您可以使用例12-26的Python调用语句以字符串a super programmer为参数再次调用函数rev_str，并将返回的结果赋予字符串变量str。最后再由print语句输出反转后的字符串str中的全部内容，即粗体部分显示的结果。是不是更方便了？

例 12-26

```
>>> str = rev_str('a super programmer')
>>> print(str)
remmargorp repus a
```

12.9　从列表中移除重复的元素

扫一扫，看视频

对于一些大的列表可能经常会存在一些重复的项（元素），那么如何去掉这些重复的元素呢？其基本操作步骤如下。

（1）将包含重复项的列表转换成字典，因为字典的键是唯一的。

（2）将这个字典重新转换回列表。

听起来是不是非常简单？接下来，我们提供一系列的例子来一步步地演示每一个操作步骤。

第一步，创建一个包含了重复项的列表friends，如例12-27所示。

例 12-27

```
>>> friends = ['cat', 'dog', 'monkey', 'pig', 'cat', 'dog']
```

第二步，利用列表项（元素）作为键，将friends列表转换成一个字典并赋予一个字典变量；这将自动地移除任何重复的项（键），因为字典中不能有重复的键；随后显示该字典变量中的全部内容以确认该字典是否正确，如例12-28所示。注意，在这个字典中所有的值都是None。

例 12-28

```
>>> dic_friends = dict.fromkeys(friends)
>>> dic_friends
{'cat': None, 'dog': None, 'monkey': None, 'pig': None}
```

第三步，确认以上的字典准确无误之后，再将这个字典重新转换回列表，随即列出该列表中的全部内容以确认这个列表的正确性，如例12-29所示。

例 12-29

```
>>> list_f = list(dic_friends)
>>> list_f
['cat', 'dog', 'monkey', 'pig']
```

例12-29的显示结果清楚地表明，重新转换回来的列表中已经没有任何重复元素了。我们终于得到了梦寐以求的结果了。

最后，将以上所有步骤整合在一起，就形成了最后版本的去掉一个列表中重复元素的完整程序代码了，如例12-30所示。

例 12-30

```
>>> friends = ['cat', 'dog', 'monkey', 'pig', 'cat', 'dog']
>>> friends = list(dict.fromkeys(friends))
>>> print(friends)
['cat', 'dog', 'monkey', 'pig']
```

☞ 指点迷津：

在实际工作中，读者也可以采用上述的方法——首先将一个复杂的问题（操作）分解成比较简单的若干个独立的操作（步骤）；在实现并测试完成每一个简单步骤之后，再将它们整合在一起。

12.10 定义和调用移除重复项的函数

如果工作中经常需要进行在列表中移除重复元素的操作，您就可以将例12-30的第2行代码略加修改，将其修改为一个函数，如例12-31所示。这样您需要在列表中移除重复元素时，只要调用这个在列表中移除重复元素的函数就可以了，是不是更方便？

例 12-31

```
def remove_dup(d):
    return list(dict.fromkeys(d))
friends = remove_dup(['dog', 'cat', 'pig', 'monkey', 'cat', 'dog'])
print(friends)
['dog', 'cat', 'pig', 'monkey']
```

接下来，逐一详细地解释例12-31这段Python程序代码中函数remove_dup的具体操作。

（1）定义了一个以一个列表作为输入参数的函数remove_dup。

（2）利用列表项（元素）作为键，将该列表转换成一个字典。

（3）将这个字典重新转换回列表。

（4）将重新转换回的列表返回return list(dict.fromkeys(d))。

接下来的是一个函数调用语句，以一个字符串列表为参数调用函数remove_dup，并将返回的结果赋予列表变量friends。最后由print语句输出去掉了重复元素的列表friends中的全部内容，即粗体部分显示的结果。

一旦函数remove_dup创建之后，您就可以反复多次地调用了，如您可以使用例12-32的Python调用语句，以一个数字列表为参数再次调用函数remove_dup，并将返回的结果赋予列表变量num。最后再由print语句输出去掉了重复元素的列表num中的全部内容，即粗体部分显示的结果。是不是更方便了？

例 12-32

```
>>> num = remove_dup([3, 3, 4, 5, 6, 6, 7, 20, 20])
>>> print(num)
[3, 4, 5, 6, 7, 20]
```

扫一扫，看视频

12.11 实例——反转列表并移除重复项

老师在讲解完这一章的内容之后，为了让孩子们复习一下之前的内容和加深对列表操作的理解，他让孩子们编写一个这样的Python程序。

（1）定义一个空列表。

（2）利用for循环语句对这个空列表赋初值，并且要包含重复的元素。

（3）对这个列表中的元素进行反向排序。

（4）移除该列表中重复的元素。

（5）显示出列表中的全部内容。

孩子们经过认真讨论和重新查阅之前学过内容的笔记等，编写出例12-33的Python程序代码。为了节省篇幅，我们还是采用注释来解释该例子中的程序代码。

例 12-33

```
num = []                          # 创建一个名为 num 的空列表
for j in range(10, 101, 10):      # 循环的初值是 10，终值 101，步长 10
    num.append(j)                 # 在列表 num 末尾添加一个元素，其值为 j
    if ( j % 20) == 0:            # 若 j 可以被 20 整除
        num.append(j)             # 就在列表 num 末尾再添加一个元素，其值也为 j
print(type(num))                  # 除了最后一个 print 语句之外
print(num)                        # 其他的 print 语句都是调试语句
                                  # 在程序调试完之后都要注释掉或删除掉
num.sort()                        # 对列表 num 中的元素进行升序排序
print(num)
num = num[::-1]                   # 反转列表中元素的次序
print(num)
num = list(dict.fromkeys(num))    # 去掉列表中所有重复的元素
```

```
print(num)                    # 输出列表 num 中的全部内容
<class 'list'>
[10, 20, 20, 30, 40, 40, 50, 60, 60, 70, 80, 80, 90, 100, 100]
[10, 20, 20, 30, 40, 40, 50, 60, 60, 70, 80, 80, 90, 100, 100]
[100, 100, 90, 80, 80, 70, 60, 60, 50, 40, 40, 30, 20, 20, 10]
[100, 90, 80, 70, 60, 50, 40, 30, 20, 10]
```

为了节省篇幅，这里将所有调试用的输出结果都显示在了一起。一般在实际工作中，在调试阶段是将每一步分开，当这一步确实没有问题了，再进行下一步的调试。所以调试用的输出结果不可能显示在一起。

经过反复的调试，孩子们终于确认他们编写的程序代码应该没有多大问题了。于是，他们删除了所有用于调试的输出语句，给出了这个程序的最终版本，如例12-34所示。

例 12-34

```
num = []
for j in range(10, 101, 10):
    num.append(j)
    if ( j % 20) == 0:
        num.append(j)
num.sort()
num = num[::-1]
num = list(dict.fromkeys(num))
print(num)
[100, 90, 80, 70, 60, 50, 40, 30, 20, 10]
```

12.12　习　题

1. 以下是一段异常处理的程序代码，请在以下代码段中填写上遗失的代码。

```
___:
    print(x)
except:
    print("This program has captured an exception !!!")
```

2. 以下程序代码是这样的：如果try子句抛出了一个NameError异常，那么就执行except NameError:块中的语句，否则执行另一个异常块中的语句，请在以下代码段中填写上遗失的代码。

```
try:
    print(y)
except NameError:
    print("You should define the variable y first !!!")
_____:
    print("My God, what has happened?")
```

3. 以下的程序代码的最后一部分是在没有任何错误被抛出的情况下输出Everything was OK！

的信息，请在以下代码段中填写上遗失的关键字。

```
try:
    print('A newest discovery shows that the god is exist.')
    print('He is a super programmer, and')
    print('he creates our life by written programs with genes !\n')
except:
    print('Something were wrong !')
_____:
    print('Everything was OK !')
```

4. 以下程序代码的最后部分是：不管try程序块是否抛出了错误，该程序块都将被执行，请在以下代码中填写上遗失的关键字。

```
try:
    print('A newest discovery shows that the god is exist.')
    print('He is a super programmer, and')
    print('he creates our life by written programs with genes !\n')
except:
    print('Something were wrong !')
_____:
    print('Everything was OK !')
```

5. 以下Python程序代码是：将指定的字符串反转，最后输出反转后的字符串，请在以下代码段中填写上遗失的代码。

```
s = 'a super programmer' _____:
print(s)
```

6. 以下Python程序代码是：去掉一个列表中重复元素并在最后输出这个列表中的全部内容，请在以下代码段中填写上遗失的代码。

```
friends = ['cat', 'dog', 'monkey', 'pig', 'cat', 'dog']
friends = list( _____:fromkeys(friends))
print(friends)
```

第13章 在Python中如何读/写文件

> 因为在绝大多数情况下，数据是存储在操作系统文件中的，所以在Python程序设计中最常遇到的工作之一就是读/写文件了。无论是写一个简单的正文文件，还是读一个复杂的服务器日志，甚至分析由字节组成的原始数据，所有的这些情况都需要读或写一个文件。
>
> 在这一章中，我们将系统地介绍Python如何处理操作系统文件的读/写，其中也包括了如何处理包括中文的文件，以及如何处理二进制的原始数据文件。

13.1 文件简介

在介绍Python如何处理文件的读/写操作之前，我们要简单地介绍一下什么是文件，以及现代操作系统是如何管理和维护文件的，因为只有明白了这些，才能够真正理解后面介绍的Python文件的读/写操作。

文件读/写的核心：一个文件就是一组用来存储数据的连续字节。这些数据以某种特殊的格式组织并且可以是任何数据，既可以是简单的正文文件，也可以是复杂的可执行程序。最终，这些字节数据都将被转换成计算机容易处理的一系列二进制的0和1。

在绝大多数现代文件系统上的文件都由以下三部分组成，如图13-1所示。

图 13-1

（1）文件头（header）：有关文件内容的元数据（如文件名、大小、类型等）。

（2）数据（data）：由文件的创建者或编辑器所写入文件的内容。

（3）结尾标志（EOF）：标志文件结束的特殊字符。

文件中的数据所代表的内容一般取决于所使用的格式说明，而格式说明通常是由文件的扩展名所决定的。例如，如果一个文件的扩展名是.gif，那么最大的可能性是该文件是图形交换格式（graphics interchange format）的文件。如果没有上千个，也有几百个这样的文件扩展名。限于本章内容的重点及篇幅，我们只处理.txt（正文文件）和.py（Python脚本文件）两类文件。

13.2　在Python中如何打开文件

扫一扫，看视频

在很多应用软件，特别是在互联网应用程序中，文件的处理都是一个相当重要的部分。为此，Python程序设计语言提供了若干个函数，用以创建、读取、更改及删除文件。

在Python程序设计语言提供的函数中，一个主要的也是最重要的函数就是open函数（打开文件函数），因为只有一个文件正确打开之后才能做后续的读/写操作。open函数主要有两个输入参数，它们分别是文件名和打开方式。在open函数中，基本上使用4种不同的方式打开一个文件，它们分别如下。

（1）r：读（read）方式，为默认值。以只读方式打开文件，如果该文件不存在，则返回错误。

（2）a：添加（append）方式。以添加方式打开文件，如果该文件不存在，则创建这个文件。

（3）w：写（write）方式。以写方式打开文件，如果该文件不存在，则创建这个文件。

（4）x：创建（create）方式。创建指定的文件，如果该文件存在，则返回错误。

在open函数中，除了可以使用以上4种常用的打开方式之外，您还可以知道要操作文件是以二进制方式还是以正文方式打开。这两种方式如下。

（1）t：正文（text）方式，为默认值。以正文方式打开文件。

（2）b：二进制（binary）方式。以二进制方式打开文件（如图像文件）。

实际上，要以只读方式打开一个文件，在函数open中只要使用文件名就足够了，因为这是文件的默认打开方式，如例13-1所示的Python程序代码将打开（当前目录中的）famous.txt文件。因为famous.txt文件是存在的，所以Python在执行完这段代码之后不会显示任何信息。这时该文件已经打开了。

例 13-1

```
>>> f = open('famous.txt')
```

那么变量f中到底存放了什么内容呢？如果想知道，办法也非常简单，可以使用例13-2的输出语句显示出变量中的全部内容。

例 13-2

```
>>> print(f)
<_io.TextIOWrapper name='famous.txt' mode='r' encoding='cp1252'>
```

例13-2的显示结果告诉我们：该文件的文件名为famous.txt，是以只读方式打开的，而且文件中的数据编码是cp1252。显示的结果还是很详细的。如果喜欢，您还可以使用例13-3的Python程序代码输出变量f的数据类型。

例 13-3

```
>>> print(type(f))
<class '_io.TextIOWrapper'>
```

其实，例13-1中的Python程序代码与例13-4的程序代码完全相同，因为以只读和正文方式打开一个文件就是open函数的默认方式，所以完全可以省略。

例 13-4

```
>>> f = open('famous.txt','rt')
```

这里需要再次提醒读者，如果要打开的文件并不存在，那么Python会显示错误信息，如例13-5所示。因此，在open函数中指定文件时，一定要确保该文件是存在的。

例 13-5

```
>>> f = open('dogs.txt')
Traceback (most recent call last):
  File "<stdin>", line 1, in <module>
FileNotFoundError: [Errno 2] No such file or directory: 'dogs.txt'
```

令班主任和其他任课老师感到惊讶的是：自从这群孩子参加了Python培训课程之后，他们突然变成了一帮乖孩子，而且学习进步的速度更是惊人。他们的改变也带动了校风的改变，很多学生都变乖了，而且自觉学习已经成为一种风气。正因为如此，学校的整体成绩大幅度提升，已经与本地区的几所名校并驾齐驱了。

13.3 打开文件并读取文件

要能够从一个文件中读取数据，必须首先打开这个文件。为了后面的讲解方便，我们在当前目录（ch13）中存放了一个名为lifecodes.txt的ASCII码文件，其内容如下。

```
A newest scientific discovery shows that the god is exist.
He is a super programmer, and
he creates our life by written programs with life codes (genes) !
```

要打开以上这个文件，就必须使用Python的内置函数open。函数open将返回一个文件对象，而文件对象有一个用来读取文件内容的方法read。如例13-6的程序代码所示，首先以可读和正文方式打开（当前目录中的）文件lifecodes.txt，随即读取并输出这个文件中的全部内容。

例 13-6

```
>>> f = open('lifecodes.txt','rt')
>>> print(f.read())
A newest scientific discovery shows that the god is exist.
He is a super programmer, and
he creates our life by written programs with life codes (genes) !
```

实际上，在以上的open函数调用中，参数rt完全可以省略，因为open函数默认就是以正文和只读方式打开文件。默认read方法将返回文件中的全部正文，但是您也可以指定您想要返回的字符个数。

如例13-7所示的Python程序代码中的read方法,将返回打开的文件lifecodes.txt中开头的30个字符。

例 13-7

```
>>> f = open('lifecodes.txt','rt')
>>> print(f.read(30))
A newest scientific discovery
```

如果此时您接着再使用read方法读取打开的文件lifecodes.txt中的内容,那么read方法将从第30个字符之后开始读取,如例13-8所示。

例 13-8

```
>> print(f.read(20))
shows that the god i
```

如果您想彻底地了解read方法所返回的数据类型,您可以使用例13-9的Python程序代码。

例 13-9

```
>>> f = open('lifecodes.txt','rt')
>>> x = f.read()
>>> x
'A newest scientific discovery shows that the god is exist.
\t\nHe is a super programmer, and\n
he creates our life by written programs with life codes (genes) !\n'
```

从例13-9的显示结果可以看出:实际上,read方法返回的是一个包含了特殊字符的字符串,而该字符串的值就是所读取文件的全部内容。

因此,我们可以大胆地推测:read方法返回的是一个字符串。为了确认这一推测,您可以使用例13-10的Python程序代码。

例 13-10

```
>>> print(type(x))
<class 'str'>
```

例13-10的显示结果表明:read方法返回的确实是一个字符串。现在您应该没有任何疑虑了吧?

因为孩子们的优异成绩,班主任被评选为该地区当年的卓越青年教师,而校长也获得了最佳校长的头衔。

13.4 打开和读取中文文件

从本章13.2节的例13-1~例13-4的4个例子,我们可以断定Python的open函数是可以正确地打开中文文件的,因为famous.txt文件中存放的是汉字。接下来的问题是,read方法能否正确地读出这些汉字呢?为了回答这一问题,我们首先启动Python的图形编辑器,随即输入如例13-11所示的Python程序代码。确认无误之后,以test_chinese.py为文件名(文件名可以随意起)存入当前目录,之后执行这段程序代码。

例 13-11

```
f = open("famous.txt", "r")
print(f.read())
Traceback (most recent call last):
  File "E:\python\ch13\test_chinese.py", line 3, in <module>
    print(f.read())
  File C:\Users\MOON\AppData\Local\Programs\Python\Python37\lib
\encodings\cp1252.py", line 23, in decode
    return codecs.charmap_decode(input,self.errors,decoding_table)[0]
UnicodeDecodeError: 'charmap' codec can't decode byte 0x8d in
position 95: character maps to <undefined>
```

例13-11的显示结果告诉我们:read方法因为字符编码的问题而无法读取这个文件中的汉字字符。

那么，怎样才能让这个read方法可以正确地读取文件中的汉字呢？其实，方法很简单，只要在调用open函数时多加一个编码参数，将这个编码参数的值指定为Unicode就可以了。为此，我们将例13-11中的第一行代码略加修改，在open函数的参数表的最后加上encoding='utf-8'这一编码参数，如例13-12所示。确认无误之后以famous.py为文件名存盘，随即执行这段代码。

例 13-12

```
f = open("famous.txt", "r", encoding='utf-8')
print(f.read())
以下的内容摘自国外的一篇学术论文，这篇论文研究了在名利场上许多不同类型的成功者。
其中，包括政客、金融家、企业家、体育明星、演艺明星等。
该论文试图通过研究不同类型的成功者，来挖掘出成功的秘诀。
经过科学的分析，该论文得出如下耐人寻味的结论：
1．每个成功者都有明确的奋斗目标和超前的预测能力。
2．每个成功者都具有执着的性格、勤奋向上的精神和工作态度。
...
但是按照这些成功者开出的良方，却没有人再获得同样的成功，
尽管不少效仿者甚至比他们还聪明，而且更勤奋、更吃苦、更执着。
最终，该论文推测真正使这些名人成功的可能是：
他们没有说出来的事情，很可能是他们不能说，甚至是不敢说的事情。
```

看了例13-12的显示结果，读者又会有什么感想呢？也许真正的成功秘诀都被永久地封存在成功者们的内心深处。

对于一个中文文件，如果您不想让read方法返回文件中的全部正文，而只想返回部分的正文，也可以通过指定您想要返回的字符个数来实现。如例13-13所示Python程序代码中的read方法，将返回打开的文件famous.txt中开头的16个字符。

例 13-13

```
f = open("famous.txt", "r", encoding='utf-8')
print(f.read(16))
```

以下的内容摘自国外的一篇学术论

您在read方法中指定的明明是16个字符，但是例13-13的显示结果却是15个汉字。这Python程序设计语言又唱的是哪一出戏呢？为了搞清楚其中的原委，我们将例13-13的Python程序代码略加修改，如例13-14所示。

例 13-14

```
f = open("famous.txt", "r", encoding='utf-8')
# print(f.read(16))
x = f.read(16)
```

执行完以上程序代码之后，不要退出Python图形解释器，随后在该图形解释器中直接输入x并按下Enter键，如例13-15所示。

例 13-15

```
>>> x
'\ufeff 以下的内容摘自国外的一篇学术论 '
```

看了例13-15的显示结果，我们终于恍然大悟，原来是Python自动在字符串的前面加上了一个控制字符"\ufeff"，而这个控制字符是不可见的——使用print语句无法显示的字符。原来在例13-13的显示结果中缺少的那个字符就是这个控制字符，现在清楚了吧？

一位著名的媒体人发表了一篇论述文章。在这篇文章中，他指出该校之所以能把一群淘气的孩子教育成了优秀学生，其关键是放在育人上了。孩子们懂得感恩、淡泊名利。该校将德育教育放在了首位，这才是它成功的关键所在。

一个当地的媒体也发表了一篇社评。该社评从人文和历史的视角剖析了这帮熊孩子变成优秀学生背后的历史与文化背景。该社评回望历史，发现当地历史上不仅出现过许多有名的朝廷官员和文人，而且存在着广泛的尊师重教的传统，历史上出现过一些几乎是散尽家财资助教育的人物，追求知识、重视教育在当地有近千年的传统。社评最后写道："人人追求知识、全民重视教育的种子早已深埋在这片沃土中，在这样一个大的社会和文化背景下，该校在教育上取得这样惊人的成就，实际上是一种必然的结果。"

13.5　读取文件中的一行

扫一扫，看视频

在实际的编程中，常常有这样的事情发生，那就是程序每次从一个文件中读取一行数据，随即对这行数据进行相关的处理，处理完之后再读入下一行数据，并同样进行相关的处理，等等。在这种情况下，以上两节中介绍的read方法就不那么适用了。不过读者也没有必要着急，因为Python程序设计语言还提供了另一个方法readline。使用readline方法每次只返回一行数据——只从打开的文件中读取一行数据。如例13-16所示的Python程序代码，将只从以只读方式打开的正文文件lifecodes.txt中读取第一行数据并输出。

例 13-16

```
>>> f = open('lifecodes.txt')
>>> print(f.readline())
```

```
A newest scientific discovery shows that the god is exist.
```

如果您想知道readline方法具体返回了哪些数据，可以使用例13-17的Python程序代码。注意，此时最好不要使用print语句输出x，因为print语句（函数）不输出控制字符。显示结果中的\t是制表键，\n是换行符。

例 13-17

```
>>> f = open('lifecodes.txt')
>>> x = f.readline()
>>> x
'A newest scientific discovery shows that the god is exist.\t\n'
```

您也可以使用例13-18的Python程序代码列出变量x（readline返回的）的数据类型，显然readline返回的也是字符串类型。

例 13-18

```
>>> type(x)
<class 'str'>
```

也可以多次地调用readline方法，顺序地一行一行地读取所打开文件中的数据。但是要这样做的话，您是不能使用交互模式来完成的（如果不信，您可以上机试一试就清楚了）。于是，您可以使用记事本（也可以是任何您熟悉的正文编辑器）创建一个新Python文件readlines.py。在开启的记事本中输入所需的程序代码，如例13-19所示，确认无误之后存盘。

例 13-19

```
E:\python\ch13>notepad readlines.py
f = open('lifecodes.txt')   # 这一行和以下两行代码是在记事本中输入的
print(f.readline())
print(f.readline())
```

随即，使用例13-20的Windows操作系统命令，以Python命令行解释器运行刚刚创建的Python源程序文件readlines.py。

例 13-20

```
E:\python\ch13>py readlines.py

A newest scientific discovery shows that the god is exist.

He is a super programmer, and
```

13.6　读取中文文件中的一行

也可以多次调用readline方法，顺序地一行一行地读取所打开的中文文件中的数据。以下是存放在当前目录（ch13）中的real.py文件中的内容。

当我与发小聊了几句心里话时，他却质问我为什么不同他说真话。

当我向老婆倾诉了几句心声时，她却说我太令她失望了。

她说作为一位受人尊重的成功人士就不应该说那样的话。

我终于发现了，我只能向我的狗诉说衷肠。

因为只有狗会默默地倾听我发自内心的呼唤。

如果想读取这个中文文件中的头三行，可以首先开启Python的图形编辑器，输入如例13-21所示的程序代码。只要在open函数的参数表的最后加上encoding='utf-8'这一编码参数就行了，其他部分与读取英文文件没什么两样。确认无误之后以real.py（文件名随便给，但是文件扩展名一定是.py）为文件名存盘，随即执行这段代码。

例 13-21

```
f = open("real.txt", "r", encoding='utf-8')
print(f.readline())
print(f.readline())
print(f.readline())
当我与发小聊了几句心里话时，他却质问我为什么不同他说真话。

当我向老婆倾诉了几句心声时，她却说我太令她失望了。

她说作为一位受人尊重的成功人士就不应该说那样的话。
```

如果您想确定readline返回的具体内容，您可以将例13-21的程序代码略加修改，如例13-22所示。确认无误之后以realx123.py为文件名存盘，随即执行这段代码。

例 13-22

```
f = open("real.txt", "r", encoding='utf-8')
x1 = f.readline()
x2 = f.readline()
x3 = f.readline()
>>>
```

此时，不要退出Python的图形解释器，顺序执行例13-23～例13-27的程序代码，您对readline方法返回的内容及数据类型就一目了然了。

例 13-23

```
>>> x1
'\ufeff当我与发小聊了几句心里话时，他却质问我为什么不同他说真话。\n'
```

例 13-24

```
>>> x2
'当我向老婆倾诉了几句心声时，她却说我太令她失望了。\n'
```

例 13-25

```
>>> x3
```

'她说作为一位受人尊重的成功人士就不应该说那样的话。\n'

例 13-26

```
>>> type(x1)
<class 'str'>
```

例 13-27

```
>>> type(x2)
<class 'str'>
```

扫一扫，看视频

13.7　利用for循环读取文件的数据行及关闭文件

不要退出以上Python的图形解释器，利用for循环，您可以一行接一行地从打开的文件中读取全部数据。如例13-28所示的程序代码，就是利用for循环从一个中文文件中一行接一行地从文件stars.txt中读取全部数据（这个例子及本节后面的例子都是在Python图形工具中完成的）。

例 13-28

```
f = open("stars.txt", "r", encoding='utf-8')
for c in f:
    print(c)
成功的三大秘诀如下：

1. 好的公司。

2. 好的系统。

3. 好的自己。
```

如果您想确定变量c中的具体内容，可以将例13-28的程序代码略加修改，只保留第一行的打开文件语句，如例13-29所示。确认无误之后以open_for_ck.py为文件名存盘，随即执行这段代码。

例 13-29

```
f = open("stars.txt", "r", encoding='utf-8')
>>>
```

此时，不要退出Python的图形解释器，以交互模式执行例13-30的程序代码，看到例13-30的显示结果之后，相信您对变量c中的内容及该变量的数据类型就应该清楚了。实际上，变量c是字符串变量，for的每次循环变量c从文件中获取一行数据，这行数据就是字符串变量c的值。

例 13-30

```
>>> for c in f:
 c
 type(c)

'成功的三大秘诀如下：\n'
```

```
<class 'str'>
'1. 好的公司。\n'
<class 'str'>
'2. 好的系统。\n'
<class 'str'>
'3. 好的自己。\n'
<class 'str'>
```

通过对例13-29和例13-30程序代码的执行，读者可能已经发现了，Python打开文件之后并不自动关闭。如果一个文件长期处于打开状态，有时可能会造成数据的丢失。因此，一般有经验的程序员都是在操作完一个文件之后立即关闭该文件。您在实际工作中也应该奉行同样的原则——只要一完成操作就立即关闭所操作的文件。Python程序设计语言提供了一个名为close的函数来关闭文件。

为了让读者更深入地理解文件处于打开状态与处于关闭状态的区别，我们首先使用例13-31的程序代码以只读方式再次打开中文文件stars.txt，随即从该文件中读出一行数据并输出来。注意，在这段程序代码中并没有关闭文件的语句。确认无误之后存盘并执行这段代码。

例 13-31

```
f = open("stars.txt", "r", encoding='utf-8')
print(f.readline())
成功的三大秘诀如下：

>>>
```

此时，不要退出Python的图形解释器，以交互模式执行例13-32的程序代码，看到例13-32的显示结果之后，您会发现我们仍然可以操作这一打开的文件。如果该文件是以可读、可写方式打开的，那可能就很危险了，因为一个写文件操作可能就把整个文件的内容覆盖掉——原来的内容全部不见了。

例 13-32

```
>>> print(f.readline())
1. 好的公司。
```

现在继续以交互模式执行例13-33的关闭文件的程序代码（就是调用文件对象的close方法）。随后，您再执行例13-34的程序代码，Python就会显示错误信息，因为文件stars.txt已经关闭，当然也就无法访问了。

例 13-33

```
>>> f.close()
>>>
```

例 13-34

```
>>> print(f.readline())
Traceback (most recent call last):
  File "<pyshell#13>", line 1, in <module>
    print(f.readline())
```

```
ValueError: I/O operation on closed file.
```

综合以上的例子和讨论，应该在例13-31程序代码的最后添加上一个关闭文件的语句（调用文件对象的close方法），如例13-35所示。

例 13-35

```
f = open("stars.txt", "r", encoding='utf-8')
print(f.readline())
f.close()
```

在结束本节之前，再强调一遍：使用一个文件之后，您应该及时关闭打开的文件，因为有时即使您已经完成了写文件的操作，但是如果文件没有正常关闭，有可能数据仍然在操作系统的内存缓冲区中，此时如果系统崩溃，您可能会丢失数据。

扫一扫，看视频

13.8　向已存在的文件中写入数据

如果要永久地保存Python程序所产生的数据，您需要将这些数据存入一个操作系统文件中（有时也可能是数据库的表中）。那么，在Python程序中怎样才能将数据写入一个现存的文件呢？要向一个已经存在的文件中写入数据，就必须在使用open函数打开一个文件时增加一个参数，它们可以是以下的两者之一。

⏺ 注意：

（1）a：添加（append）。将数据添加在一个文件的结尾处。

（2）w：写入（write）。用写入数据覆盖掉文件中任何现存的内容。

要能够向一个文件中写入数据之前，必须打开这个文件。当文件以写入（可写）方式或添加方式打开之后，您就可以调用文件对象的write方法写这个文件了。

为了后面讲解的方便，我们在当前目录（ch13）中存放了一个名为genes.txt的ASCII码文件（实际上，该文件就是本章13.3节的lifecodes.txt的一个复制）。该文件中的内容如下。

```
A newest scientific discovery shows that the god is exist.
He is a super programmer, and
he creates our life by written programs with life codes (genes) !
```

例13-36的Python程序代码的主要功能是：以可写方式打开（当前目录中）文件genes.txt，并用方法write中所提供的字符串覆盖这个文件的内容。该段程序代码分为两部分，其中第一部分是完成写文件，第二部分是读出文件中的新内容并输出来以验证写文件操作是否正确。为了减少篇幅，还是以注释来解释每一行代码的含义。例13-36的程序代码也是在Python的图形编辑器中创建的，确认无误之后以file_write.py为文件名存盘（存放在当前目录中），随后在图形解释器中运行这段代码。

例 13-36

```
#open and write the file, finally close the file:
f = open("genes.txt", "w")      # 以可写方式打开文件 genes.txt
f.write('Is it really?')        # 将字符串 Is it really? 写入文件
f.close()                       # 关闭文件
```

```
#open and read the file after the writing:
f = open("genes.txt", "r")      # 以只读方式重新打开文件 genes.txt
print(f.read())                 # 读取文件的内容并输出来
Is it really?
```

从例13-36的显示结果可以看出：文件genes.txt的内容已经被覆盖掉了，现在该文件中只有通过write方法写入的字符串Is it really?（是真的吗？）了。

接下来，以添加方式打开（在当前目录中的）文件stars2.txt，并在该文件的末尾添加两行中文信息，如例13-37所示。文件stars2.txt中的内容与stars.txt的一模一样，实际上它就是stars.txt的复制。该段程序代码也分为两部分：第一部分是完成添加文件的操作，第二部分是读出文件中的全部内容并输出来以验证添加文件操作是否正确。例13-37的程序代码与例13-36的程序代码非常相似，这里读者需要注意的是：在调用open方法时，除了要将w改为a之外，还要加上一个指定字符编码的参数encoding='utf-8'，因为文件stars2.txt存放的是汉字；另外，在两个write方法所指定的中文字符串的末尾要加上"\n"换行符，否则所添加的内容是放在最后一行的末尾并且是在同一行上。如果感兴趣，可以将"\n"去掉试一试。

例 13-37

```
#open and append the file, finally close the file:
f = open('stars2.txt', 'a', encoding='utf-8')
f.write(' 可真不容易啊 !!!\n')
f.write(' 但那是必须干的活 !!!\n')
f.close()
#open and read the file after the appending:
f = open("stars2.txt", "r", encoding='utf-8' )
print(f.read())
成功的三大秘诀如下：
1. 好的公司。
2. 好的系统。
3. 好的自己。
可真不容易啊 !!!
但那是必须干的活 !!!
```

例13-37的显示结果表明，那两句有关成功的评语其实添加到了文件的结尾。

13.9 创建一个新文件

在本章的所有例子中，我们都是使用已经存在的文件。实际上，我们也可以使用Python程序设计语言创建新文件，其方法非常简单，就是使用open方法来创建一个新文件。要使用open方法创建一个新文件，需要使用以下参数中的任何一个。

（1）x:创建（create）。创建一个文件，如果文件存在，将返回错误。

（2）a:添加（append）。如果指定的文件不存在，将创建一个文件。

（3）w:写入（write）。如果指定的文件不存在，将创建一个文件。

为了便于操作，也为了将新创建的文件都放在同一个特定目录中，您应该在操作系统中创建一个专门存放新文件的目录（文件夹），在我的计算机上是E:\python\ch13\files。之后开启Windows命令行窗口，使用cd命令将当前目录切换到这个刚刚创建的新目录（其命令为cd E:\python\ch13\files和E:），最后输入py后按Enter键开启Python的命令行解释器。

接下来，就可以干正事儿了——使用刚刚学过的三个参数创建新文件。首先，在open函数中使用参数x（在当前目录中）创建一个名为dog.txt的文件，如例13-38所示。在该段程序的第2行代码中，也可以使用print(f)列出f这个文件对象的细节。

例13-38

```
>>> f = open('dog.txt', 'x')
>>> f
<_io.TextIOWrapper name='dog.txt' mode='x' encoding='cp1252'>
```

例13-38的显示结果告诉我们：该文件的文件名为dog.txt，是以创建方式打开的，而且文件中的数据编码是cp1252。如果喜欢，还可以使用例13-39的Python程序代码列出变量f的数据类型。

例13-39

```
>>> type(f)
<class '_io.TextIOWrapper'>
```

如果不再操作文件dog.txt了，请记住最好使用例13-40的程序代码调用文件对象的close方法，关闭那个刚刚创建的dog.txt文件。

例13-40

```
>>> f.close()
>>>
```

如果要向刚刚创建的新文件中写入汉字，您在使用open方法创建文件时要使用编码参数encoding='utf-8'，如例13-41所示。

例13-41

```
>>> f = open('dog2.txt', 'x', encoding='utf-8')
>>> f
<_io.TextIOWrapper name='dog2.txt' mode='x' encoding='utf-8'>
```

例13-41的显示结果除了编码不一样外（编码为Unicode，Unicode包括了世界上几乎所有国家的语言字符和常用的符号，当然也包括中文），其他部分与例13-38的完全一样。如果喜欢，同样可以使用例13-42的Python程序代码列出变量f的数据类型。

例13-42

```
>>> type(f)
<class '_io.TextIOWrapper'>
```

如果不再操作dog2.txt这个正文文件了，请记住最好使用例13-43的程序代码调用文件对象的close方法，关闭那个刚刚创建的dog2.txt文件。

例 13-43

```
>>> f.close()
>>>
```

除了在open方法中使用参数x来创建新文件之外，您还可以使用参数w或a来创建新文件，如例13-44和例13-45所示。

例 13-44

```
>>> f = open('cat.txt', 'w')
# 与操作文件 cat.txt 有关的一些程序代码，最后关闭文件
>>> f.close()
>>>
```

例 13-45

```
>>> f = open('fox.txt', 'a')
# 与操作文件 fox.txt 有关的一些程序代码，最后关闭文件
>>> f.close()
>>>
```

☞ 指点迷津：

在实际工作中，如果是创建一个新文件，最好是在open方法中使用参数x，而不要使用参数w或a参数。因为当软件项目比较大时，使用参数w创建新文件时可能该文件已经存在了。这样就有可能在后面的操作中将文件中原有的内容覆盖掉，实际上这是非常危险的。尽管与参数w相比参数a稍微安全点，但是在文件经过了多次添加之后，您可能很难分辨出哪些数据是原有的数据了。

13.10　删除一个文件

扫一扫，看视频

通过13.9节的学习，读者应该知道如何使用Python程序设计语言创建一个新文件。如果发现某个文件不再需要了，您同样可以使用Python程序设计语言删除这个文件。Python程序设计语言提供了一些类似操作系统命令的函数，用以完成对操作系统文件和目录的管理与维护。

这些函数是由Python的os模块提供的。如果要删除一个文件，必须首先导入os这个模块，随后使用该模块中的remove函数删除指定的文件。

为了能够方便地完成后面删除操作系统文件或目录的工作，先做一些准备工作。首先，启动Windows命令行窗口，在命令行界面中使用操作系统命令将当前目录切换到存放要删除的文件所在的目录（E:\python\ch13\files），如例13-46和例13-47所示。

例 13-46

```
C:\Users\MOON>cd E:\python\ch13\files
C:\Users\MOON>
```

例 13-47

```
C:\Users\MOON>e:
E:\python\ch13\files>
```

随后，使用操作系统命令dir列出当前目录中的所有文件，以确认要删除的文件是存在的，如例13-48所示。

例 13-48

```
E:\python\ch13\files>dir
Volume in drive E is ??
 Volume Serial Number is 0001-54ED

 Directory of E:\python\ch13\files

05/24/2019  11:33 AM    <DIR>          .
05/24/2019  11:33 AM    <DIR>          ..
05/24/2019  11:32 AM                 0 cat.txt
05/24/2019  11:10 AM                 0 dog.txt
05/24/2019  11:14 AM                 0 dog2.txt
05/24/2019  11:33 AM                 0 fox.txt
               4 File(s)             0 bytes
               2 Dir(s)   55,041,826,816 bytes free
```

接下来，在当前目录下启动并进入Python命令行解释器，如例13-49（py是Python的缩写）所示。

例 13-49

```
E:\python\ch13\files>py
Python 3.7.2 (tags/v3.7.2:9a3ffc0492, Dec 23 2018, 23:09:28)
[MSC v.1916 64 bit(AMD64)] on win32
Type "help", "copyright", "credits" or "license" for more information.
>>>
```

接下来，使用例13-50的Python程序代码删除当前目录中的dog2.txt文件。在这段程序中，第1行代码是导入Python的os模块；第2行代码是调用os模块中的remove函数删除dog2.txt文件。

例 13-50

```
>>> import os
>>> os.remove('dog2.txt')
>>>
```

从例13-50的显示结果可以看出：Python在执行完删除文件的工作之后不会给出任何显示信息，而直接显示Python解释器的提示符。这一点与UNIX和Linux显示非常相似——在成功地完成命令所规定的操作之后没有任何提示信息。

也正因为如此，在删除了一个文件之后必须使用操作系统命令或工具来验证所做的操作是否正确。可以再开启一个Windows命令行窗口（不要关闭原来的Python命令行解释器窗口），并将当前目录切换到存放已删除的文件所在的目录（E:\python\ch13\files）。随即，再次使用操作系统命令dir列出当前目录中的所有文件以确认dog2.txt文件是否已经被成功地删除掉，如例13-51所示。

例 13-51

```
E:\python\ch13\files>dir
E:\python\ch13\files>dir
 Volume in drive E is ??

 Volume Serial Number is 0001-54ED

 Directory of E:\python\ch13\files

05/24/2019  03:22 PM    <DIR>          .
05/24/2019  03:22 PM    <DIR>          ..
05/24/2019  11:32 AM                 0 cat.txt
05/24/2019  11:10 AM                 0 dog.txt
05/24/2019  11:33 AM                 0 fox.txt
               3 File(s)             0 bytes
               2 Dir(s)  55,041,826,816 bytes free
```

例13-51的显示结果清楚地表明：那个被删除的文件dog2.txt已经不复存在了。这就说明：执行了例13-50的Python程序代码之后，文件dog2.txt其实已经被删除了。

13.11　删除一个文件之前检查是否存在

可能有读者会问："如果在使用os模块中的remove函数删除的文件不存在时，那么会发生什么呢？"如果要删除的文件不存在，Python会报错。如我们再次使用与例13-50一模一样的Python程序代码，例13-52再次删除文件dog2.txt，Python在执行这段代码时会显示错误信息。

例 13-52

```
>>> import os
>>> os.remove('dog2.txt')
Traceback (most recent call last):
  File "<stdin>", line 1, in <module>
FileNotFoundError: [WinError 2] The system cannot find the file
 specified: 'dog2.txt'
```

为了防止因为要删除的文件不存在而产生错误，您可以在试图删除一个文件之前检查一下该文件是否存在。如例13-53所示，在删除dog2.txt文件之前，先检查一下它是否存在，如果存在就删除该文件，否则显示出一行错误提示信息。

例 13-53

```
import os
if os.path.exists('dog2.txt'):
    os.remove('dog2.txt')
```

```
else:
    print('This file does not exist !!!')
This file does not exist !!!
```

虽然要删除的文件dog2.txt不存在，但是因为有了判断和错误处理语句，所以例13-53的程序代码执行后不会产生错误，而是输出程序所指定的提示信息。是不是挺酷的？

执行例13-53的程序代码每次都是删除dog2.txt文件，这显然不那么实用。为此，将这个程序略加修改，改为在程序运行时通过input语句输入文件名，修改后的程序代码如例13-54所示。其中，标有下画线的部分（要删除的文件名）是用户输入的。

例 13-54

```
import os
file_name = input('Please enter the file name for deleting: ')
if os.path.exists(file_name):
    os.remove(file_name)
else:
    print('This file does not exist !!!')
Please enter the file name for deleting:  dog2.txt
This file does not exist !!!
```

从例13-54的显示结果可以看出：利用这个程序删除一个不存在的文件是没有任何问题的。不仅如此，如果使用该程序删除一个存在的文件也没有任何问题。您可以重新执行这个程序，之后在Python出现输入删除文件名的提示处输入一个存在的文件dog.txt，如例13-55所示。您会发现该程序照样正常工作。是不是更酷？

例 13-55

```
Please enter the file name for deleting: dog.txt
>>>
```

Python执行完这个程序之后没有任何显示信息，而是直接出现Python解释器的提示符。如果有任何疑虑，您可以在开启的Windows命令行界面中使用列目录命令dir列出当前目录中的所有文件和子目录，以确认dog.txt文件是否已经被删除了，如例13-56所示。

例 13-56

```
E:\python\ch13\files>dir
Volume in drive E is ??
 Volume Serial Number is 0001-54ED
 Directory of E:\python\ch13\files
05/24/2019  05:14 PM    <DIR>          .
05/24/2019  05:14 PM    <DIR>          ..
05/24/2019  11:32 AM                 0 cat.txt
05/24/2019  05:02 PM               120 file_ck.py
05/24/2019  05:13 PM               184 file_ck2.py
05/24/2019  11:33 AM                 0 fox.txt
               4 File(s)            304 bytes
```

```
                    2 Dir(s)   55,041,814,528 bytes free
```

从例13-56操作系统列目录命令的显示结果可以看出:dog.txt文件确实已经不见了。这表明它已经被成功地删除掉了。

13.12 删除文件夹(目录)

既然Python程序设计语言可以删除一个文件,那么它可不可以删除一个目录(文件夹)呢? 当然可以。还是那句老话:"只有你想不到的,没有Python做不到的。"如果读者学习或使用过UNIX或Linux操作系统就应该知道:实际上,目录也是一种文件——它是一种特殊的文件,其中的内容是有关文件或目录的信息。

为了后面操作方便,应该在操作系统的当前目录(文件夹)中创建一个目录temp(可以使用任何您觉得不错的名字),并将在本章之前创建的两个空文件cat.txt和fox.txt复制到这个刚刚创建的新目录中。随后,使用例13-57的操作系统列目录命令dir验证所创建的新目录和复制的文件是否都已经存在了。

例 13-57

```
E:\python\ch13\files>dir temp
Volume in drive E is ??
 Volume Serial Number is 0001-54ED
 Directory of E:\python\ch13\files\temp
05/24/2019  05:33 PM    <DIR>          .
05/24/2019  05:33 PM    <DIR>          ..
05/24/2019  11:32 AM                 0 cat.txt
05/24/2019  11:33 AM                 0 fox.txt
               2 File(s)              0 bytes
               2 Dir(s)   55,041,806,336 bytes free
```

在Python程序中,要删除一个空目录(文件夹),您同样需要导入Python的os模块。随后,使用该模块中的rmdir方法删除指定的目录。

为了能够删除任何由用户指定的目录,我们在程序中利用input语句输入要删除的目录名,如例13-58所示。实际上,该程序只是在例13-54的程序代码的基础上做了小小的修改。确认无误之后,以folder_ck.py为文件名存盘(存入当前文件夹)。随即运行该程序,并在Python的提示处输入要删除的目录temp(标有下画线的字符串),之后按Enter键。

例 13-58

```
import os
folder_name = input('Please enter the folder name for deleting: ')
if os.path.exists(folder_name):
    os.rmdir(folder_name)
else:
    print('This foder does not exist !!!')
Please enter the folder name for deleting:  temp
Traceback (most recent call last):
```

```
    File "E:/python/ch13/files/folder_ck.py", line 5, in <module>
      os.rmdir(folder_name)
  OSError: [WinError 145] The directory is not empty: 'temp'
```

　　　　Python执行完这段代码之后会显示错误信息。仔细阅读错误信息，最主要的是理解最后一行错误信息，这行错误信息告诉我们：temp目录不是空的。这就是出错的原因。

　　　　因为使用os模块中的rmdir方法只能删除空目录，所以在删除一个目录之前要将该目录清空（删除掉这个目录中的全部文件和目录）。因此，您应该使用操作系统命令或工具删除temp目录中的所有文件（也可以使用刚刚学过的os模块中的remove方法，但是我个人觉得还是使用操作系统命令或工具更方便些）。当temp目录被清空之后，您重新运行例13-58的程序代码，并在Python提示处再次输入要删除的目录temp，如例13-59所示。这回就没有出现任何错误信息了。

例 13-59

```
Please enter the folder name for deleting:  temp
>>>
```

　　　　因为Python在成功删除了一个目录之后并不显示任何信息，而是直接显示Python解释器的提示符。为了确认temp目录确实被成功地删除掉了，您应该在Windows命令行界面使用操作系统列目录命令dir再次列出当前目录（E:\python\ch13\files）中temp目录的内容，如例13-60所示。

例 13-60

```
E:\python\ch13\files>dir temp
Volume in drive E is ??
 Volume Serial Number is 0001-54ED
 Directory of E:\python\ch13\files
File Not Found
```

　　　　例13-60的显示结果清楚地表明：在目录E:\python\ch13\files中已经找不到temp这个文件（目录也是一种文件），也就是说，temp目录已经被成功地删除掉了。

☞ **指点迷津：**

　　　　我个人认为：在实际工作中，如果没有特别需要，应尽可能地使用操作系统命令和工具来维护目录及文件，这样做应该更简单。

扫一扫，看视频

13.13　实例——创建、读和写中文文件

　　　　在讲完了这章的内容之后，老师为了让孩子们复习一下本章学习的文件操作方法，以及重温一下之前章节的一些内容，他要求孩子们用Python程序完成以下工作。

　　　　（1）在当前目录中创建一个名为qianlong.txt的中文文件。

　　　　（2）将中文字符串"客上天然居"写入刚刚创建的新文件qianlong.txt中并关闭该文件。

　　　　（3）重新以只读方式打开qianlong.txt文件。

　　　　（4）从该文件中读取一行字符串并将其反转，随后关闭文件。

　　　　（5）重新以添加方式打开qianlong.txt文件。

（6）将反转后的字符串添加到qianlong.txt文件的末尾，最后关闭文件。

孩子们讨论之后，首先编写了一个如例13-61所示的Python程序代码。在这段程序代码的第1行代码中，一定要将编码方式指定为Unicode（encoding='utf-8'），因为后面要写入的是中文；还有最好使用创建模式打开文件，因为以w或a方式打开文件有可能所指定的文件已经存在了，这样比较危险，也可能会产生错误；在第2行代码中，中文字符串的最后\n是换行符。确认无误之后以qianlong.py存盘，随后运行该程序。

例 13-61

```
f = open('qianlong.txt', 'x', encoding='utf-8')
f.write(' 客上天然居 \n')
f.close()
>>>
```

以上程序代码执行之后，系统不会给出任何信息，而是直接出现Python解释器的提示符。随后，您会发现在当前目录上多了一个名为qianlong.txt的正文文件。可以使用记事本打开这个文件，如图13-2所示。

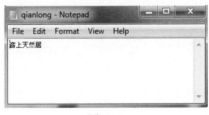

图13-2

☞ **指点迷津：**

当使用创建（x）模式打开文件时，该文件实际上处于可写（w）状态——可以向该文件中写入数据。

实际上，qianlong.py的程序代码完成的是老师的第1个和第2个要求。孩子们现在也学会"偷懒"了，他们将第12章中编写的反转字符串的Python源程序文件复制到当前目录中，之后删除了不需要的语句，如例13-62所示。确认无误之后以rev_str.py存盘。

例 13-62

```
def rev_str(s):
    return s[::-1]
```

做完了以上准备工作之后，孩子们最后编写出了如例13-63所示的Python程序代码。接下来，我们逐行顺序解释这个程序中的每行代码。

（1）导入rev_str模块并赋予一个别名rs。

（2）以只读方式打开Unicode（encoding='utf-8'）编码的文件qianlong.txt。

（3）从刚刚打开的文件中读取一行数据并赋予字符串变量s。

（4）调用rs模块中的rev_str函数将字符串s反转，随后再赋予变量s。

（5）关闭文件qianlong.txt。

（6）以添加方式再次打开Unicode编码的文件qianlong.txt。

（7）将反转后的字符串s后面跟一个换行符写到打开文件的末尾。

（8）关闭文件qianlong.txt。

例 13-63

```
import rev_str as rs
f = open('qianlong.txt', 'r', encoding='utf-8')
s = f.readline()
s = rs.rev_str(s)
f.close()
f = open('qianlong.txt', 'a', encoding='utf-8')
f.write(s + '\n')
f.close()
 >>>
```

确认无误之后以qianlong.py为文件名存盘，随后运行该程序。以上程序代码执行之后，系统不会给出任何信息，而是直接出现Python解释器的提示符。随后，可以使用记事本打开qianlong.txt这个文件，如图13-3所示，在文件的最后确实多了一行反转后的中文字符串——居然天上客。

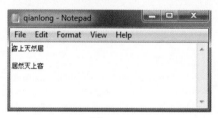

图 13-3

13.14 习 题

1. 以下Python程序代码将以可读和正文方式打开文件lifecodes.txt，随即读取并输出这个文件中的全部内容，请以等价的简化默认模式重写第1行代码。

```
f = open('lifecodes.txt','rt')
print(f.read())
```

2. 以下Python程序代码中的read方法将返回打开的文件lifecodes.txt中开头的30个字符，请在以下代码段中填写上遗失的代码。

```
f = open('lifecodes.txt','rt')
print( _____ )
```

3. 以下Python程序代码将以可读方式并以Unicode编码打开中文文件famous.txt，随即读取并输出这个文件中的全部内容，请在以下代码段中填写上遗失的有关编码的参数关键字和值。

```
f = open("famous.txt", "r", _____ ')
 print(f.read())
```

4. 以下Python程序代码将只从以只读方式打开的正文文件lifecodes.txt中读取第一行数据并输出来，请在以下代码段中填写上遗失的关键字。

```
f = open('lifecodes.txt')
 print( _____ )
```

5. 以下Python程序代码是：将以可写方式打开文件genes.txt并用方法write中所提供的字符串覆盖这个文件的内容，请在以下代码段中填写上遗失的代码。

```
f = open("genes.txt", "w")
f _____ ('Is it really?')
f.close()
```

6. 以下Python程序代码是以添加方式打开文件stars2.txt，并在该文件的末尾添加两行中文信息，请在以下代码段中填写上遗失的代码。

```
f = open('stars2.txt', _____ )
f.write('可真不容易啊 !!!\n')
f.write('但那是必须干的活 !!!\n')
f.close()
```

7. 以下Python程序代码是删除当前目录中的dog2.txt文件，请在以下代码段中填写上遗失的代码。

```
import os
_____('dog2.txt')
```

8. 以下Python程序代码是删除当前目录中的temp目录（文件夹），请在以下代码段中填写上遗失的代码。

```
import os
_____('temp')
```

第14章　日期和时间及JSON

这一章实际上由两部分组成：第一部分将介绍Python程序设计语言是如何处理日期和时间的；第二部分将介绍Python与JSON之间的关系。

扫一扫，看视频

14.1　Python程序设计语言中的日期与时间

日期与时间在日常生活和商业活动中几乎无处不在，在许多商业软件系统中，日期和时间都是必不可少的，如订单系统、发票系统、库存系统、人事管理系统几乎都离不开日期和时间数据。

实际上，Python程序设计语言并没有提供标准的日期和时间数据类型。在Python程序中，如果要使用日期和时间类型的数据，您需要首先导入一个名为datetime的模块，之后就可以引用该模块所提供的日期对象了。如可以使用例14-1的Python程序代码导入datetime模块并显示当前的日期和时间。

例 14-1

```
>>> import datetime
>>> d = datetime.datetime.now()
>>> print(d)
2019-05-27 08:38:40.246163
```

例14-1的显示结果包括年（2019年）、月（05月）、日（27日）、时（08点）、分（38分）、秒（40.246163秒）。

如果想要了解datetime.datetime.now()返回的变量内部情况，可以在交互模式下使用例14-2直接列出变量d的内容。

例 14-2

```
>>> d
datetime.datetime(2019, 5, 27, 8, 38, 40, 246163)
```

如果想确定这个变量d的确切数据类型，可以在交互模式下使用例14-3直接列出变量d的数据类型。实际上，它是一个datetime.datetime的对象类型（有关对象的内容将在第15章中比较详细地介绍）。

例 14-3

```
>>> type(d)
<class 'datetime.datetime'>
```

在实际工作中，您可以根据编程的需要，只提取一个日期对象中的年、月、日、时、分或秒。如例14-4 ～ 例14-9所示，其中year、month、day、hour、minute和second为实例的只读属性（有关实例我们将在第15章中详细介绍）。

例 14-4

```
>>> import datetime
>>> d = datetime.datetime.now()
>>> d.year
2019
```

例 14-5

```
>>> d.month
5
```

例 14-6

```
>>> d.day
27
```

例 14-7

```
>>> d.hour
10
```

例 14-8

```
>>> d.minute
29
```

例 14-9

```
>>> d.second
46
```

实际上，Python还提供了另一个处理日期和时间的模块time。模块time主要是用于处理和使用UNIX操作系统的时间戳。它的值是从UNIX的"纪元"开始的秒数并以浮点小数表示——每个时间戳都以自从1970年1月1日午夜（UNIX纪元）开始所经历的时间（秒数）来表示。而模块datetime可以支持许多操作系统上的操作，而且提供了一组面向对象的数据类型，也对时区提供了一些有限的支持。

实际上，time模块包含了一些方便格式化时间和日期所需的函数。而datetime模块是建立在这个time模块之上的，它以一种更加方便和易读的形式提供了时间与日期的展示格式。

在只需一个特定记录的时间情况下，如有一个每天都需要频繁更改的表或文件，您就可以使用模块time，因为在这种情况下您可能仅仅需要时间（并不在乎它的易读性）。

14.2 在Python中创建日期对象

到目前为止，我们还没有介绍面向对象的程序设计方法，在这里，对象与变量几乎没什么差别，主要差别是使用对象构造器定义了一个对象变量的同时，也定义了该对象的方法（相当于函数）和属性（相当于变量的值）。

要创建一个日期对象，您可以使用datetime模块的datetime类构造器来创建。datetime类需要三个参数来创建一个包括年、月、日的日期，如例14–10所示。

例 14-10

```
>>> import datetime
>>> d = datetime.datetime(2250, 3, 8)
>>> print(d)
2250-03-08 00:00:00
```

如果想要了解datetime.datetime(2250, 3, 8)返回的变量内部情况，您可以在交互模式下使用例14–11直接列出变量d的内容。

例 14-11

```
>>> d
datetime.datetime(2250, 3, 8, 0, 0)
```

如果您想确定这个变量d的确切数据类型，您可以在交互模式下使用例14–12直接列出变量d的数据类型。实际上，它也是一个datetime.datetime的对象类型。

例 14-12

```
>>> type(d)
<class 'datetime.datetime'>
```

您可以再创建一个日期对象d2，之后将d2与d相减并输出最后的结果，如例14–13所示。

例 14-13

```
>>> d2 = datetime.datetime(2251, 1, 1)
>>> dd = d2 - d
>>> print(dd)
299 days, 0:00:00
```

例14–13显示的结果是2251年1月1日与2250年3月8日之间相差的天数。如果您使用d–d2，其结果中的天数是负值，这表明d所表示的日期在d2所表示的日期之前。如果想要了解两个日期对象相减之后返回的变量内部情况，可以在交互模式下使用例14–14直接列出变量dd的内容。

例 14-14

```
>>> dd
datetime.timedelta(days=299)
```

如果您想确定这个变量dd的确切数据类型，您可以在交互模式下使用例14–15直接列出变量dd的数据类型。实际上，它是一个datetime.timedelta的对象类型。

例 14-15

```
>>> type(dd)
<class 'datetime.timedelta'>
```

其实，这个datetime.timedelta对象又是datetime模块（对象）的一个属性，您可以使用dir函数列出datetime模块的全部属性，如例14-16所示。

例14-16

```
>>> import datetime
>>> print(dir(datetime))
['MAXYEAR', 'MINYEAR', '__builtins__', '__cached__', '__doc__',
'__file__', '__loader__', '__name__', '__package__', '__spec__',
 'date', 'datetime', 'datetime_CAPI', 'sys', 'time',
'timedelta', 'timezone', 'tzinfo']
```

在例14-16的显示结果所列出的datetime模块的全部属性中，经常使用的有以下4个。

（1）date类（有关对象的类在第15章会详细介绍）。

（2）time类。

（3）datetime类。

（4）timedelta类。

因此，您可以直接使用datetime模块所提供的date类创建一个日期对象d，如例14-17所示。

例14-17

```
>>> import datetime
>>> d = datetime.date(2019, 3, 8)
>>> print(d)
2019-03-08
```

如果想确定这个变量d的确切数据类型，可以在交互模式下使用例14-18直接列出变量d的数据类型。实际上，它是一个datetime.date的对象类型。

例14-18

```
>>> type(d)
<class 'datetime.date'>
```

您也可以直接使用datetime模块所提供的time类创建一个时间对象t，如例14-19所示。

例14-19

```
>>> import datetime
>>> t = datetime.time(13, 38, 8)
>>> print(t)
13:38:08
```

如果想确定这个变量t的确切数据类型，可以在交互模式下使用例14-20直接列出变量t的数据类型。实际上，它是一个datetime.time的对象类型。

例14-20

```
>>> type(t)
<class 'datetime.time'>
```

您也可以使用类似14.1节的例14-4～例14-9的方法，只列出年、月、日、时、分或秒，如例14-21和例14-22所示。

例 14-21

```
>>> d.month
3
```

例 14-22

```
>>> t.minute
38
```

扫一扫，看视频

14.3　日期和时间的格式化

对象datetime中有一个格式化日期对象的方法，该方法将日期对象格式化成容易阅读的字符串。这个方法就是strftime（应该是string format time的缩写），该方法获取一个参数，随后将这个参数格式化，最后以指定的格式返回所需的字符串。

如可以使用对象datetime的方法strftime显示一个日期的完整月份（的英文），如例14-23所示。是不是挺方便的？

例 14-23

```
>>> import datetime
>>> d = datetime.datetime(2019, 3, 8)
>>> print(d.strftime('%B'))
March
```

在例14-23的Python程序代码中，%B是strftime方法的格式化代码。为了方便使用和编程，Python程序设计语言提供了许多格式化代码。这些格式化代码及其描述如表14-1所示。

表14-1　格式化代码及其描述

代　码	描　述	例　子
%a	星期几，缩写形式	Sun
%A	星期几，完整形式	Sunday
%w	星期几，数字形式0 ~ 6、0是周日	0
%d	几号，01 ~ 31	31
%b	月份名，缩写形式	Nov
%B	月份名，完整形式	November
%m	月份，数字形式01 ~ 12	11
%y	年份，数字形式、没有世纪	19
%Y	年份，数字形式、完整形式	2019
%H	小时，00 ~ 23	16
%I	小时，00 ~ 12	08
%p	AM/PM	AM
%M	分钟，00 ~ 59	38
%S	秒，00 ~ 59	44
%f	微秒，000000 ~ 999999	248348

代　码	描　述	例　子
%z	UTC时差	+0100
%Z	时区	CST
%j	一年的第几天001～366	250
%U	一年的第几周，周日是每周的第一天，00～53	47
%W	一年的第几周，周一是每周的第一天，00～53	43
%c	本地日期和时间	Fri Mar 8 00:00:00 2019
%x	本地日期	11/30/19
%X	本地时间	14:38:43
%%	一个%字符	%

14.4　使用格式化代码格式化日期和时间的例子

在表14–1中列出了每个格式化代码的含义，下面给出一些例子，使读者加深对它们的理解。为了操作方便，以下操作都是在Python命令行解释器中以交互模式完成的。首先，可以使用例14–24～例14–26的代码分别使用三个不同的有关星期几的格式化代码，以不同的格式显示出当前日期是星期几。

例 14-24

```
>>> import datetime
>>> d = datetime.datetime.now()
>>> print(d.strftime('%a'))
Mon          # 星期一
```

例 14-25

```
>>> print(d.strftime('%A'))
Monday          # 星期一
```

例 14-26

```
>>> print(d.strftime('%w'))
1
```

接下来，可以使用例14–27～例14–29的代码分别使用三个不同的有关日和月的格式化代码，以不同的格式显示出当前日期是几日或几月。

例 14-27

```
>>> print(d.strftime('%d'))
27          # 27日
```

例 14-28

```
>>> print(d.strftime('%b'))
```

```
May            # 五月
```

例 14-29

```
>>> print(d.strftime('%m'))
05
```

接下来，可以使用例14–30和例14–31的代码分别使用两个不同的有关年份的格式化代码，以不同的格式显示出当前日期的年份。

例 14-30

```
>>> print(d.strftime('%y'))
19         # 19 年
```

例 14-31

```
>>> print(d.strftime('%Y'))
2019       # 2019 年
```

接下来，可以使用例14–32～例14–37的代码分别使用6个不同的有关时间的格式化代码，以不同的格式显示出当前时间。

例 14-32

```
>>> print(d.strftime('%H'))
15         # 15 点
```

例 14-33

```
>>> print(d.strftime('%I'))
03         # 3 点，可是没法确定是上午还是下午 3 点
```

例 14-34

```
>>> print(d.strftime('%I%p'))
03PM       # 下午 3 点、%I 和 %p 要一起使用
```

例 14-35

```
>>> print(d.strftime('%M'))
33         # 33 分
```

例 14-36

```
>>> print(d.strftime('%S'))
59         # 59 秒
```

例 14-37

```
>>> print(d.strftime('%f'))
265224        # 265224 微秒
```

接下来，可以使用例14–38～例14–40的代码分别使用三个不同的有关（一年的）第几天或第几周的格式化代码，以不同的格式显示出当前日期。

例 14-38

```
>>> print(d.strftime('%j'))
147          # 今年的第 147 天
```

例 14-39

```
>>> print(d.strftime('%U'))
21          # 今年的第 21 周
```

例 14-40

```
>>> print(d.strftime('%W'))
21          # 今年的第 21 周
```

最后，可以使用例 14-41 ～例 14-43 的代码分别使用三个不同的有关本地日期和时间的格式化代码，以不同的格式显示出当前日期。

例 14-41

```
>>> print(d.strftime('%c'))
Mon May 27 15:33:59 2019   # 2019 年 5 月 27 日星期一
```

例 14-42

```
>>> print(d.strftime('%x'))
05/27/2019          # 19 年 5 月 27 日
```

例 14-43

```
>>> print(d.strftime('%X'))
15:33:59          # 15 点 33 分 59 秒
```

☞ **指点迷津：**

在实际工作中，程序设计的初期一般不用考虑输出的显示格式，因为调整显示格式是一项比较耗时的工作，而此时程序是否能够正确运行还不知道。一般到程序已经测试完成之后，再开始进一步的格式化输出的工作以美化显示给用户的界面。

14.5　JSON简介

JSON是JavaScript Object Notation（Java脚本对象表示法）的缩写，而JavaScript是一种非常流行的HTML和互联网程序设计语言。JSON是一种用来存储和交互数据的语法，是以Java脚本对象表示法所写的正文。

在一个浏览器与一台服务器交互数据时，数据只能够是正文。JSON是正文，可以将任何JavaScript对象转换成JSON，并将JSON发送到服务器。我们也可以将此服务器接收到的任何JSON转换成JavaScript对象。这种方式可以使我们在不用复杂的编译和翻译的情况下将数据作为JavaScript对象来处理。

虽然JSON使用的是JavaScript语法，但是JSON的格式仅仅是正文而已。任何程序设计语言都可以阅读正文并将其作为一种数据格式来使用。现将JSON的特性总结如下。

（1）JSON代表JavaScript Object Notation（Java脚本对象表示法）。

（2）JSON是一种轻量级的数据交互格式。

（3）JSON是自我描述的并且容易理解。

（4）JSON独立于任何程序设计语言。

因为JSON的格式仅仅是正文，所以它在浏览器和服务器之间发送与接收都很容易，而且它可以作为一种被任何程序设计语言都可以使用的数据格式。JavaScript有一个内置的函数，可以将由JSON格式书写的字符串转换成本地的JavaScript对象。因此，如果从一台服务器上接收到JSON格式数据时，您可以像使用任何其他JavaScript对象那样使用它。

扫一扫，看视频

14.6 将JSON转换成Python字典

不仅仅是JavaScript有一个内置的函数可以将由JSON格式书写的字符串转换成本地的JavaScript对象，Python中也有一个名为json的内置软件包，该软件包提供了使用JSON数据的支持。因此，要在Python中使用JSON数据，您必须首先使用import命令导入json这个内置软件包。

如果有一个JSON字符串，可以使用内置软件包json中的json.loads方法编译这个JSON字符串。编译后的结果是一个Python字典。例14-44的Python程序代码利用内置软件包json的loads方法将JSON字符串js转换成Python字典baby，最后显示出字典baby中键weight所对应的值。确认无误之后以json2py.py为文件名存盘（存放在当前目录ch14中），随即运行这个程序。

例 14-44

```
import json    # 导入json软件包
# 创建一个JSON字符串
js = '{ "name":"Jack", "weight":3.8, "gender":"M"}'
# 编译js，将JSON字符串转换成Python字典baby
baby = json.loads(js)
# 输出字典baby中的一个元素值
print(baby['weight'])
3.8
```

如果想要了解变量js中到底存了些什么东西，可以在交互模式下使用例14-45直接列出变量js的内容。

例 14-45

```
>>> js
'{ "name":"Jack", "weight":3.8, "gender":"M"}'
```

从例14-45的显示结果可以看出：变量js中所存储的就是一个JSON格式的字符串。如果您想确定这个变量js的确切数据类型，可以在交互模式下使用例14-46直接列出变量js的数据类型。实际上，它就是一个字符串，只不过是按照JSON格式存储而已。

例 14-46

```
>>> type(js)
```

```
<class 'str'>
```

如果想要了解变量baby中到底存了些什么东西，可以在交互模式下使用例14-47直接列出变量baby的内容。

例 14-47

```
>>> baby
{'name': 'Jack', 'weight': 3.8, 'gender': 'M'}
```

从例14-47的显示结果可以看出：变量baby是一个Python字典。比较例14-47的显示结果与例14-45的显示结果可以发现，所有的双引号都变成了单引号，而且大括号外面的单引号也不见了，因为baby已经不再是字符串变量了，而是一个Python字典了。

如果想确定这个变量baby的确切数据类型，可以在交互模式下使用例14-48直接列出变量baby的数据类型。

例 14-48

```
>>> type(baby)
<class 'dict'>
```

例14-48的显示结果清楚地表明：变量baby的数据类型是Python字典。将这一个JSON字符串转换成了一个Python字典之后，就可以使用学习过的Python程序设计语言来进一步处理这个字典了。

14.7　将Python字典转换成JSON

14.6节介绍了如何将一个JSON字符串转换成Python字典。在这一节将介绍逆方向转换——将一个Python字典转换成JSON字符串。在Python的内置软件包json中还有一个dumps方法，使用这一方法可以将一个Python的对象转换成一个JSON字符串。

如果有一个Python字典，可以使用内置软件包json中的json.dumps方法编译这个Python字典。编译后的结果是一个JSON字符串。例14-49的Python程序代码利用内置软件包json的dumps方法将Python字典dog转换成JSON字符串js，最后显示出JSON字符串。确认无误之后以py2json.py为文件名存盘（存放在当前目录ch14中），随即运行这个程序。

例 14-49

```
import json
# a Python object (dictionary):
dog = {
  "name": "Black Tiger",
  "age": 2,
  "sex": "F"
}
# convert into JSON:
js = json.dumps(dog)
# the result is a JSON string:
print(js)
```

```
{"name": "Black Tiger", "age": 2, "sex": "F"}
```

如果想要了解变量js中到底存了些什么东西，可以在交互模式下使用例14-50直接列出变量js的内容。

例 14-50

```
>>> js
'{"name": "Black Tiger", "age": 2, "sex": "F"}'
```

从例14-50的显示结果可以看出：变量js中所存储的是一个JSON格式的字符串。如果想确定这个变量js的确切数据类型，可以在交互模式下使用例14-51直接列出变量js的数据类型。实际上，它就是一个字符串，只不过是按照JSON格式存储而已。

例 14-51

```
>>> type(js)
<class 'str'>
```

如果想要了解变量dog中到底存了些什么东西，可以在交互模式下使用例14-52直接列出变量dog的内容。

例 14-52

```
>>> dog
{'name': 'Black Tiger', 'age': 2, 'sex': 'F'}
```

从例14-52的显示结果可以看出：变量dog是一个Python字典。比较例14-52的显示结果与例14-50的显示结果可以发现，所有的双引号都变成了单引号，而且大括号外面的单引号也不见了，因为dog是一个Python字典，而js是一个格式为JSON的字符串。

如果想确定这个变量dog的确切数据类型，可以在交互模式下使用例14-53直接列出变量dog的数据类型。

例 14-53

```
>>> type(dog)
<class 'dict'>
```

例14-53的显示结果清楚地表明：变量dog的数据类型为Python字典。将这一个Python字典转换成了一个JSON字符串之后，您就可以使用JavaScript语言来进一步处理这个JSON字符串，也可以发送到一台服务器上做进一步的处理。

扫一扫，看视频

14.8　实例——Python对象转换成JSON字符串

在讲完了这章的内容之后，老师为了让孩子们复习一下本章的内容，他要求孩子们用Python程序完成以下工作。

（1）创建一个名为dog的字典以存储狗的名字、颜色和性别。

（2）在字典dog中添加一个项birth（出生日期），其值为今天。

（3）将字典dog转换成JSON字符串。

　　孩子们经过一阵子讨论之后，最终在Python的图形编辑器中编写出例14–54所示的Python程序代码。确认无误之后，他们在Python图形解释器中运行了这个程序。接下来解释一下这段程序代码：第1行和第2行分别导入json内置软件包和datetime模块；随后，定义一个名为dog的字典，其中包括三个项；接下来，利用模块datetime中的方法获取今天的日期和时间，并赋予变量d；随后，取出变量的日期并转换成字符串，之后赋予变量birthday；随后，在字典dog中添加一个键为birth的项，其值为birthday的值。随后，使用json内置软件包中的dumps方法将字典dog转换成JSON字符串js；最后，输出字符串js的内容。

　　例 14-54

```
import json
import datetime
# a Python object (dictionary):
dog = {
  "name": "Black Tiger",
  "color": "Black",
  "sex": "F"
}
d = datetime.datetime.today()
birthday = str(d.date())
dog["birth"] = birthday
# convert into JSON:
js = json.dumps(dog)
# the result is a JSON string:
print(js)
{"name": "Black Tiger", "color": "Black", "sex": "F", "birth": "2019-05-28"}
```

　　随即，孩子们进行了细致的调试。为了了解变量js中到底存了些什么东西，他们在交互模式下使用例14–55直接列出变量js的内容。

　　例 14-55

```
>>> js
'{"name": "Black Tiger", "color": "Black", "sex": "F", "birth": "2019-05-28"}'
```

　　从例14–55的显示结果可以看出：变量js中所存储的就是一个JSON格式的字符串。接下来，他们想确定这个变量js的确切数据类型，他们在交互模式下使用例14–56直接列出变量js的数据类型。

　　例 14-56

```
>>> type(js)
<class 'str'>
```

　　他们当然还想知道变量dog中到底存了些什么东西，于是他们在交互模式下使用例14–57直接列出变量dog的内容。

　　例 14-57

```
>>> dog
```

```
{'name': 'Black Tiger', 'color': 'Black', 'sex': 'F', 'birth': '2019-05-28'}
```

从例14-57的显示结果可以看出：变量dog是一个Python字典。比较例14-57的显示结果与例14-55的显示结果可以发现，所有的双引号都变成了单引号，而且大括号外面的单引号也不见了，因为dog是一个Python字典，而js是一个格式为JSON的字符串。

接下来，他们要确定这个变量dog的确切数据类型，他们在交互换模式下使用例14-58直接列出变量dog的数据类型。

例 14-58

```
>>> type(dog)
<class 'dict'>
```

例14-58的显示结果清楚地表明：变量dog的数据类型为Python字典。当将这一个Python字典转换成了JSON字符串之后，他们就可以使用JavaScript语言来进一步处理这个JSON字符串，也可以发送到一台服务器上做进一步的处理。

他们也想知道d.date()所返回的到底是什么，于是他们在交互模式下使用例14-59直接列出变量d.date()返回的内容。

例 14-59

```
>>> d.date()
datetime.date(2019, 5, 28)
```

接下来，他们想确定d.date()所返回的确切数据类型，他们在交互模式下使用例14-60直接列出d.date()所返回的数据类型。

例 14-60

```
>>> type(d.date())
<class 'datetime.date'>
```

接下来，他们也想确定变量birthday中的内容，他们在交互模式下使用例14-61直接列出变量birthday的内容。

例 14-61

```
>>> birthday
'2019-05-28'
```

从例14-61的显示结果可以看出：变量birthday中所存储的是一个字符串。接下来，他们想确定这个变量birthday的确切数据类型，他们在交互模式下使用例14-62直接列出变量birthday的数据类型。

例 14-62

```
>>> type(birthday)
<class 'str'>
```

最后，他们也想确定变量d中的内容，他们在交互模式下使用例14-63直接列出变量d的内容。

例 14-63

```
>>> d
```

```
datetime.datetime(2019, 5, 28, 17, 25, 22, 111997)
```

☞ **指点迷津：**

　　虽然Python从设计之初就已经是一门面向对象的程序设计语言，而且在Python中创建一个类和对象也是很容易的，但是对于初学者来说，要理解面向对象的程序设计方法是需要一段时间的。面向对象的程序设计方法的学习曲线要比一般的程序设计方法陡很多，因为要理解面向对象的程序设计方法中的一些基本概念并不是一件很轻松的事。但是当读者有了一些编程经验以后再来学习面向对象的程序设计方法就会容易许多。正是基于这样的现实，本书到目前为止一直尽可能地回避提及对象和面向对象的程序设计术语。现在读者已经有了足够的程序设计知识和经验了，所以以下一章就要开始介绍面向对象的程序设计——这一在软件领域非常时髦的程序设计方法。

14.9　习　题

　　1. 以下Python程序代码导入datetime模块并显示当前的日期和时间，请在以下代码段中填写上遗失的代码。

```
import _____
d = datetime.datetime.now()
print(d)
```

　　2. 以下Python程序代码将只提取当前日期的年，请在以下代码段中填写上遗失的代码。

```
import datetime
d = datetime.datetime.now()
d _____
```

　　3. 以下Python程序代码将只提取当前日期的月，请在以下代码段中填写上遗失的代码。

```
import datetime
d = datetime.datetime.now()
d _____
```

　　4. 以下Python程序代码将只提取当前日期和时间的小时，请在以下代码段中填写上遗失的代码。

```
import datetime
d = datetime.datetime.now()
d _____
```

　　5. 以下Python程序代码将显示一个日期的完整月份(的英文)，请在以下代码段中填写上遗失的代码。

```
import datetime
d = datetime.datetime(2019, 3, 8)
print(d _____ ('%B'))
```

　　6. 以下Python程序代码是以缩写格式显示出当前日期是星期几，请在以下代码段中填写上遗失的代码。

```
import datetime
d = datetime.datetime.now()
print(d.strftime(' _____ '))
```

7. 以下Python程序代码是以数字形式01 ~ 12的格式显示出当前日期的月份，请在以下代码段中填写上遗失的代码。

```
import datetime
d = datetime.datetime.now()
print(d.strftime(' _____ '))
```

8. 以下Python程序代码是将一个JSON字符串转换成Python字典，请在以下代码段中填写上遗失的代码。

```
import _____
js = '{ "name":"Jack", "weight":3.8, "gender":"M"}'
baby = json.loads(js)
print(baby['weight'])
```

9. 以下Python程序代码是将一个JSON字符串转换成Python字典，请在以下代码段中填写上遗失的代码。

```
import json
js = '{ "name":"Jack", "weight":3.8, "gender":"M"}'
baby = json _____
print(baby['weight'])
```

10. 以下Python程序代码是将一个Python字典转换成JSON字符串，请在以下代码段中填写上遗失的代码。

```
import json
dog = {
    "name": "Black Tiger",
    "age": 2,
    "sex": "F"
}
js = json _____
print(js)
```

第15章 Python中的类与对象

在软件产业的发展过程中，经历了许许多多的失败和挫折。软件项目一再延期，预算不断地超支，甚至项目失败，几百万元、几千万元乃至上亿元的投资血本无归，这在软件行业曾经是司空见惯的事。也正是在这样的背景下，软件行业的精英们下决心一定要找到一剂彻底解决这一世纪难题的良药。

经过了无数痛苦的尝试之后，这些IT精英们又不得不回过头求教于自然之母，从大自然中获取灵感并得到了这剂良药的秘方，那就是面向对象的程序设计方法。目前似乎面向对象的程序设计已经被看成了软件开发领域里的包治百病的金刚大力丸。

当然这么好的东西谁都不想错过，Python程序设计语言也不例外。实际上，在Python中几乎每个东西都是一个对象。

15.1　什么是对象

要理解面向对象的程序设计方法，首先就必须清楚什么是对象。对象的英语单词是object，按照英语词典的解释是a material thing that can be seen and touched（一个可以看见和触摸到的事物）或a thing external to the thinking mind or subject（一件脑海里或主观可以想象的事情）。在现实生活中，一个对象就是您能看到和感知到（也包括您想到）的任何东西，这里既可以是自然的也可以是人造的。Python程序设计语言中的对象实际上与现实生活中的对象极为相似。下面通过将一个生活中的对象（健身宝）转换成Python程序设计的对象的例子来进一步解释怎样描述和使用对象。

假设一天一位老兄逛商场，无意中看到了一款被称为21世纪高科技健身产品的健身宝，在几个销售员的大力推荐下，他买了4个，自己留1个，其余3个分别给他的女朋友、未来的丈母娘和老丈人。其实这个健身宝就是在原来的电子表的基础上加上了记录行走距离（步数）和行走时间的功能，并可以计算出所消耗的卡路里，又增加了定位功能和手电的功能。回到家之后，他就迫不及待地打电话给女朋友，向她介绍这个21世纪高科技的健身宝。他在电话中仔细地描述了健身宝的外观和功能（它能做什么），其实这就是健身宝这个对象的性质和它可以进行的操作。对象的性质是由属性来描述的，而进行的操作被称为方法。属性和方法加起来又被称为成员。以下就是这个健身宝对象的属性和方法的具体说明。

属性（properties）：每个健身宝都具有一些特定的属性，如颜色、外形、大小（尺寸）、电池型号、制造商等。如其中一个对象（健身宝）是紫色、长方形、火柴盒大小、7号电池一节、宇宙长寿超科技健身有限公司制造。实际上，属性就是描述一个对象是什么。

方法（methods）：说明对象的功能（这个对象能干什么）。每个健身宝都可以用作手表、闹钟、秒表、手电、记录行走距离和时间的记录器。一个对象可以完成的每一个工作（操作）就被称为方法。

为了加深读者对以上概念的理解，我们给出一个繁育狗的项目（以下简称狗项目）中的一个例子。由于城市化的进程不断加快，许多城里人越来越感到孤独，邻里之间也很少往来。正是在这种大背景下，市场对宠物，特别是狗的需求成爆炸式的增长。狗项目的管理层也与时俱进，适应市场的需要成立了一个高档狗的服务公司，负责高档狗的繁育、销售、训练、医疗和寄宿等一系列的狗服务。公司取名为狗——最忠实的伴侣股份有限公司，简称狗伴侣公司。公司从成立那天起生意就如日中天，现在连锁店和加盟店已经遍布全国。

为了扩大市场的份额，狗伴侣公司的高级管理层决定聘请专业的软件游戏开发人员开发一个养狗的游戏，并放在互联网上，这样即使没有狗的人也可以在网上虚拟地养狗，从而达到培育潜在客户群的目的。为此，程序员必须先创建一个虚拟狗对象，这个虚拟狗对象的一些必要的属性和方法可能如下。

属性（properties）：每条狗必须都具有一些特定的属性，如狗名、颜色、性别、出生日期等。如其中一条狗名为"明星"、纯白色、母、2018年6月14日出生。

方法（methods）：每条狗都吃（eat）、喝（drink）、叫（bark）、睡觉（sleep）等。当然还应该有拉屎、撒尿等功能（方法），不过这些可以留待以后继续开发。

在计算机领域中的对象与现实世界中的对象十分相似。实际上，对象就是由它的属性和方法所组成（objects = properties + methods）的。

15.2　面向对象程序设计方法简介

Python从设计之初就已经是一门面向对象的语言，正因为如此，在Python中创建一个类和对象是很容易的。本章我们将详细介绍Python的面向对象编程。如果您以前没有任何有关面向对象的编程设计的知识，那您可能需要先了解面向对象程序设计语言的基本特征，在头脑里面形成一个基本的面向对象的概念，这样有助于您更容易地学习Python的面向对象编程。接下来，我们将简要地介绍在面向对象的程序设计语言中要使用的一些基本术语。

（1）类(class)：用来描述具有相同属性和方法的对象的集合，它定义了该集合中每个对象所共有的属性和方法。对象是类的实例。

（2）方法(method)：类中定义的函数。

（3）类变量(class variable)：类变量在整个实例化的对象中是公用的。类变量定义在类中存在函数体之外。类变量通常不作为实例变量使用。

（4）数据成员(data member)：类变量或者实例变量用于处理类及其实例对象的相关数据。

（5）方法重载(method overloading)：如果从父类继承的方法不能满足子类的需求，可以对其进行改写，这个过程叫方法的覆盖（override），也称为方法的重载。

（6）局部变量(local variable)：定义在方法中的变量，只作用于当前实例的类。

（7）实例变量(instance variable)：在类的声明中，属性是用变量来表示的。这种变量就称为实例变量，是在类声明的内部但是在类的其他成员方法之外声明的。

（8）继承(inheritance)：一个派生类（derived class）继承基类（base class）的属性和方法。继承也允许把一个派生类的对象作为一个基类对象对待。例如，有这样一个设计：一个dog（狗）类型的对象派生自Animal（动物）类，这是模拟"是一个（is-a）"关系（如dog是一个animal）。

（9）实例化(instantiation)：创建一个类的实例，类的具体对象。

（10）对象(object)：通过类定义的数据结构实例。对象包括两个数据成员（类变量和实例变量）和方法。

与其他面向对象的程序设计语言相比，Python 程序设计语言在尽可能不增加新的语法和语义的情况下加入了类机制。Python中的类提供了面向对象程序设计的所有基本功能，如类的继承机制允许多个基类、派生类可以覆盖基类中的任何方法、方法中可以调用基类中的同名方法、对象可以包含任意数量和类型的数据。

☞ **指点迷津：**

如果读者学习过其他的面向对象程序设计的书，可能已经发现了本书实际上只是对面向对象的相关内容给出了实用的解释，这是因为本书是介绍Python的书，而不是介绍面向对象程序设计的书。还有由于篇幅的限制，本书只是在上面列出了面向对象程序设计中的术语，而并未给出更为详细的解释。但是即使读者没有任何面向对象方面的知识，只要掌握了本书所介绍的内容，对以后Python的学习和编程都不会有什么影响。实际上，属性类似于变量，而方法类似于函数（只是该对象才可以调用）。面向对象的程序设计方法将一个对象的所有的属性和行为（方法）都捆绑在一起，并封装在一个对象里。这样使得大型软件的开发、调试和维护都变得相对简单，开发出来的软件也更稳定。

15.3　Python类和对象的创建

扫一扫，看视频

正如我们前面介绍的那样，Python程序设计语言本身就是一种面向对象的程序设计语言。在Python程序设计语言中几乎每个东西都是一个具有一些属性和方法的对象。而一个类就好像一个对象构造器，或者一个创建对象的蓝图。

因此，要创建一个对象之前，您需要有创建这一对象的构造器（类）。要使用关键字class来创建一个类。利用一个对象构造器创建一个对象也被称为类的实例化，而类实例化之后，对象就可以使用其属性，实际上，创建一个类之后，可以通过类名访问其属性。

Python程序设计语言的类对象支持两种操作：属性引用和实例化。属性引用使用与之前介绍过的在Python中所有的属性引用一样的标准语法：对象名.属性名。类对象创建后，该类中所有的命名变量都是有效属性。属性就是一个对象的描述，即说明了一个对象是什么。

接下来就将开始我们的面向对象程序设计之旅了。首先，我们要把真实生活中的宠物狗转换成一个虚拟的狗对象。例15-1的Python程序代码演示了如何创建一个Python的类，以及如何利用这个类来定义并使用一个对象。

例 15-1

```
class DogClass:
    name = 'Brown Lion'
```

```
        weight = 38
        def bark(self):
            return 'Wang, Wang, Wang !!!'
dog1 = DogClass()
print('The name property of DogClass is: ', dog1.name)
print('The weight property of DogClass is: ', dog1.weight)
print('The bark methon of DogClass is: ', dog1.bark())
The name property of DogClass is:  Brown Lion
The weight property of DogClass is:  38
The bark methon of DogClass is:  Wang, Wang, Wang !!!
```

在这段程序代码中，第1行代码的class是定义类的关键字，随后的是类名（可随意指定，但是最好使用有意义的名词，并且如果是由多个词组成，每个单词的首字符大写，其他字符小写，其目的是便于阅读和理解。这些规矩不是强制的，但是最好遵守，因为这样会增加易读性）；第2行代码定义了一个字符串变量name并赋予初值Brown Lion；第3行代码定义了一个数字变量weight并赋予初值38；第4行和第5行代码定义了一个名为bark的方法，该方法返回一个字符串"Wang, Wang, Wang !!!"；第6行代码定义了一个名为dog1的DogClass类型的对象；第7行和第8行代码分别输出dog1对象的属性值name和weight；第9行也就是最后一行代码调用dog1的bark方法，之后输出该方法返回的结果。粗体部分为该程序代码执行后显示的结果。

☞ **指点迷津：**

如果读者对以上类的定义还是不太清楚，可以将属性类比成变量，而将方法类比成函数。类只是将那些属于同一类的变量和函数封装在一起而已（封装在一个类中）。最后使用这个类来定义（创建）所需的对象，在这一点上，类有些像数据类型。

15.4 Python内置函数__init__

例15-1的程序代码中所创建的类DogClass和对象dog1应该属于最简单形式的类和对象，当然在实际的应用程序中很少有这么简单的类和对象。

要真正理解Python的类，您就不得不首先理解Python的内置函数__init__。在所有的Python类中都有一个名为__init__()的函数，而且每当一个类被初始化，该函数都会自动执行。当对象被创建时，Python自动使用这个__init__()函数为对象属性赋值，或做一些其他的必需的操作。

在一个类中声明一个方法，与定义一个普通的函数几乎没有什么差别，只是有一个例外——那就是每一个方法都有一个名为self的参数，而且它是第一个参数。Python会自动将self参数添加到您所定义的方法的参数列表中；而且在调用方法时您不必包括这个self参数。例15-2的Python程序代码演示了如何创建一个名为Dog的类，并使用__init__函数为name、weight和age属性赋值。利用__init__这个Python内置函数，您就可以创建任意多个不同的狗狗对象了，是不是方便多了？

例15-2

```
class Dog:
  def __init__(self, name, weight, age):
```

```
        self.name = name
        self.weight = weight
        self.age = age
dog1 = Dog('Black Tiger', 28, 3)
dog2 = Dog('Polar Bear', 38, 2)
print(dog1.name)
print(dog1.weight)
print(dog1.age)
print(dog2.name)
print(dog2.weight)
print(dog2.age)
Black Tiger
28
3
Polar Bear
38
2
```

这里再重申一下：每次使用某个类创建一个对象时，该类中的__init__函数都会被自动地调用。

☞ **指点迷津：**

用不着将面向对象的程序设计看得多神秘。实际上，任何天上飞的、地上爬的、水里游的、看得见的、摸得到的、听得见的，甚至想得出的东西都可以被定义为类（只要有实际需要），之后就可以利用这个类创建任意多个对象了。有同行认为，如果将所有的对象都设计完成了，编程工作就完成了一大半。他们的观点有一定的道理，因为一旦所有的对象都定义完毕，剩下的就是如何引用这些对象中的属性和方法了。

15.5 Python对象的方法

与变量不同的是，在一个对象中除了可以包含值（属性）之外，还可以包含方法（相当于函数），但是在一个对象中的方法只属于该对象。那么，什么是对象的方法呢？方法就是一个对象可以做的事情。在例15-3的Python程序代码中，我们在15.4节例15-2的基础上进行了扩充，为Dog类新定义了三个方法，它们分别是bark（叫）、sleep（睡）和drink（喝）方法。这三个方法都非常简单，只是输出一些信息而已。这些调用的方法也是读者之前已经见到过的，即使用对象名.方法名来调用一个方法。

例 15-3

```
class Dog:
  def __init__(self, name, weight, age):
    self.name = name
    self.weight = weight
```

```
        self.age = age
    def bark(self):        # 创建 bark 方法
        print('Wang, Wang, Wang, I am ' + self.name)
    def sleep(self):       # 创建 sleep 方法
        print('我做了个美梦，梦见主人成了我的宠物，他开心地吃着我叼来的死耗子，太温馨了。')
    def drink(self):       # 创建 drink 方法
        print(self.name + ' is drinking now !!!')
# 以下的部分都属于调试（测试）语句，在调试完成之后，这些语句应该注释或删除掉
dog1 = Dog('Black Tiger', 28, 3) # 创建对象 dog1
dog1.bark()     # 调用 dog1 对象的 bark 方法
dog1.sleep()    # 调用 dog1 对象的 sleep 方法
dog1.drink()    # 调用 dog1 对象的 drink 方法
print(dog1.name)
print(dog1.weight)
print(dog1.age)
dog2 = Dog('Polar Bear', 38, 2)   # 创建对象 dog2
dog2.bark()     # 调用 dog2 对象的 bark 方法
dog2.sleep()    # 调用 dog2 对象的 sleep 方法
dog2.drink()    # 调用 dog2 对象的 drink 方法
print(dog2.name)
print(dog2.weight)
print(dog2.age)
Wang, Wang, Wang, I am Black Tiger
我做了个美梦，梦见主人成了我的宠物，他开心地吃着我叼来的死耗子，太温馨了。
Black Tiger is drinking now !!!
Black Tiger
28
3
Wang, Wang, Wang, I am Polar Bear
我做了个美梦，梦见主人成了我的宠物，他开心地吃着我叼来的死耗子，太温馨了。
Polar Bear is drinking now !!!
Polar Bear
38
2
```

例15-3的结果清楚地显示了每个对象中的每个方法执行的结果和每个对象中的所有属性值。细心的读者可能已经注意到了——类的属性定义与变量的定义几乎相同，而类中方法的定义与函数的定义几乎也没什么差别。原来面向对象的程序设计也没有想象中的那么复杂，是不是？

15.6 Python对象的self参数

在以上的例子中，我们多次使用了self参数，self参数是类的当前实例（对象）的一个引用，即

self参数代表的是实例而不是类。类的方法与普通函数只有一个区别——它们必须有一个额外的第一个参数，而这个参数的名称习惯上使用self（不是必须使用self）。

参数self是类的当前实例的一个引用，在所定义的方法中可以将它当作当前对象来使用。这给编程带来了很大的方便，如在bark和drink方法中使用的self.name，当在dog1对象中调用这两个方法时使用的是dog1对象中的名字，而在dog2对象中调用这两个方法时则使用的是dog2对象中的名字。

尽管一般都使用self这个名字，但是这并不是强制的要求。您可以根据自己的喜好使用任何名字，但是这个参数一定是类中任何方法（函数）的第一个参数。为了让读者进一步深入理解这个"第一个参数"的应用，我们对15.5节的例15-3的代码进行了小小的修改，将所有的self都改为d（dog的第一个字母，您可以使用任何您喜欢的参数名）。修改后的程序代码如例15-4所示，随后执行这段程序代码。

例 15-4

```
class Dog:
  def __init__(d, name, weight, age):
    d.name = name
    d.weight = weight
    d.age = age
  def bark(d):
    print('Wang, Wang, Wang, I am ' + d.name)
  def sleep(d):
    print('我做了个美梦，梦见主人成了我的宠物，他开心地吃着我叼来的死耗子，太温馨了。')
  def drink(d):
    print(d.name + ' is drinking now !!!')
dog1 = Dog('Black Tiger', 28, 3)
dog1.bark()
dog1.sleep()
dog1.drink()
print(dog1.name)
print(dog1.weight)
print(dog1.age)
dog2 = Dog('Polar Bear', 38, 2)
dog2.bark()
dog2.sleep()
dog2.drink()
print(dog2.name)
print(dog2.weight)
print(dog2.age)
Wang, Wang, Wang, I am Black Tiger
我做了个美梦，梦见主人成了我的宠物，他开心地吃着我叼来的死耗子，太温馨了。
Black Tiger is drinking now !!!
Black Tiger
```

```
28
3
Wang, Wang, Wang, I am Polar Bear
我做了个美梦，梦见主人成了我的宠物，他开心地吃着我叼来的死耗子，太温馨了。
Polar Bear is drinking now !!!
Polar Bear
38
2
```

从例15-4的显示结果可以看出：以上显示结果与例15-3的显示结果一模一样。不过考虑到约定俗成的习惯和程序的易读性，建议读者如果没有必要还是尽量使用self这个参数名为好。

扫一扫，看视频

15.7　修改Python对象的属性

为了让读者深入理解所定义的对象，我们使用例15-5～例15-8的代码分别列出对象dog1和dog2的内容与数据类型。注意以下的命令都是在交互模式下运行的，如果之前已经退出了Python解释器，您需要首先重新执行例15-4的程序代码。

例15-5

```
>>> dog1
<__main__.Dog object at 0x0000000002E200F0>
```

例15-6

```
>>> dog2
<__main__.Dog object at 0x0000000002F327F0>
```

例15-7

```
>>> type(dog1)
<class '__main__.Dog'>
```

例15-8

```
>>> type(dog2)
<class '__main__.Dog'>
```

☞ 指点迷津：

__main__表示顶层代码执行的作用域的名字。

在您创建了一个对象之后，如果发现某个或某些属性值不合适，您可以随时修改。如dog1这条狗越长越不像老虎了，而像只狗熊，并且随着年龄的增加，体重也增加了许多。于是，您就可以使用例15-9的程序代码修改对象dog1的name、weight和age属性。

例15-9

```
>>> dog1.name = 'Black Bear'
>>> dog1.weight = 44
```

```
>>> dog1.age = 5
>>>
```

Python执行完例15-9的程序代码之后，并不会显示任何信息。因此，为了验证以上的修改是否被正确执行了，您可以使用例15-10的程序代码调用dog1对象的bark方法和使用例15-11的程序代码输出dog1对象的全部属性值。

例 15-10

```
>>> dog1.bark()
Wang, Wang, Wang, I am Black Bear
```

例 15-11

```
>>> print(dog1.name, dog1.weight, dog1.age)
Black Bear 44 5
```

从例15-10和例15-11的显示结果，您基本上可以确定在例15-9的程序代码中对dog1对象的name、weight和age属性的修改是准确无误的。

15.8　删除一个Python对象

如果发现已经不再需要某个对象了，可以删除这个对象。要使用del关键字（命令）来删除一个对象。如果现在已经不再需要dog1对象了，就可以使用例15-12的代码删除这个dog1对象。

例 15-12

```
>>> del dog1
>>>
```

与UNIX和Linux所采用的方式类似，Python执行完以上例15-12的程序代码之后并不会显示任何信息，而是直接出现Python提示符。因此，为了验证以上的删除操作是否被正确执行了，您可以使用例15-13的程序代码调用dog1对象的bark方法和使用例15-14的程序代码直接显示dog1对象。

例 15-13

```
>>> dog1.bark()
Traceback (most recent call last):
  File "<pyshell#11>", line 1, in <module>
    dog1.bark()
NameError: name 'dog1' is not defined
```

例 15-14

```
>>> dog1
Traceback (most recent call last):
  File "<pyshell#10>", line 1, in <module>
    dog1
NameError: name 'dog1' is not defined
```

例15-13和例15-14的显示结果清楚地表明:dog1对象已经被成功地删除掉了，因为dog1这个名字已经没有定义了。此时，dog2依然存在，del命令并不影响其他的同类对象。您可以使用例15-15的程序代码来验证这一点。

例 15-15

```
>>> dog2.bark()
Wang, Wang, Wang, I am Polar Bear
```

扫一扫，看视频

15.9 Python类的继承——创建父类与子类

继承允许我们定义一个类，而该类的所有属性和方法都是从另一个类继承而来。Python 同样支持类的继承，如果一种语言不支持继承，类就没有什么意义。

在实际的软件开发中很少是一切都从零做起，一般有经验的程序员都是尽可能地利用已有的程序代码，并在它们的基础之上进行修改和扩充。而类继承的特性为这一方法提供了便利。谈到类的继承，就要涉及两种类型的类，它们分别是父类和子类。

（1）父类（parent class）是被继承的类，也被称为基类。

（2）子类（child class）是继承了另一个类的类，也被称为派生类。

☞ **指点迷津：**

父类这一翻译实际上是有待商榷的，而且这一翻译在一些西方国家可能会遭到妇女团体的反对，因为parent一词原意是父母。更有甚者，有些教学机构要求老师不能使用White Board而使用Wipe Board，因为黑白有种族歧视的含义。

那么怎样才能创建一个父类呢？其实方法我们已经使用过了，因为任何类都可以是一个父类。例15-16的Python程序代码创建了一个名为pet（宠物）的类，该类有name、ptype和age三个属性，以及sleep和drink两个方法。

例 15-16

```
class Pet:
    def __init__(self, name, ptype, age):
        self.name = name
        self.ptype = ptype
        self.age = age
    def sleep(self):
        print('我做了个美梦，梦见主人成了我的宠物，他开心地吃着我叼来的死耗子，太温馨了。')
    def drink(self):
        print(self.name + ' is drinking now !!!')
# 使用 Pet 类创建两个对象 pet1 和 pet2，随后执行两个方法并输出它们的属性
pet1 = Pet('Black Tiger', 'dog', 3)
pet1.sleep()
pet1.drink()
print(pet1.name, pet1.ptype, pet1.age)
pet2 = Pet('Lucy', 'cat', 2)
```

```
pet2.sleep()
pet2.drink()
print(pet2.name, pet2.ptype, pet2.age)
我做了个美梦，梦见主人成了我的宠物，他开心地吃着我叼来的死耗子，太温馨了。
Black Tiger is drinking now !!!
Black Tiger dog 3
我做了个美梦，梦见主人成了我的宠物，他开心地吃着我叼来的死耗子，太温馨了。
Lucy is drinking now !!!
Lucy cat 2
```

既然有了父类，我们就可以在这个父类的基础上创建子类。要创建一个继承另一个类的功能的类，您只需在创建这个子类时将父类作为参数传给子类就行了。如例15-17所示的程序代码创建了一个名为Rabbit的类，它将从Pet类继承所有的属性和方法。

例 15-17

```
>>> class Rabbit(Pet):
 pass
>>>
```

🔊 注意：

当不想在新创建的类中添加任何其他属性和方法时，您可以使用pass关键字。是不是很简单？现在Rabbit类具有与Pet类完全相同的属性和方法。例15-18是创建Rabbit子类的完整程序代码，其中也包括了测试语句，粗体部分为该程序的执行结果。

例 15-18

```
class Pet:
  def __init__(self, name, ptype, age):
    self.name = name
    self.ptype = ptype
    self.age = age
  def sleep(self):
    print('我做了个美梦，梦见主人成了我的宠物，他开心地吃着我叼来的死耗子，太温馨了。')
  def drink(self):
    print(self.name + ' is drinking now !!!')
# 利用继承的方法创建 Rabbit 子类，它继承了 Pet 父类的全部属性和方法
class Rabbit(Pet):
  pass
# 使用 Rabbit 类创建一个对象 rabbit1，随后执行两个方法并输出它的全部属性
rabbit1 = Rabbit('Kelbie', 'Rabbit', 6)
rabbit1.sleep()
rabbit1.drink()
print(rabbit1.name, rabbit1.ptype, rabbit1.age)
我做了个美梦，梦见主人成了我的宠物，他开心地吃着我叼来的死耗子，太温馨了。
Kelbie is drinking now !!!
```

```
Kelbie Rabbit 6
```

在例15-18的程序代码中，使用新创建的Rabbit类创建了一个名为rabbit1的对象，随后执行了该对象的sleep和drink方法，最后输出该对象的全部属性。

15.10　在子类中添加自己的__init__函数和属性

到目前为止，所创建的子类的所有属性和方法都是从父类那里继承而来的。如果子类所创建的新对象与父类有一些不同，可以为子类添加自己的__init__函数（即用这个函数代替pass关键字）来完成，因为在使用现有类创建一个新对象时每次都会自动调用__init__函数。

当在子类中添加了它自己的__init__函数时，子类将不再继承父类的__init__函数了，因为子类的__init__函数覆盖了所继承的父类的__init__函数。如果要继续使用父类的__init__函数，可以使用调用父类__init__函数的语句，即在__init__函数之前冠以"父类名."（如Pet.__init__）。例15-19是创建这样的Rabbit子类的完整Python程序代码，其中也包括了测试语句和注释，粗体部分为该程序的执行结果。

例 15-19

```python
class Pet:
    def __init__(self, name, ptype, age):
        self.name = name
        self.ptype = ptype
        self.age = age
    def sleep(self):
        print('我做了个美梦，梦见主人成了我的宠物，他开心地吃着我叼来的死耗子，太温馨了。')
    def drink(self):
        print(self.name + ' is drinking now !!!')
# 利用继承的方法创建 Rabbit 子类，它添加了自己的 __init__ 函数、
# 继承了父类的全部属性和函数，另外还添加了一个只属于该子类的 weight 属性
class Rabbit(Pet):
    def __init__(self, name, ptype, age, weight):
        Pet.__init__(self, name, ptype, age)
        self.weight = weight
# 使用 Rabbit 类创建一个对象 rabbit1，随后执行两个从父类继承的方法 sleep
# 和 drink，最后输出 rabbit1 对象的全部属性，也包括在子类中定义的 weight 属性
# 在创建新对象 rabbit1 时要在 Rabbit 类的参数表中给出 weight（1.3kg）
rabbit1 = Rabbit('Kelbie', 'Rabbit', 6, 1.3)
rabbit1.sleep()
rabbit1.drink()
print(rabbit1.name, rabbit1.ptype, rabbit1.age, rabbit1.weight)
我做了个美梦，梦见主人成了我的宠物，他开心地吃着我叼来的死耗子，太温馨了。
Kelbie is drinking now !!!
Kelbie Rabbit 6 1.3
```

在例15-19中我们不但在子类中成功地添加了自己的__init__函数，还利用调用的方式全部继承了父类的__init__函数的功能。另外，还在子类中添加了一个名为weight的属性。在以上的例子中，当创建rabbit1对象时，1.3（kg）是变量weight的值，该值会传给Rabbit类。这一工作是由子类的__init__函数中所添加的一个属性weight（self.weight = weight）来完成的。

15.11　在子类中添加自己的方法

您也可以在子类中添加只属于子类的属性或方法，如在例15-20的程序代码中，利用继承创建了一个名为Cat的子类，它不仅继承了Pet的全部属性和方法，还定义了一个名为meow的方法。

例 15-20

```
class Pet:
  def __init__(self, name, ptype, age):
    self.name = name
    self.ptype = ptype
    self.age = age
  def sleep(self):
    print('我做了个美梦，梦见主人成了我的宠物，他开心地吃着我叼来的死耗子，太温馨了。')
  def drink(self):
    print(self.name + ' is drinking now !!!')
# 利用继承的方法创建 Cat 子类，它继承了 Pet 父类的全部属性和方法
# 并且定义了一个只属于 Cat 子类的方法 meow
class Cat(Pet):
  def meow(self):
    print('Meow, Meow, Meow, I am ' + self.name)
# 使用 Cat 类创建一个对象 cat1，随后执行两个从父类继承的方法 sleep 和 drink
# 以及一个在子类中定义的方法 meow，最后输出 cat1 对象的全部属性
cat1 = Cat('Lucy', 'cat', 2)
cat1.sleep()
cat1.drink()
cat1.meow()
print(cat1.name, cat1.ptype, cat1.age)
我做了个美梦，梦见主人成了我的宠物，他开心地吃着我叼来的死耗子，太温馨了。
Lucy is drinking now !!!
Meow, Meow, Meow, I am Lucy
Lucy cat 2
```

通过在子类中定义新的属性和方法，可以在父类的基础上扩充新的功能。即所谓站在别人的肩膀上，您可以看得更高且更远，当然向上爬得也会更快，是不是？

☞ **指点迷津：**
　如果在子类中所添加的方法与父类中的方法（函数）同名，那么从父类中继承的同名方法将被子类的方法所覆盖。

在Python程序设计语言中子类也被称为派生类，而父类也被称为基类，创建一个子类（派生类）的基本语法格式如下。

```
class 派生类名（基类名）：
<语句1>
<语句2>
...
<语句N>
```

在实际工作中，不少软件公司通常会将经常使用的父类（基类）存入某个模块，此时创建一个子类（派生类）的语法格式如下。

```
class 子类名（模块名.父类名）：
<语句1>
<语句2>
...
<语句N>
```

15.12 多继承以及方法的重载(重写)

Python程序设计语言既然是一种面向对象的程序设计语言，因此Python程序设计语言同样也支持多继承，只不过是有限的继承，其多继承的语法格式如下。

```
class 派生类名（基类1，基类2，基类3，...）：
<语句1>
<语句2>
...
<语句N>
```

在以上语法格式中，需要注意圆括号中基类（父类）的顺序：如果在父类中有相同的方法名，而在子类使用时又没有指定，那么Python从左至右搜索——如果在子类中没有找到时，按照从左至右顺序在父类中寻找是否有所需的方法。

如果在父类中的方法无法满足需要，您可以在子类中重写（重载）父类的方法（子类中的方法与父类中的方法同名）。如在例15-19的Python程序代码中，Rabbit子类的所有方法都是从父类Pet那里继承的；在执行之后显示的结果就出现了一个笑话，兔子本来是素食主义者，又怎么能去叼死耗子呢？为此，您可以利用Python程序设计语言的重载特性，在Rabbit子类中重写（重载）那个sleep方法，如例15-21所示。

例 15-21

```
class Pet:     # 定义类 Pet
  def __init__(self, name, ptype, age):
    self.name = name
    self.ptype = ptype
    self.age = age
  def sleep(self):   # 父类中的方法
```

```
        print('我做了个美梦,梦见主人成了我的宠物,他开心地吃着我叼来的死耗子,太温馨了。')
    def drink(self):
        print(self.name + ' is drinking now !!!')
class Rabbit(Pet):    # 定义子类 Rabbit
    def sleep(self):    # 重载 sleep 方法
        print('我做了个美梦,梦见主人成了我的宠物,他开心地吃着我叼来的干草,太温馨了。')
rabbit1 = Rabbit('Kelbie', 'Rabbit', 6)
rabbit1.sleep()
rabbit1.drink()
print(rabbit1.name, rabbit1.ptype, rabbit1.age)
我做了个美梦,梦见主人成了我的宠物,他开心地吃着我叼来的干草,太温馨了。
Kelbie is drinking now !!!
Kelbie Rabbit 6
```

例15-21的显示结果清楚地表明:rabbit1.sleep()调用的是在Rabbit子类中定义的(重载)方法sleep,而不是在父类中定义的方法,因为兔子叼来的已经是干草而不是死耗子了。

可能有这样的情况发生——虽然您在子类中重写了一个方法,但是有时您还是需要调用父类中的同名方法。这又该如何处理呢?其实,Python的设计者们早就想到了,那就是使用super函数调用父类(也叫超类)的方法。您可以在Python解释器中使用例15-22的程序代码来验证这一点(如果您已经退出了Python解释器,您要先重新执行例15-21的程序代码)。

例15-22

```
>>> super(Rabbit, rabbit1).sleep()
我做了个美梦,梦见主人成了我的宠物,他开心地吃着我叼来的死耗子,太温馨了。
```

例15-22的显示结果清楚地表明:super(Rabbit, rabbit1).sleep()调用的是在Pet父类中定义的方法sleep,而不是在子类Rabbit中定义的sleep方法,因为兔子叼来的已经是死耗子而不是干草了。使用super函数调用父类(也叫超类)的方法的一般语法格式如下。

```
super(子类名, 对象名).方法
```

15.13 类的私有属性和私有方法

扫一扫,看视频

在有些情况下,出于安全和保密的考虑,类中的某个或某些属性不希望在类的外部可以直接访问。此时,我们可以将这个或这些属性定义为私有属性。定义私有属性的办法很简单,只是在属性名前冠以两个下画线,如在一个Woman类中,女人的体重和年龄是不希望别人知道的,这两个属性只能在Woman类的内部使用,因此你就可以将它们定义成私有属性__weight和__age。

如果您在商业公司工作过,可能会发现一般公司的订单号或发票号很少有从0或1开始的,因为公司总是要向外界传递公司业务非常繁忙的信息,反映在订单或发票上就是订单或发票很多——订单号或发票号很大。但有时出于内部管理的需要,公司的经理又想知道实际的订货情况(真实的订单号)。在这种情况下,在定义订单(Order)类时,您可以定义一个私有订单号(用于类的内部)和一个公有(公共)订单号(外部可以访问),如例15-23所示。

例 15-23

```
class Order:
    __innerOrdNo = 0          # 私有变量，只有类内部可以使用
    publicOrdNo = 2250        # 公有变量，类外部可以访问
# 类内部的方法，既可以访问公有变量，也可以访问私有变量
    def ordernumber(self):
        self.__innerOrdNo += 1
        self.publicOrdNo += 13
        print (self.__innerOrdNo)
order1 = Order()
order1.ordernumber()
order1.ordernumber()
print (order1.publicOrdNo)
print (order1.__innerOrdNo)   # 将产生错误，因为私有变量在类的外部是不可见的
1
2
2276
Traceback (most recent call last):
  File "E:/python/ch15/Order_private.py", line 14, in <module>
    print (order1.__innerOrdNo)
AttributeError: 'Order' object has no attribute '__innerOrdNo'
```

其实，私有属性和公有属性的概念并不复杂，它们本身就来自我们的实际生活。例如，只能在家人面前说的话就可以认为是具有私有属性，而在公共场合说给大家听的话就可以认为是具有公有属性。

与私有属性类似，类中的某个或某些方法不希望在类的外部可以直接访问。此时，我们可以将这个或这些方法定义为私有方法。定义私有方法的办法同样也很简单，只要在方法名前冠以两个下画线就可以了，如例15-24所示的Python程序代码中的__nightmare(self)方法就是私有方法，它只能在类Dog的内部使用（被调用），而在Dog类以外是不可见的。

例 15-24

```
class Dog:
  def __init__(self, name, weight, age):
    self.name = name
    self.weight = weight
    self.age = age
  def bark(self):
    print('Wang, Wang, Wang, I am ' + self.name)
  def sleep(self):
    print('我做了个美梦，梦见主人成了我的宠物，他开心地吃着我叼来的死耗子，太温馨了。')
  def __nightmare(self): # 私有方法，只有类内部可以使用
    print('我做了个噩梦，梦见主人将我卖给了狗肉铺，太可怕了！！！')
  def crazy(self):
```

```
        self.__nightmare()  # 在类 Dog 内部调用私有方法
dog1 = Dog('Black Tiger', 28, 3)
dog1.bark()
dog1.sleep()
print(dog1.name, dog1.weight, dog1.age)
dog1.crazy()
dog1.__nightmare()  # 将产生错误，因为私有方法在类的外部是不可见的
Wang, Wang, Wang, I am Black Tiger
我做了个美梦，梦见主人成了我的宠物，他开心地吃着我叼来的死耗子，太温馨了。
Black Tiger 28 3
我做了个噩梦，梦见主人将我卖给了狗肉铺，太可怕了！！！
Traceback (most recent call last):
  File "E:/python/ch15/dog_private.py", line 26, in <module>
    dog1.__nightmare()
AttributeError: 'Dog' object has no attribute '__nightmare'
```

例15-24的显示结果清楚地表明：尽管您在Dog类中定义了私有方法__nightmare()，但是在这个类的外表是不能直接调用这一私有方法的。不过您可以通过调用公有方法crazy()，而crazy()方法在Dog类内部调用这一私有方法__nightmare()。当然，前提是您之前要定义了这样的方法才行。

15.14　类的专用方法及运算符重载

除了之前已经使用过多次的__init__()方法之外，Python程序设计语言还提供了类的另外一些专用方法，这些专用方法如下。

（1）__init__：构造函数，在生成对象时调用。
（2）__del__：析构函数，在释放对象时使用。
（3）__repr__：输出，转换。
（4）__setitem__：按照索引赋值。
（5）__getitem__：按照索引获取值。
（6）__len__：获得长度。
（7）__cmp__：比较运算。
（8）__call__：函数调用。
（9）__add__：加运算。
（10）__sub__：减运算。
（11）__mul__：乘运算。
（12）__truediv__：除运算。
（13）__mod__：求余运算。
（14）__pow__：乘方。

在本章的15.12节中，介绍了方法的重载。Python程序设计语言不但可以重载类的方法，而且还可以重载运算符。利用以上类的专用方法，我们还可以重载一个运算符。如例15-25所示的

Python程序代码的主要功能是重载运算符"+"，重载（重新定义后）的"+"运算符可以进行向量（三维数据）的加法运算。

例 15-25

```
class Vector: # 定义一个 Vector 类（一个点的三维坐标）
    def __init__(self, x, y, z):
        self.x = x
        self.y = y
        self.z = z
    def __add__(self, other): # 重载"+"运算符的功能（两个点的三维坐标分别相加）
        return Vector(self.x + other.x, self.y + other.y, self.z + other.z)
v1 = Vector(2, 10, 3) # 定义三维坐标上的一个点
v2 = Vector(5, -2, 8) # 定义三维坐标上的另一个点
v = v1 + v2        # 将 v1 和 v2 两个向量相加
# 输出 v 的三维坐标的值
print ('Vector(' + str(v.x) + ', ' + str(v.y)+ ', ' + str(v.z) + ')')
Vector(7, 8, 11)
```

看了例15-25的显示结果，有什么感受？这么快您就能够修改Python程序设计语言的运算符了，没想到这么快您就成了一位Python程序设计的"大虾"了！如果有需要，您也可以将以上的程序代码修改成进行任意维向量的加法运算。

扫一扫，看视频

15.15　Python的迭代器

迭代是Python最强大的功能之一，是访问集合元素的一种方式。迭代器是一个可以记住遍历位置的对象，包括一个可数数量的值。迭代器对象从集合的第一个元素开始访问，直到所有的元素被访问完结束——进行迭代操作。迭代器只能前进而不能后退。

迭代器有两个基本的方法：iter 和 next。列表、元组、字典和集合对象都是可迭代对象。它们是可迭代的容器，因此在这些对象中已经包括了一个迭代器。所有的这些对象中都有两个用于迭代器的方法iter 和 next。

为了使读者更容易理解Python内部的操作，以下的操作都是在Python解释器的交互模式下完成的。首先，使用例15-26的代码创建一个基于元组的迭代器，随后显示这个迭代器的内容。

例 15-26

```
>>> friends = ('fox', 'dog', 'pig', 'rabbit')
>>> f = iter(friends)  # 基于元组 friends 创建一个名为 f 的迭代器对象
>>> f
<tuple_iterator object at 0x0000000002907208>
```

例15-26的显示结果告诉我们：f是一个基于元组的迭代器对象。如果对此还有任何疑问，您可以使用例15-27的代码列出f的数据类型。

例 15-27

```
>>> type(f)
<class 'tuple_iterator'>
```

看到例15-27的显示结果之后，您应该没有什么疑虑了吧？接下来，使用例15-28～例15-32的代码，利用迭代器的next方法列出迭代器对象f的每一个元素。

例 15-28

```
>>> next(f)    # 提取迭代器对象 f 的下一个对象
'fox'
```

例 15-29

```
>>> next(f)    # 提取迭代器对象 f 的下一个对象
'dog'
```

例 15-30

```
>>> next(f)    # 提取迭代器对象 f 的下一个对象
'pig'
```

例 15-31

```
>>> next(f)    # 提取迭代器对象 f 的下一个对象
'rabbit'
```

例 15-32

```
>>> next(f)    # 提取迭代器对象 f 的下一个对象
Traceback (most recent call last):
  File "<stdin>", line 1, in <module>
StopIteration
```

例15-32的显示结果表明：此时在迭代器对象f中已经没有下一个元素了。可能有读者好奇，那么方法next返回了什么呢？可以使用例15-33和例15-34的Python程序代码轻而易举地获得清晰的答案。

例 15-33

```
>>> n = friends = ('fox', 'dog', 'pig', 'rabbit')
>>> f = iter(friends)
>>> n = next(f)
>>> type(n)
<class 'str'>
```

例 15-34

```
>>> n
'fox'
```

从例15-33和例15-34的显示结果可知：方法next返回的是一个字符串，也就是所提取的那个元素的值。

　　除了上面介绍的列表、元组、字典和集合对象是可迭代对象之外，甚至字符串也是可迭代对象。当然也可以返回一个迭代器，没想到吧？

　　字符串也是可迭代对象，该对象包含了字符串的一个序列。例15-35的程序代码定义了一个包括乾隆御笔的字符串变量qianlong，随即基于这个字符串创建了一个迭代器对象ql，接下来利用next方法输出迭代器中的每一个对象。为了节省篇幅，在Python图形编辑器输入例15-35的程序代码，确认无误之后立即运行这段代码。

例 15-35

```
qianlong = '客上天然居'
ql = iter(qianlong)
print(next(ql))
print(next(ql))
print(next(ql))
print(next(ql))
print(next(ql))
print(next(ql))
客
上
天
然
居
Traceback (most recent call last):
  File "E:/python/ch15/qianlong.py", line 9, in <module>
    print(next(ql))
StopIteration
```

　　例15-35的显示结果的最后部分是错误信息，因为在这个字符串中一共只有5个字符（元素），而在这段代码中却使用了6个print(next(ql))，Python在执行第6个print语句时字符串中已经没有字符了。

15.16　使用循环语句遍历Python的可迭代对象

　　读者可能已经注意到了，利用15.15节介绍的方法遍历一个很大的可迭代对象（元素很多）或很长的字符串时，代码会变得非常的冗长。有没有一种更简短的方法来完成较大的可迭代对象的遍历呢？当然有，那就是使用for循环语句来遍历一个可迭代对象，如例15-36所示。其中，第1行代码定义了具有4个字符串元素的元组friends；第2行和第3行代码循环输出元组friends中的每一个元素。

例 15-36

```
>>> friends = ('fox', 'dog', 'pig', 'rabbit')
>>> for f in friends:
...     print(f)
```

```
...
fox
dog
pig
rabbit
```

似乎使用for循环语句遍历一个可迭代对象的方法更简单些。同样，for循环也可以用于字符串的遍历，如例15-37所示。

例 15-37

```
qianlong = '客上天然居'
for ql in qianlong:
    print(ql)
客
上
天
然
居
```

例15-37的显示结果表明：使用for循环来遍历一个字符串，不但能够准确地输出字符串中的每一个字符，而且不会有任何错误。是不是很方便？

☞ **指点迷津：**

实际上，for循环创建了一个迭代器对象并在每次循环中执行next方法。这就是for循环能够方便地遍历一个可迭代对象的秘密所在。

除了可以使用for循环来遍历一个可迭代对象（包括字符串）之外，您也可以使用while循环来遍历一个可迭代对象，在循环体内要使用next方法来访问对象中的下一个元素，如例15-38所示。因为在这段代码中要处理系统产生的异常，所以要先导入sys模块；在except子句中的错误代码就是例15-35显示结果中错误信息的最后一行的StopIteration。

例 15-38

```
import sys                # 导入 sys 模块
qianlong = '客上天然居'
ql = iter(qianlong)       # 创建一个基于字符串的迭代器对象
while True:
    try:
        print(next(ql))
    except StopIteration:
        sys.exit()
客
上
天
然
居
```

比较例15-37和例15-38的程序代码可以发现：与使用while循环相比，使用for循环来遍历一个可迭代对象应该更简单。您觉得呢？

扫一扫，看视频

15.17　创建一个迭代器

通过以上两节的学习，读者已经知道了在字符串、列表、元组、字典和集合对象中已经包括了一个迭代器。除此之外，我们可以自己创建一个包含迭代器的对象/类。要达到这一目的，您必须在所创建的类中实现"__iter__()"和"__next__()"这两个方法。

正如通过本章前面的若干节的学习中所了解的那样，每一个类都有一个"__init__()"函数——该函数实际上就是Python的构造函数，它会在对象初始化的时候执行。方法"__iter__()"有相似的功能，利用它可以完成一些操作（如初始化等），但是该方法总是返回所定义的迭代器对象。方法"__next__()"也可以完成一些操作，但是该方法返回的是序列中的下一个项（元素）。

例15-39的程序代码就是创建一个字符迭代器的例子。这段代码创建一个返回数字的迭代器，初值为10，逐步递增10（即返回值为10、20、30、40、50等）。

例 15-39

```
class TenNumbers:
  def __iter__(self):
    self.x = 10
    return self
  def __next__(self):
    n = self.x
    self.x += 10
    return n
num = TenNumbers()
numiter = iter(num)
print(next(numiter))
print(next(numiter))
print(next(numiter))
print(next(numiter))
print(next(numiter))
10
20
30
40
50
```

看到例15-39的显示结果，有什么感想？您自己也可以创建自己需要的迭代器对象了，没想到吧？可能有读者好奇，那么num和numiter中到底存放了什么呢？可以使用例15-40～例15-43的代码轻而易举地获得清晰的答案。

例 15-40

```
>>> num
<__main__.TenNumbers object at 0x0000000002F324E0>
```

例 15-41

```
>>> type(num)
<class '__main__.TenNumbers'>
```

例 15-42

```
>>> numiter
<__main__.TenNumbers object at 0x0000000002F324E0>
```

例 15-43

```
>>> type(numiter)
<class '__main__.TenNumbers'>
```

当看到例 15-40 ～例 15-43 的显示结果之后，您应该没有什么疑虑了吧？接下来，使用例 15-44 和例 15-45 的代码显示 next 方法返回的内容及数据类型。

例 15-44

```
>>> next(numiter)
60
```

例 15-45

```
>>> type(next(numiter))
<class 'int'>
```

例 15-44 和例 15-45 的结果清楚地表明：方法 next 返回序列中的下一个项即 60，而它的数据类型是整数型。

15.18　利用StopIteration异常结束迭代

对于例 15-39 的程序代码，如果您使用了足够多的 next 语句，程序可以永远地执行下去，如在 for 循环中使用了 next 语句。为了防止重复无限地进行下去，可以使用 StopIteration 语句。

StopIteration 异常用于标识迭代的完成，以防止出现无限循环的情况发生，在 __next__() 方法中，我们可以设置在完成指定循环次数后触发 StopIteration 异常来结束迭代。如例 15-46 所示的 Python 程序代码是在 15 次迭代后停止执行的。

例 15-46

```
class TenNumbers:
  def __iter__(self):
    self.x = 10
    return self
  def __next__(self):
```

```
    if self.x <= 150:
        n = self.x
        self.x += 10
        return n
    else:
        raise StopIteration
num = TenNumbers()
numiter = iter(num)
for i in numiter:
  print(i)
10
20
30
40
50
60
70
80
90
100
110
120
130
140
150
```

因为在以上的例子中使用了raise语句，所以这里简单地介绍一下raise语句。Python 使用raise 语句抛出一个指定的异常，raise 唯一的一个参数就是指定的要被抛出的异常。它必须是一个异常的实例或者异常的类（也就是 Exception 的子类）。如果只想抛出一个异常，并不想去处理它，那么一个简单的 raise 语句就可以了。

扫一扫，看视频

15.19　实例——Python对象转换成JSON字符串

在讲完了这章的内容之后，老师为了让孩子们复习一下面向对象的程序设计方法，他要求孩子们以面向对象的程序设计方法编写一个求长方形面积的Python程序。该程序要求用户输入长方形的长和宽，并且利用类来求出该长方形的面积。该程序的主要步骤如下。

（1）从终端提取用户输入的（长方形的）长和宽。

（2）创建一个名为rectangle的类，并使用__init__构造器对这个类进行初始化。

（3）创建一个名为area的方法，并返回长和宽的乘积。

（4）创建一个该类的对象。

（5）利用该对象，以从用户的输入获得的长和宽作为参数调用area方法。

(6)输出该长方形的面积。

孩子们经过一阵子讨论之后，最终在Python的图形编辑器中编写出例15-47的Python程序代码。确认无误之后，他们在Python图形解释器中运行了这个程序。这里需要说明一下：因为长方形的面积是长与宽的乘积，所以参数的先后次序不会影响最终的结果。其中，粗体部分是显示输出的结果，而标有下画线的数字为孩子们（或用户）用键盘输入的。

例 15-47

```
class rectangle():
    def __init__(self, breadth, length):
        self.breadth = breadth # 定义长方形的宽度
        self.length = length   # 定义长方形的长度
    def area(self):      # 定义长方形面积的方法
        return self.breadth * self.length
x = int(input('Enter length of rectangle: '))
y = int(input('Enter breadth of rectangle: '))
rec = rectangle(x, y)
print('Area of rectangle is',rec.area())
Enter length of rectangle: 5
Enter breadth of rectangle: 3
Area of rectangle is 15
```

为了确认这个程序没有问题，孩子们又再次运行这个程序并在系统的提示处输入了较大的长和宽的值，如例15-48所示。

例 15-48

```
Enter length of rectangle: 30
Enter breadth of rectangle: 20
Area of rectangle is 600
```

15.20 习 题

1. 以下Python程序代码创建一个名为DogClass的类，请在以下代码段中填写上遗失的代码。

```
_____ :
    name = 'Brown Lion'
    weight = 38
    def bark(self):
        return 'Wang, Wang, Wang !!!'
```

2. 以下Python程序代码创建一个Python的类，并利用这个类定义了一个对象，请在以下代码段中填写上遗失的代码。

```
class DogClass:
    name = 'Brown Lion'
    weight = 38
```

```
    def bark(self):
        return 'Wang, Wang, Wang !!!'
dog1 = _____
```

3. 以下Python程序代码创建一个名为Dog的类，并使用__init__函数为name、weight和age属性赋值，请在以下代码段中填写上遗失的代码。

```
class Dog:
    _____ :
        self.name = name
        self.weight = weight
        self.age = age
```

4. 使用以上第3题中创建的Dog类创建一个名为dog1的对象，其中这个狗对象的名字（name）为Black Tiger、体重（weight）为28、年龄（age）为3岁，请完成创建对象dog1的代码。

```
dog1 _____
```

5. 您已经使用以上第3题和第4题的Python程序代码创建了对象dog1，请写出输出的dog1对象全部属性的代码。

```
print _____
```

6. 以下Python程序代码是在以上第3题所定义的Dog类的基础上扩充而来，为Dog类新定义了一个方法bark，请在以下代码段中填写上遗失的代码。

```
class Dog:
    def __init__(self, name, weight, age):
        self.name = name
        self.weight = weight
        self.age = age
    _____:
        print('Wang, Wang, Wang, I am ' + self.name)
dog1 = Dog('Black Tiger', 28, 3)
```

7. 在以上第6题中利用Dog类创建的dog1对象，将name改为Black Bear、weight改为44、age改为5岁，请完成修改对象dog1的代码。

```
_____'
dog1.weight = 44
dog1.age = 5
```

8. 现在已经不再需要在以上第6题中创建并在第7题修改过的对象dog1了，请给出删除这个对象dog1的代码。

```
_____1
```

9. 假设您已经创建了父类Pet，现在要在此基础上创建一个名为Rabbit的子类，它将从Pet类继承所有的属性和方法，请在以下代码段中填写上遗失的代码。

```
_____:
    pass
```

10. 假设您已经创建了父类Pet，现在要在此基础上利用继承创建一个名为Cat的子类，它不仅要继承Pet的全部属性和方法，还定义一个名为meow的方法，请在以下代码段中填写上遗失的代码。

```
class Cat(Pet):
    def _____
        print('Meow, Meow, Meow, I am ' + self.name)
```

11. 假设您已经创建了父类Pet，现在要在此基础上利用继承创建一个名为Rabbit的子类，它不仅要继承Pet的全部属性和方法，还利用Python程序设计语言的重载特性，在Rabbit子类中重载了父类中的sleep方法，请在以下代码段中填写上遗失的代码。

```
class Rabbit(Pet):
    def _____
        print('我做了个美梦，梦见主人成了我的宠物，他开心地吃着我叼来的干草，太温馨了。')
```

12. 以下程序代码定义了一个包括乾隆御笔的字符串变量qianlong，随即基于这个字符串创建了一个迭代器对象ql，接下来输出迭代器中的第一个对象，请在以下代码段中填写上遗失的代码。

```
qianlong = '客上天然居'
ql = iter(qianlong)
print(_____)
```

第16章 输入和输出的深入探讨及绘图

通过前面十几章的学习，读者其实已经接触了 Python 的输入/输出功能。本章由两大部分组成：第一部分将深入地介绍 Python 的输入/输出以便您的程序能够产生清晰、易读及个性化的显示输出结果；第二部分将介绍如何利用Python绘制各种图形（如柱状图、散点图、饼图，甚至曲线等）。实际上，即使这一章的内容没有完全掌握也不会影响一般的编程工作，只是您的程序输出结果没那么漂亮而已。

16.9节"多维数组"的内容似乎与输入和输出及绘图没有直接的关系。其实不然，很多绘图所需的数据是以数组形式存放的。另外，这一节也有承上启下的作用，因为在后面的有关绘图的章节中要使用这一节中介绍的numpy模块。

16.1 Python输出格式的美化

Python有两种输出值的方式——使用表达式语句和 print函数。除此之外，还有第三种方式，那就是使用文件对象的 write方法，标准输出文件可以作为sys.stdout被引用。在前面的章节中，我们都是使用以空格分隔的简单格式来输出（显示）输出结果，但是有时您可能想要按照某种特定的格式来显示输出结果（即对输出格式有更大的控制），Python程序设计语言提供了两种比较常用的格式化输出的方法。

（1）使用格式化的字符串文字（formatted string literals）。

（2）使用字符串的str.format方法。与第一种方法相比，这需要做更多的工作。

格式化的字符串文字是以f或F开始后面紧跟一个或三个引号括起来的字符串。在这个字符串中，您可以在大括号内部使用Python表达式，而这个表达式当作变量或文字的值。例16-1的Python程序代码演示了如何使用这一格式化方法，其中第1行代码定义了一个整数变量year；第2行代码定义了一个字符串变量event；第3行代码为一个格式化的字符串文字，其中包含了两个变量的值。

例 16-1

```
>>> year = 2018
>>> event = '中美贸易战'
>>> f'{year}年 {event}现况:'
'2018年中美贸易战现况:'
```

从例16-1的显示结果可以看出：这种格式化方法确实比较简单而且很灵活。如您可以随时修改变量中的值以显示不同的信息，如例16-2所示。

例 16-2

```
>>> year = 2019
>>> event = '美墨贸易战'
>>> f'{year} 年 {event} 现况: '
'2019 年美墨贸易战现况: '
```

例 16-2 的显示结果表明：只要修改变量的值，就可以利用格式化的字符串文字来显示不同的信息。甚至也可以将格式化的字符串文字存入一个变量中，随后显示或输出这个变量的内容，如例 16-3 和例 16-4 所示。

例 16-3

```
>>> p = f'{year} 年 {event} 现况: '
>>> p
'2019 年美墨贸易战现况: '
```

例 16-4

```
>>> print(p)
2019 年美墨贸易战现况:
```

到目前为止，我们已经多次使用了格式化的字符串文字，可能有读者想知道这个格式化的字符串文字到底是什么东西。其实，您可以使用例 16-5 的代码轻而易举地获取它的数据类型。

例 16-5

```
>>> type(p)
<class 'str'>
```

从例 16-5 的显示结果可知：原来只不过是一个我们再熟悉不过的字符串而已。很多时候，读者想知道答案在哪里，其实答案就在您的手下，常常是在键盘上输入一个或几个简单的命令就可以获得所需要的答案。

16.2　使用str.format方法格式化输出

在 16.1 节中介绍了使用格式化的字符串文字来格式化输出的方法。在这一节中将介绍另一种常用的格式化输出方法——使用字符串的str.format方法来格式化输出。在这种格式化方法中，您仍然要使用大括号，而在大括号中内容将按照其中的格式化指令由一个变量所取代，不过格式化所需的信息是由您所提供的。

例 16-6 的Python程序代码演示了如何使用这一格式化方法，其中第 1 行代码定义了一个整数变量revenue（收入）；第 2 行代码定义了一个整数变量cost（成本）；第 3 行代码利用之前定义的两个变量求出net_profit_margin（净利润率）；最后一行代码就是利用str. format方法格式化要显示的内容，其中，{:3}对应着format(revenue, net_profit_margin)中的revenue变量——表示revenue变量显示的宽度为 3 位，而{:2.2%}对应着format(revenue, net_profit_margin)中的net_profit_margin变量——表示net_profit_margin变量以百分数的形式显示，并且整数和小数部分都是两位，您可以在格式化字符串中根据实际需要加入任何要显示的信息，如果是很大的公司甚至可以将万改为亿。

注意不要忘了{:2.2%}中的百分号，如果少了这个百分号，显示的利润则是小数形式。

例 16-6

```
>>> revenue = 380
>>> cost = 330
>>> net_profit_margin = (revenue - cost)/revenue
>>> '{:3}万元的年收入，其利润为{:2.2%}'.format(revenue, net_profit_margin)
'380万元的年收入，其利润为13.16%'
```

扫一扫，看视频

16.3　使用str或repr函数格式化输出

虽然使用以上两节所介绍的格式化输出的方法可以获得非常优美的显示输出，但是调整输出格式是一件相当耗时的工作。一般程序在调试阶段是不需要优美的显示输出的，此时只要能够快速地显示一些变量的值就行了。在这种情况下，您可以使用str或repr函数将任何值都转换成一个字符串就行了。以下是这两个函数的功能描述。

（1）str：函数返回一个用户易读的表达形式。

（2）repr：产生一个解释器易读的表达形式。

对于那些不包括人们无法阅读的表示法（特殊字符）的对象，str和repr函数所返回的值是完全相同的。例16-7～例16-10是使用str和repr函数显示字符串s的几个例子，通过这几个例子，读者应该对str和repr函数有比较深刻的认知。另外，这两个函数所返回的都是字符串，如果有兴趣，可以使用type函数试一下。

例 16-7

```
>>> s = 'Kelbie is the king in my family.'
>>> str(s)
'Kelbie is the king in my family.'
```

例 16-8

```
>>> repr(s)
"'Kelbie is the king in my family.'"
```

例 16-9

```
>>> print(str(s))
Kelbie is the king in my family.
```

例 16-10

```
>>> print(repr(s))
'Kelbie is the king in my family.'
```

例16-11和例16-12是使用str和repr函数显示数字的两个例子。从例16-11和例16-12的显示结果可以看出，它们都是直接将数字转换成字符串，而且它们转换的结果没有差别。

例 16-11

```
>>> str(38/250.5)
```

```
'0.15169660678642716'
```

例 16-12

```
>>> e = 2.718281828459045
>>> f = 6 * 5 * 4 * 3 * 2 * 1
>>> s = 'e 的值是：' + repr(e) + ', 6 的阶乘是：' + repr(f) + '...'
>>> print(s)
e 的值是：2.718281828459045, 6 的阶乘是：720...
```

16.4　使用str与repr函数的差别

在16.3节的例子中，我们几乎看不出str函数与repr函数之间有什么明显的差别。那是因为我们使用的都是普通的字符，如果在字符串中有特殊字符，就可以看出它们之间的差别了。在例16-13的程序代码中，字符串s中包括了一个特殊字符 "\n"（换行符）。

例 16-13

```
>>> s = 'Kelbie is the king in my family.\n'
>>> repr(s)
"'Kelbie is the king in my family.\\n'"
```

从例16-13的显示结果可知：repr函数在处理字符串时会在特殊字符之前冠以一个转义符 "\"。但是str函数就没有这样的功能，如例16-14所示。

例 16-14

```
>>> str(s)
'Kelbie is the king in my family.\n'
```

如果使用print语句分别输出repr(s)和str(s)函数的返回结果，您就会发现：所输出的repr(s) 函数返回的结果中包含了特殊字符 "\n"，而所输出的str(s)函数返回的结果中就没有这个特殊字符 "\n"，如例16-15和例16-16所示。

例 16-15

```
>>> print(repr(s))
'Kelbie is the king in my family.\n'
```

例 16-16

```
>>> print(str(s))
Kelbie is the king in my family.
```

这里需要指出的是：repr函数的参数可以是Python程序设计语言中的任何对象，如例16-17所示。

例 16-17

```
>>> repr((e, f, ('欧拉数', '自然数 6 的阶乘～ 6！')))
"(2.718281828459045, 720, ('欧拉数', '自然数 6 的阶乘～ 6！'))"
```

扫一扫，看视频

16.5　格式化字符串文字的说明符

格式化的字符串文字（也被简称为f-字符串）使我们能够在一个字符串的内部包含一些表达式的值，这是通过在字符串之前冠以f或F，并将那些表达式写为{表达式}的形式来完成的。在使用格式化的字符串文字中可以使用说明符（是可选的），利用说明符可以更大限度地控制表达式的值的格式。

例16-18的程序代码显示圆周率PI并精确到小数点后4位。您会发现使用f-字符串使得格式化圆周率PI的工作变得相当简单。在这段代码中，{math.pi:.4f}表示模块中pi的值要显示到小数点后4位。

例16-18

```
>>> import math
>>> print(f'The value of PI is approximately {math.pi:.4f}.')
The value of PI is approximately 3.1416.
```

看了例16-18的显示结果之后有什么感想？利用f-字符串格式化输出结果还是蛮简单的，没想到吧？

在f-字符串中可以利用在"："之后使用一个整数的方式来定义最小的字符宽度（字符数）。利用这一特性可以使显示的每一列都能对齐（就像一个表格一样），如例16-19所示。这段代码是要以表格形式显示员工的名字和对应的工资，每个列都显示8个字符的宽度，注意字符串的宽度后面没有d，而数字宽度后面必须有d。

例16-19

```
employees = {'武大郎': 7474, '潘金莲': 6868, '西门庆': 9898, '童铁蛋': 8888}
for name, salary in employees.items():
    print(f'{name:8} ==> {salary:8d}')
武大郎      ==>        7474
潘金莲      ==>        6868
西门庆      ==>        9898
童铁蛋      ==>        8888
```

有时在进行格式化之前，可能需要使用转换字段进行强制类型转换。通常f-字符串本身在格式化时都能够成功地自动转换类型，但是在某些情况下需要将表达式的类型强制转换成一个字符串。除了以上介绍的说明符之外，还有另外几个说明符，它们用于在表达式格式化之前转换该表达式的值。这些说明符如下。

（1）!s利用str函数强制转换表达式的值。

（2）!r利用repr函数强制转换表达式的值。

（3）!a利用ascii函数强制转换表达式的值。

在一些Python书中是使用英语字符串或数字来演示这几个说明符的应用的，但是因为英语字符和数字本身都有ASCII编码，这样就很难看出它们之间的差别了。我们将使用中文字符串来演示这三个说明符的具体应用及它们之间的差别。首先定义一个中文字符串变量name并赋予初值

"潘金莲"，随后分别使说明符!s、!r和!a对变量name进行强制转换，如例16-20 ~ 例16-22所示。

例 16-20

```
>>> name = '潘金莲'
>>> s = f'The best sales is {name!s}'
>>> s
'The best sales is 潘金莲'
```

例 16-21

```
>>> name = '潘金莲'
>>> s = f'The best sales is {name!r}'
>>> s
"The best sales is '潘金莲'"
```

例 16-22

```
>>> name = '潘金莲'
>>> s = f'The best sales is {name!a}'
>>> s
"The best sales is '\\u6f58\\u91d1\\u83b2'"
```

仔细对比例16-20、例16-21和例16-22的显示结果就可以发现!s、!r和!a这三个说明符之间的差别了。因为"潘金莲"无法转换成ASCII编码，所以Python显示这三个中文字符的Unicodes。

16.6 字符串的format方法

扫一扫，看视频

除了使用f-字符串来格式化显示输出之外，另一个常用的基本格式化方法就是使用字符串的format方法，如例16-23所示。在这段代码执行时，大括号和内部的字符（也被称为格式字段）将被format方法中的对应参数所替代。

例 16-23

```
>>> print('The best {} is your {}!'.format('friend', 'dog'))
The best friend is your dog!
```

最后，例16-23显示的结果为"The best friend is your dog！"。利用字符串的format方法这一特性，您可以分别修改要显示的内容，如例16-24所示的程序代码将friend（朋友）改为了pet（宠物），将dog（狗）改为了cat（猫）。而这次例16-24显示的结果就为"The best pet is your cat！"了。

例 16-24

```
>>> print('The best {} is your {}!'.format('pet', 'cat'))
The best pet is your cat!
```

实际上，您可以将format方法中的参数改为变量，因为变量的值很容易修改（如利用input方法从键盘输入）。这样就可以随心所欲地显示您所需要的内容了。

可以在大括号中使用数字以指向传入对象在format方法中的位置，如例16-25所示。

例 16-25

```
>>> print('{0}、{1} 和 {2}'.format('狐朋', '狗友', '猪队友'))
狐朋、狗友和猪队友
```

您可以利用调整大括号中号码的位置的方法来变换最终的显示输出的次序，如例 16-26 所示。是不是很方便？

例 16-26

```
>>> print('{1}、{0} 和 {2}'.format('狐朋', '狗友', '猪队友'))
狗友、狐朋和猪队友
```

如果在 format 方法中使用了关键字参数，那么它们的值会通过参数的名字来引用（在代码执行时，大括号中的关键字将被 format 方法中的参数值所取代），如例 16-27 所示。

例 16-27

```
>>> print('I {v} this world, it is so {a} !'.format(v='love',
a='wonderful'))
I love this world, it is so wonderful !
```

看到例 16-27 的显示输出之后，不难看出 love 替代了第一个大括号中的 v，而 wonderful 替代了第二个大括号中的 a 关键字。

可以将位置及关键字参数进行任意的组合（位置与关键字参数混合使用），如例 16-28 所示。这样可能更灵活些，是不是？

例 16-28

```
>>> print('{0}、{1} 和 {anyone}'.format('狐朋', '狗友', anyone='猪队友'))
狐朋、狗友和猪队友
```

如果您有一个很长的格式化字符串，而您又不想将它拆分，最方便的方法可能是通过名字引用变量来格式化，而不是使用位置参数。要做到这一点，最简单的方法是使用字典变量来传递参数，并且使用方括号"[]"来访问字典的键，如例 16-29 所示。

例 16-29

```
>>> employees = {'武大郎': 7474, '潘金莲': 6868, '西门庆': 9898, '童铁蛋':
8888}
>>> print('潘金莲：{0[潘金莲]:d}；西门庆：{0[西门庆]:d}；'
  '武大郎：{0[武大郎]:d}；童铁蛋：{0[童铁蛋]:d}'.format(employees))
潘金莲：6868；西门庆：9898；武大郎：7474；童铁蛋：8888
```

如果觉得例 16-29 的方法太烦琐了，您可以使用 Python 提供的另一种简化的方法——在 format 的关键字参数之前冠以 **，如例 16-30 所示。

例 16-30

```
>>> employees = {'武大郎': 7474, '潘金莲': 6868, '西门庆': 9898, '童铁蛋':
8888}
>>> print('潘金莲：{潘金莲:d}；西门庆：{西门庆:d}；'
  '武大郎：{武大郎:d}；童铁蛋：{童铁蛋:d}'.format(**employees))
```

潘金莲：6868；西门庆：9898；武大郎：7474；童铁蛋：8888

对比例16-30和例16-29的显示结果，您就不难发现两者完全相同。应该是使用**的表示法进行格式化更为简单易懂，您同意吗?

可以在字符串的format方法中使用变量和由变量所组成的表达式，如您可以使用例16-31的Python程序代码产生一个三列（右对齐）的表，而这三列分别是给定的整数（1～10）、该数的平方和立方。在这段代码中，n是以两位数显示，n的平方数以三位数显示，而n的立方是以四位数显示，如果数字长度不够就由print添加空格。

例 16-31

```
>>> for n in range(1, 11):
...     print('{0:2d} {1:3d} {2:4d}'.format(n, n*n, n*n*n))
...
 1   1    1
 2   4    8
 3   9   27
 4  16   64
 5  25  125
 6  36  216
 7  49  343
 8  64  512
 9  81  729
10 100 1000
```

16.7　手动地进行字符串的格式化

利用repr函数的rjust方法，您同样可以输出与例16-31的显示结果一模一样的整数平方与立方的表，如例16-32所示。注意，因为要将两个print语句输出的内容显示在同一行上，所以第一个print语句最后要使用"end=' '"——该print的语句不是以换行结束，而是以一个空格结束。

例 16-32

```
>>> for n in range(1, 11):
...     print(repr(n).rjust(2), repr(n*n).rjust(3), end=' ')
...     print(repr(n*n*n).rjust(4))
 1   1    1
 2   4    8
 3   9   27
 4  16   64
 5  25  125
 6  36  216
 7  49  343
 8  64  512
```

```
 9  81  729
10 100 1000
```

在例16-32中展示了字符串对象的 rjust方法，它是将字符串右对齐，并在左边填充空格。还有类似的方法，如 ljust 和 center。所有这些方法都不会写任何东西，它们仅仅返回新的字符串。如果输入的字符串过长，这些方法并不会截断该字符串，这可能会使显示的信息变得模糊不清，但是通常还是比截断要好，因为那样做会改变信息。

还有另一个方法zfill，它会在数字的左边填充0，并且它在左边填充0的同时会保持正负符号不变，如例16-33和例16-34所示。

例 16-33

```
>>> '250'.zfill(5)
'00250'
```

例 16-34

```
>>> '-38.38'.zfill(8)
'-0038.38'
```

16.8 旧式的字符串格式化

在以前的Python版本中是使用%操作符来实现字符串的格式化的，现在您依然可以使用这一方法来格式化。它将左边的参数（以%开始）作为格式化字符串，而将右边的（以%开始）表达式代入，然后返回格式化后的字符串，如例16-35所示。

例 16-35

```
>>> import math
>>> print(f'The value of PI is approximately %6.4f.' % math.pi)
The value of PI is approximately 3.1416.
```

虽然str.format是较新的方法，但是大多数的老的Python 代码仍然使用 % 操作符。不过因为这种旧式的格式化方法最终会从该语言中移除，所以应该尽可能地使用str.format方法。

接下来，我们利用旧式的字符格式化方法重写第15章15.14节的运算符重载例15-25的Python程序代码，如例16-36所示。

例 16-36

```
class Vector:
    def __init__(self, x, y, z):
        self.x = x
        self.y = y
        self.z = z
    def __str__(self):
        return 'Vector (%d, %d, %d)' % (self.x, self.y, self.z)
    def __add__(self, other):
```

```
        return Vector(self.x + other.x, self.y + other.y, self.z + other.z)
v1 = Vector(2, 10, 3)
v2 = Vector(5, -2, 8)
v = v1 + v2
print (v)
Vector (7, 8, 11)
```

在例16-36的代码中，利用%操作符重新定义了Vector类的私有函数__str__(self)，因此随后的print语句就变得非常简单了。

16.9 多维数组

扫一扫，看视频

使用例16-36中的方法来完成两个向量相加，首先需要编写比较复杂的程序代码。有没有更为简单的方法呢？当然有。那就是使用Python的NumPy软件包中的多维数组。虽然标准Python中并没有对数组的支持，但是Python通过它的NumPy软件包提供了对多维数组的强大支持。

NumPy（为Numerical Python的缩写）是一个程序库，该程序库由一些多维数组对象和处理这些数组的例程的集合所组成。标准Python中并没有NumPy模块。如果只想使用该模块的主要功能，您可以使用流行的Python软件包安装命令安装这个软件包。

首先，需要开启Windows命令行窗口（界面），之后使用例16-37的pip命令检查NumPy模块是否安装。

例 16-37

```
C:\Users\MOON>pip list
Package          Versio
---------------  ------
cx-Oracle        7.0.0
Django           2.1.5
Pillow           5.4.1
pip              18.1
pyparsing        2.3.1
python-dateutil  2.8.0
```

确认NumPy模块没有安装之后，使用例16-38的Python软件包安装命令安装NumPy。安装过程会持续一会儿。随后，应该再次使用pip的list命令确认安装是否成功。为了节省篇幅，这里省略了测试的步骤。

例 16-38

```
C:\Users\MOON>pip install numpy
Collecting numpy
  Downloading https://files.pythonhosted.org/packages/ce/61/
be72eee50f042db3acf0
  b1fb86650ad36d6c0d9be9fc29f8505d3b9d6baa/numpy-1.16.4-cp37-cp37m-win_
amd64.whl (
  11.9MB)
```

```
     100% |████████████████████████████████████████| 11.9MB
437kB/s
     Installing collected packages: numpy
     Successfully installed numpy-1.16.4
```

接下来，就可以导入NumPy模块并使用它提供的功能定义数组了，如例16-39所示。在这段代码中，您定义了a和b两个一维数组，而每个数组中都有三个元素；最后输出a和b这两个数组中的每一个元素。

例 16-39

```
>>> import numpy as np      # 导入 numpy 模块并赋予别名 np
>>> a = np.array([1,2,3])    # 定义数组 a 并赋予初值
>>> b = np.array([10, 20, 30])
>>> print(a, b)         # 输出数组 a 和 b 中的每个元素
[1 2 3] [10 20 30]
```

在创建了所需的数组之后，您就可以使用这两个数组了。接下来，可以使用例16-40的Python程序代码输出a和b两个数组相加的结果。是不是更方便？

例 16-40

```
>>> print(a+b)
[11 22 33]
```

实际上，NumPy模块提供了大量方便数组操作的方法。限于本书的篇幅和定位，我们所涉及的可以说仅仅是冰山一角。也可以定义多维数组，如您可以使用例16-41的Python程序代码定义一个二维数组。

例 16-41

```
>>> a = np.array([[1,2,3], [4,5,6]])
>>> print(a)
[[1 2 3]
 [4 5 6]]
```

可能有读者想知道这数组a到底是什么，可以使用例16-42的Python程序代码显示出a的数据类型。显示结果中的ndarray是N-dimensional array的缩写，其中文的意思就是N维数组。

例 16-42

```
>>> type(a)
<class 'numpy.ndarray'>
```

两个多维数组也可以相加，如用例16-43的Python程序代码。在这段代码中，首先定义了一个二维数组b，随后将例16-41定义的二维数组a与它相加，并输出相加后的结果。这个Python的数组的功能还这么强大，没想到吧？

例 16-43

```
>>> b = np.array([[10,20,30], [40,50,60]])
>>> print(a+b)
```

```
[[11 22 33]
 [44 55 66]]
```

☞ 指点迷津：

　　要全面介绍NumPy模块和N维数组的内容可能需要再写一本书。如果读者需要频繁地使用数组操作，可能需要花一些时间阅读一下相关的书籍，而没有必要自己定义数组的操作函数。因为我们能够用到的，甚至能够想到的数组操作功能NumPy模块都提供了。

扫一扫，看视频

16.10　绘制一条线

　　在16.9节中简要地介绍了在Python程序设计语言中真正数组的定义和使用，我们也使用print语句显示了数组中的内容。但是如果数组很大，这时使用print语句所显示的内容就不那么直观，也不太好理解了。能不能以图形的方式来显示大量的数据呢？当然可以。那就是使用Python的Matplotlib软件包，许多人认为这个软件包是最流行的绘图软件包，也是Python的最流行的数据可视化程序库。其原因可能是：除了它的用法比较简单之外，还有就是它是开源和免费的软件。

　　在使用Matplotlib软件包之前，您需要首先使用pip命令安装这一软件包。首先，需要开启Windows命令行窗口（界面），之后使用例16-44的pip命令检查Matplotlib软件包是否安装。

　　例16-44

```
C:\Users\MOON>pip list
Package         Versio
--------------- ------
cx-Oracle       7.0.0
Django          2.1.5
Pillow          5.4.1
pip             18.1
pyparsing       2.3.1
python-dateutil 2.8.0
```

　　确认Matplotlib软件包没有安装之后，使用例16-45的Python软件包安装命令安装Matplotlib软件包。安装过程会持续一会儿。为了节省篇幅，这里省略了显示结果，也没有进行测试。

　　例16-45

```
C:\Users\MOON>pip install matplotlib
```

　　确认Matplotlib软件包安装成功之后，您就可以使用这一软件包中的功能绘制所需的图形了。例16-46的Python程序代码使用以x和y坐标所定义的三个点绘出一条折线。这段代码执行之后，Python解释器不会显示任何信息，但是会自动开启一个窗口，并显示所绘制的图形，如图16-1和图16-2所示。

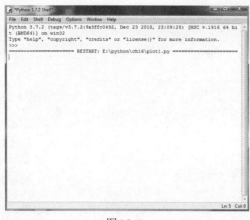

图 16-1

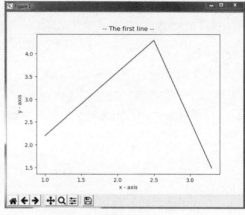

图 16-2

例 16-46

```
# 导入所需的绘图模块
import matplotlib.pyplot as plt
x = [1, 2.5, 3.3]                    # x 坐标值
y = [2.2, 4.3, 1.5]                  # 对应的 y 坐标值
plt.plot(x, y)                       # 绘出由 x 和 y 坐标所组成的点
plt.xlabel('x - axis')              # x 坐标值的名字
plt.ylabel('y - axis')              # y 坐标值的名字
# 定义在图形上方显示的标题
plt.title('-- The first line --')
plt.show()                           # 调用 show 函数显示图形
```

例16-46的程序代码实际上比较简单，配合代码中的注释，读者应该已经能够基本理解这段程序的含义。为了帮助读者彻底理解这段程序，我们将这个程序的主要步骤列出如下。

（1）以列表的形式定义x坐标值和对应的y坐标值。

（2）使用plot函数在"画布"上绘出它们。

（3）使用xlabel和.ylabel函数为x坐标和y坐标命名。

（4）使用tile函数为您所绘制的图形定义标题。

（5）使用show函数显示您所绘制的图形。

看来，使用Matplotlib软件包中的函数绘制所需的折线也不那么复杂，就是调用一些绘图的函数而已。是不是？

☞ **指点迷津：**

实际上，即使不学习本章的内容，也不会影响读者编写Python程序。不过本章的内容可以使得显示输出更漂亮些。有时候漂亮的显示结果要胜过高超的程序设计技巧。多花点时间在输出显示结果上可能会达到事半功倍的效果。

16.11　在同一张图上绘制多条线

在 16.10 节中使用例 16-46 的 Python 程序代码绘制了一条折线。不仅如此，我们也可以在同一张图上绘制出多条线，如例 16-47 所示的 Python 程序代码，就是在一张图上绘制出两条折线。这段代码执行之后，Python 解释器不会显示任何信息，但是会自动开启一个窗口，并显示所绘制的图形，如图 16-3 所示。

例 16-47

```python
# 导入所需的绘图模块
import matplotlib.pyplot as plt
# 第一条线的点
x1 = [1,2,3]
y1 = [2,4,1]
# 绘制第一条线的点
plt.plot(x1, y1, label = "line 1")
# 第二条线的点
x2 = [1,2,3]
y2 = [4,1,3]
# 绘制第二条线的点
plt.plot(x2, y2, label = "line 2")
plt.xlabel('x - axis')              # 命名 x 坐标
plt.ylabel('y - axis')              # 命名 y 坐标
# 定义在图形上方显示的标题
plt.title('-- Two lines on the same graph --')
plt.legend()                        # 在图形上显示图例
plt.show()                          # 调用 show 函数显示图形
```

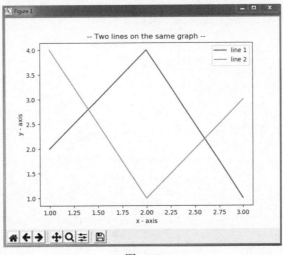

图 16-3

例16-47的程序代码也同样比较简单，配合代码中的注释，读者应该能够基本理解这段代码的含义。这个程序的代码多数与例16-46的代码非常相似，我们现将该程序的要点解释如下。

（1）在这个程序中，我们在同一张图上绘制两条线。为了区分这两条线，我们为它们分别定义了不同的名字，并以参数的形式传递给函数plot。

（2）在图形的左上角的小长方形方框中给出了有关线的类型和颜色的信息，它被称为图例。我们可以通过使用legend函数来添加图例。

16.12　绘制个性化的图形

在以上两节的例子中，我们在绘制图形时都是使用默认的设置。实际上，您可以根据自己的需要几乎随心所欲地个性化您的图形。如例16-48所示的Python程序代码绘制了一条个性化折线。这段代码执行之后，Python解释器不会显示任何信息，但是会自动开启一个窗口，并显示所绘制的图形，如图16-4所示。

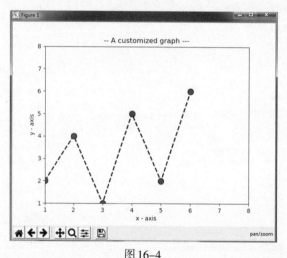

图16-4

例 16-48

```
# 导入所需的绘图模块
import matplotlib.pyplot as plt
x = [1, 2, 3, 4, 5, 6]                  # x 的坐标值
y = [2, 4, 1, 5, 2, 6]                  # 对应的 y 坐标值
# 绘出给出的点（x, y）
plt.plot(x, y, color='blue', linestyle='dashed', linewidth = 2,
        marker='o', markerfacecolor='red', markersize=10)
# 设置 x 和 y 坐标的范围
plt.ylim(1,8)
plt.xlim(1,8)
plt.xlabel('x - axis')                  # 命名 x 坐标
plt.ylabel('y - axis')                  # 命名 y 坐标
```

```
# 定义在图形上方显示的标题
plt.title('-- A customized graph ---')
plt.show()                              # 调用 show 函数显示图形
```

例16-48的程序代码同样并不复杂，配合代码中的注释，读者也应该能够基本理解这段代码的含义。这个程序的代码多数与例16-46的代码非常相似，我们现将该程序中用到的几个与个性化有关的设置解释如下。

（1）color='blue'表示线的颜色为蓝色。

（2）linestyle='dashed'表示线为虚线。

（3）linewidth = 2设置线的宽度。

（4）marker='o'点是以小写的字母o表示的。

（5）markerfacecolor='red'点是以红色显示的。

（6）markersize=10设置点的大小（数值越大，点就越大；反之亦然）。

（7）使用xlim(1,8)和ylim(1,8)函数设置了x坐标和y坐标的范围。如果没有设置，pyplot模块使用自动缩放的特性来设置坐标的范围和刻度。

扫一扫，看视频

16.13 柱 状 图

在以上几节的例子中绘制的图形都是线。在实际工作中，许多人更喜欢用柱状图来显示数据，因为柱状图似乎更直观。如例16-49所示的Python程序代码，绘制了一个有关宠物和它们数量的柱状图。这段代码执行之后，Python解释器不会显示任何信息，但是会自动开启一个窗口，并显示所绘制的图形，如图16-5所示。

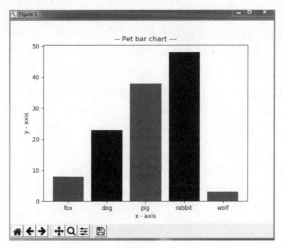

图 16-5

例 16-49

```
# 导入所需的绘图模块
import matplotlib.pyplot as plt
# 柱状图左边为 x 坐标
```

```
left = [1, 2, 3, 4, 5]
# 柱状图的高度（宠物的个数）
num = [8, 23, 38, 48, 3]
# 柱状图的图标
pets = ['fox', 'dog', 'pig', 'rabbit', 'wolf']
# 绘制柱状图
plt.bar(left, num, tick_label = pets,
        width = 0.8, color = ['red', 'blue'])
plt.xlabel('x - axis')              # 命名 x 坐标
plt.ylabel('y - axis')              # 命名 y 坐标
# 定义在图形上方显示的标题
plt.title('-- Pet bar chart ---')
plt.show()                          # 调用 show 函数显示图形
```

例16-49的程序代码同样并不复杂，配合代码中清晰的注释，读者应该能够基本理解这段代码的含义。这个程序的代码多数与之前的例子非常相似，我们现将该程序中不同的地方解释如下。

（1）该程序是使用bar函数来绘制柱状图的。

（2）要将柱状图坐标的x坐标连同柱体的高度一起传递给bar函数。

（3）可以通过定义tick_label（tick_label = pets）为x坐标值命名。

扫一扫，看视频

16.14　直　方　图

在形状上有时可能与柱状图有些近似的另一种图形就是直方图，在正式介绍如何绘制直方图之前，我们首先简要地介绍一下直方图。

直方图(histogram)又称质量分布图，是一种统计报告图，由一系列高度不等的纵向条纹或线段表示数据分布的情况。一般用横轴表示数据类型，纵轴表示分布情况。

直方图是数值数据分布的精确图形表示。它是一个连续变量（定量变量）的概率分布的估计。与柱状图不同的是，在某种意义上，柱状图与两个变量相关，直方图只涉及一个变量。为了构建直方图，第一步是将值的范围分段，即将整个值的范围分成一系列间隔，然后计算每个间隔中有多少值。这些值通常被指定为连续的、不重叠的变量间隔。间隔必须相邻，并且通常是（但不是必需的）相等的大小。

例16-50的Python程序代码绘制了一个狗狗按照年龄分布的直方图。这段代码执行之后，Python解释器不会显示任何信息，但是会自动开启一个窗口，并显示所绘制的图形，如图16-6所示。

例 16-50

```
# 导入所需的绘图模块
import matplotlib.pyplot as plt
# 年龄出现的频率
ages = [2,1,7,4,3,4,5,5,3,6,11,
        6,7,13,15,16,9,8,12,14,6,10]
```

```
# 设置范围和间隔的个数
range = (0, 16)    # 范围为 0 ~ 16 岁
bins = 8          # 显示 8 个直方图
# 绘制直方图
plt.hist(ages, bins, range, color = 'blue',
         histtype = 'bar', rwidth = 0.9)
plt.xlabel('age')                      # x 坐标的标签（名字）
plt.ylabel('Number of dogs')           # 频率的标签（名字）
# 图形上方的标题
plt.title('--- The histogram of dog age distribution ---')
plt.show()                             # 调用 show() 函数显示图形
```

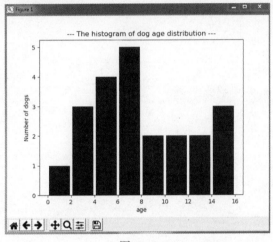

图 16-6

例 16-50 的程序代码同样并不复杂，配合代码中清晰的注释，读者应该能够基本理解这段代码的含义。这个程序的代码多数与之前的例子非常相似，我们现将该程序中不同的地方解释如下。

（1）该程序是使用 hist 函数来绘制直方图的。

（2）频率是以 ages 列表的形式传递给 hist 函数的。

（3）范围是通过调用了一个包含最小值和最大值的元组（range = (0, 16)）来设置的。

（4）间隔的个数（bin）是这样设定的：因为我们想每两岁为一组，而 (16-0) ÷ 2=8，所以间隔的个数为 8。

注意：

图 16-6 显示的内容都是有关狗狗年龄的数据，它只显示了 ages 一个变量的分布状况。这是直方图与柱状图最大的不同。

16.15　散　点　图

在以上几节的例子中，我们绘制了各种形状的图形。有时，您可能希望直接将数据点绘制在

图上——绘制一张散点图。如例16-51所示的Python程序代码，利用x和y的坐标值绘制了一张散点图。这段代码执行之后，Python解释器不会显示任何信息，但是会自动开启一个窗口，并显示所绘制的图形，如图16-7所示。

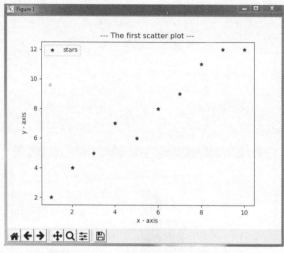

图 16-7

例 16-51

```
# 导入所需的绘图模块
import matplotlib.pyplot as plt
# x 坐标值
x = [1,2,3,4,5,6,7,8,9,10]
# y 坐标值
y = [2,4,5,7,6,8,9,11,12,12]
# 使用 x 和 y 的坐标值绘制散点图，颜色为蓝色，点以 * 表示，图例名为 stars
plt.scatter(x, y, label= "stars", color= " blue",
            marker= "*", s=30)
plt.xlabel('x - axis')              # x 坐标的标签（名字）
plt.ylabel('y - axis')              # 频率的标签（名字）
# plot title
plt.title('--- The first scatter plot ---')
plt.legend()                        # 显示图例
plt.show()                          # 调用 show 函数显示图形
```

例16-51的程序代码同样并不复杂，配合代码中清晰的注释，读者应该能够基本理解这段代码的含义。这个程序的代码多数与之前的例子非常相似，我们现将该程序中不同的地方解释如下。

（1）该程序是使用scatter函数来绘制散点图的。

（2）与绘制线类似，要定义x坐标值及对应的y坐标值。

（3）marker参数用来设置要显示点的字符（点的形状），它的大小可以使用s参数定义。

16.16　饼　状　图

在以上几节的例子中，我们绘制了各种形状的图形及散点图。许多商业公司的人员常常喜欢以饼状图来显示一些特定的商业数据，特别是在商业智能领域。如例16–52所示的Python程序代码，绘制了一张某公司每一职位所占比例的饼状图。这段代码执行之后，Python解释器不会显示任何信息，但是会自动开启一个窗口，并显示所绘制的图形，如图16–8所示。

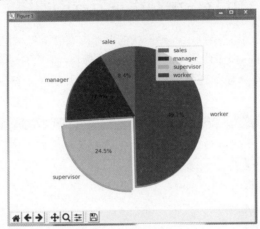

图16–8

例 16-52

```
# 导入所需的绘图模块
import matplotlib.pyplot as plt
# 定义标签（所有职位的名称）
jobs = ['sales', 'manager', 'supervisor', 'worker']
# 每一个标签所占的比例（每一职位中员工的人数）
num = [13, 27, 38, 77]
# 每个标签（职位）的颜色
colors = ['r', 'b', 'y', 'g']
# 绘制饼图
plt.pie(num, labels = jobs, colors=colors,
        startangle=90, shadow = True, explode = (0, 0, 0.1, 0),
        radius = 1.2, autopct = '%1.1f%%')
plt.legend()                    # 显示图例
plt.show()                      # 调用 show 函数显示图形
```

例16–52的程序代码同样并不复杂，配合代码中清晰的注释，读者应该能够基本理解这段代码的含义。这个程序的代码多数与之前的例子非常相似，我们现将该程序中不同的地方解释如下。

（1）该程序是使用pie函数来绘制饼状图的。

（2）使用一个名为jobs（职位）的列表定义显示的标签。

（3）使用另一个名为num的列表定义每一个标签的比例（每一个职位的员工数）。

（4）使用一个名为colors的列表定义每一个标签的颜色。

（5）shadow = True表示在饼状图中每个标签的下面显示粗体。

（6）startangle=90表示以x坐标轴为起点将饼状图逆时针旋转90°。

（7）explode用来设置每一扇形（职位）偏移半径的分数。

（8）autopct用来格式化每一个标签的值。这里的设置以百分数显示，并显示到小数点后1位。

16.17　绘制给定方程的曲线

在以上几节的例子中，我们绘制了各种形状的图形。有时，您可能希望直接绘制出给定方程的曲线。如例16-53的Python程序代码，利用x和y的坐标值绘制了一张正弦函数的线。这段代码执行之后，Python解释器不会显示任何信息，但是会自动开启一个窗口，并显示所绘制的图形，如图16-9所示。

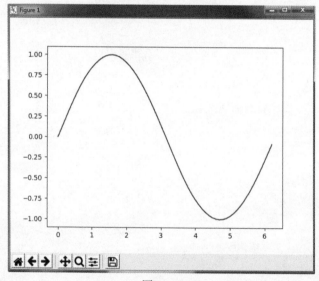

图16-9

例 16-53

```
# 导入所需的绘图模块
import matplotlib.pyplot as plt
import numpy as np        # 导入 numpy 模块并赋予别名 np
# 设置 x 坐标的起点（0）、终点（2PI）和单位（0.1）
x = np.arange(0, 2*(np.pi), 0.1)
# 设置对应的 y 坐标（y 是 x 的一个正弦函数）
y = np.sin(x)
plt.plot(x, y)              # 绘制出每个点
plt.show()                 # 调用 show 函数显示图形
```

例16-53的程序代码同样并不复杂，配合代码中清晰的注释，读者应该能够基本理解这段代码

的含义。这个程序的代码多数与之前的例子非常相似，我们现将该程序中不同的地方解释如下。

（1）在这个程序中，我们使用了NumPy软件包，它是Python中一个通用目的的数组处理软件包。

（2）使用np.arange方法设置x坐标，其中头两个参数设置范围（x坐标的原点和终点），第三个参数设置步长（单位每次增加0.1），结果是一个numpy的数组。

（3）使用numpy数组上预定义的方法np.sin定义对应的y坐标值。

（4）通过将x和y数组传递给plt.plot函数来绘制出每一个点。

以上大多数图形在商业智能和数据挖掘领域中有广泛的使用，因为对于一般人来说，阅读和理解图表要比阅读和理解数据更容易。

16.18　显示照片

从本章16.10节开始我们介绍了各种不同图形的绘制方法。可能有读者会问，如果有一些照片要显示，Python程序设计语言有这样的功能吗？当然有，但是您需要安装一个名为pillow的软件包。

首先，需要开启Windows命令行窗口（界面），之后使用例16-54的pip命令检查pillow软件包是否安装。为了节省篇幅，我们省略了显示输出。

例 16-54

```
C:\Users\MOON>pip list
```

确认pillow软件包没有安装之后，使用例16-55的Python软件包安装命令安装pillow软件包。安装过程会持续一会儿。随后，应该再次使用pip的list命令确认安装是否成功。为了节省篇幅，这里同样省略了显示输出和测试的步骤。

例 16-55

```
C:\Users\MOON>pip install pillow
```

为了后面的操作方便，我们首先创建了一个新文件夹（目录）E:\python\ch16\Kelbie，并在这个文件夹中存放了程序要显示的一些照片，如图16-10所示。

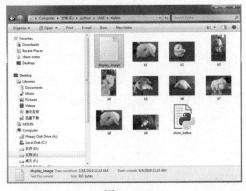

图16-10

开启Python的图形编辑器，之后输入如例16-56所示的Python程序代码。这段代码执行之后，Python解释器不会显示任何信息，但是会自动开启一个窗口，并显示（在当前目录中）指定的照片，如图16-11所示。

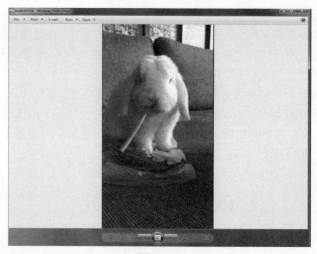

图 16-11

例 16-56

```
# 导入所需的操作图像的模块
from PIL import Image
image = Image.open('k3.JPG') # 打开文件 k3.JPG
image.show()                 # 调用 show 函数显示图形
```

与之前绘制图形的Python程序代码相比，例16-56的程序代码应该更简单。配合代码中清晰的注释，读者应该能够基本理解这段代码的含义。这个程序的代码多数与之前的例子非常相似，我们现将该程序中不同的地方解释如下。

（1）在这个程序中，我们使用了PIL软件包中的Image模块，它是一个用来处理图像的模块。

（2）使用Image.open方法打开要显示的照片文件。

（3）使用image.show函数显示打开的文件中的内容。

16.19 一次显示多张照片

有时，您可能在一个文件夹中存放了许多张相关的照片，而您想利用Python程序一次浏览所有这些照片，那又该怎么处理呢？其实方法也不难，那就是使用for循环来显示所有的照片。开启Python的图形编辑器，之后输入如例16-57所示的Python程序代码。这段代码执行之后，Python解释器不会显示任何信息，但是会自动顺序地开启多个窗口，并显示（在当前目录中）所指定的每个照片，如图16-12所示。

例 16-57

```
# 导入所需的操作图像的模块
from PIL import Image
# 定义一个要显示照片文件名（不包括扩展名）的列表
photos = ['k1', 'k2', 'k3', 'k4', 'k5', 'k6', 'k7', 'k8', 'k9']
for p in photos:              # 对 photos 列表中的每一个元素进行如下操作
```

```
k = p + '.JPG'              # 生成照片文件的全名
image = Image.open(k)       # 打开变量 k 所指向的文件
image.show()                # 调用 show 函数显示图形
```

图 16-12

与之前绘制图形的 Python 程序代码相比，例 16-57 的程序代码应该更简单。配合代码中清晰的注释，读者应该能够基本理解这段代码的含义。这个程序的代码多数与之前的例子非常相似，我们现将该程序中不同的地方解释如下。

（1）在这个程序中，我们使用了 PIL 软件包中的 Image 模块，它是一个用来处理图像的模块。

（2）定义一个要显示的所有照片文件名的列表。

（3）对文件名列表中的每一个元素进行以下的循环操作。

①利用列表中的值产生照片文件的全名。

②使用 Image.open 方法打开要显示的照片文件。

③使用 image.show 函数显示打开的文件中的内容。

16.20　自动生成文件名以显示多张照片

例 16-57 的 Python 程序代码有一个问题，那就是如果照片特别多时，如几十张，那么定义照片文件名的列表会很长，也容易出错，而且将来修改也不方便。既然照片的文件名都是一个前缀加序号构成的，那么我们能不能自动产生文件名呢？当然可以，还是那句老话，只有您想不到的，没有 Python 做不到的。

为此，再次开启 Python 的图形编辑器，之后输入如例 16-58 所示的 Python 程序代码。这段代码执行之后，Python 解释器不会显示任何信息，但是会自动顺序地开启多个窗口，并显示（在当前目录中）所指定的每个照片，如图 16-13 所示（与图 16-12 没什么差别）。

例 16-58

```
# 导入所需的操作图像的模块
from PIL import Image
# 显示提示信息并将用户在键盘上的输入存入字符串变量 photos
photos = input('Please input your photo file name: ')
for i in range(1, 10):              # for 循环的初值为 1、终值为 10、步长为 1
    k = photos + str(i) + '.JPG'   # 生成照片文件的全名
    image = Image.open(k)          # 打开变量 k 所指向的文件
    image.show()                   # 调用 show 函数显示图形
```

图 16-13

与例16-57的Python程序代码相比，例16-58的程序代码略微复杂了点。不过配合代码中清晰的注释，读者应该能够基本理解这段代码的含义。这个程序的代码多数与之前的例16-57非常相似，我们现将该程序中的要点解释如下。

（1）在这个程序中，我们使用了PIL软件包中的Image模块，它是一个用来处理图像的模块。

（2）在屏幕上显示提示信息要求输入照片的文件名，并将键盘输入赋予变量photos。

（3）for循环从1开始循环操作，每次步长加1，并在i为10时退出循环，在每次for循环时做以下操作。

① 利用输入的photos值和i产生照片文件的全名。

② 使用Image.open方法打开要显示的照片文件。

③ 使用image.show函数显示打开的文件中的内容。

虽然例16-58的程序代码略微复杂了些，但是与例16-57的Python程序代码相比，这个程序更灵活，而且适应性也更广。您同意吗？

16.21 习　题

1. 以下是一段利用f-字符串显示两个变量的Python程序代码和显示结果（其中粗体部分为显示输出结果），请在以下代码段中填写上遗失的代码。

```
>>> year = 2019
>>> event = '美墨贸易战'
>>> f' _____} 年 { _____现况：'
'2019 年美墨贸易战现况：'
```

2. 以下是一段利用str.format方法来格式化显示输出的Python程序代码和显示结果（其中粗体部分为 显示输出结果），请在以下代码段中填写上遗失的代码。

```
>>> revenue = 380
>>> cost = 330
>>> net_profit_margin = (revenue - cost)/revenue
>>> '{:3} 万元的年收入，其利润为 _____'.format(revenue,        net_profit_margin)
'380 万元的年收入、其利润为 13.16%'
```

3. 以下这段Python程序代码首先创建了一个字符串变量s，随即显示变量s中的内容（其中粗体部分为显示输出结果），请在以下代码段中填写上遗失的代码。

```
>>> s = 'Kelbie is the king in my family.'
>>>_____
'Kelbie is the king in my family.'
```

4. 以下这段Python程序代码首先创建了一个字符串变量s，随即显示变量s中的内容（其中粗体部分为 显示输出结果），请在以下代码段中填写上遗失的代码。

```
>>> s = 'Kelbie is the king in my family.'
>>>_____
"'Kelbie is the king in my family.'"
```

5. 以下这段Python程序代码首先创建了一个字符串变量s，随即显示变量s中的内容（其中粗体部分为 显示输出结果），请在以下代码段中填写上遗失的代码。

```
>>> s = 'Kelbie is the king in my family.\n'
>>> _____
"'Kelbie is the king in my family.\\n'"
```

6. 以下这段Python程序代码首先创建了一个字符串变量s，随即显示变量s中的内容（其中粗体部分为显示输出结果），请在以下代码段中填写上遗失的代码。

```
>>> s = 'Kelbie is the king in my family.'
>>> _____
'Kelbie is the king in my family.\n'
```

7. 以下是一段利用f-字符串显示圆周率PI并精确到小数点后4位的Python程序代码和显示结果（其中粗体部分为显示输出结果），请在以下代码段中填写上遗失的代码。

```
>>> import math
>>> print(f'The value of PI is approximately {math.pi: ____}.')
The value of PI is approximately 3.1416.
```

8. 以下是一段利用for循环列出每个员工和工资的Python程序代码和显示结果（其中粗体部分为显示输出结果），请在以下代码段中填写上遗失的代码。

```
employees = {'武大郎': 7474, '潘金莲': 6868, '西门庆': 9898, '童铁蛋': 8888}
for name, salary in employees.items():
    print(f'_____')
武大郎          ==>        7474
潘金莲          ==>        6868
西门庆          ==>        9898
童铁蛋          ==>        8888
```

9. 以下是一段利用f-字符串显示一个中文字符串变量的Python程序代码和显示结果（其中粗体部分为显示输出结果），请在以下代码段中填写上遗失的代码。

```
>>> name = '潘金莲'
>>> s = f'The best sales is _____ '
>>> s
"The best sales is '\\u6f58\\u91d1\\u83b2'"
```

10. 以下是一段利用str.format方法来格式化显示输出的Python程序代码和显示结果（其中粗体部分为显示输出结果），请在以下代码段中填写上遗失的代码。

```
>>> print('The best {} is your {}!'.format( _____ ))
           The best friend is your dog!
```

11. 以下是一段利用str.format()方法来格式化显示输出的Python程序代码和显示结果（其中粗体部分为显示输出结果），请在以下代码段中填写上遗失的代码。

```
>>> print(' _____ 和 {2}'.format('狐朋', '狗友', '猪队友'))
狗友、狐朋和猪队友
```

12. 以下是一段利用zfill()方法在数字的左边填充0来格式化显示输出的Python程序代码和显示结果（其中粗体部分为显示输出结果），请在以下代码段中填写上遗失的代码。

```
>>> '-38.38'. _____
'-0038.38'
```

第17章　Python与SQLite数据库

扫一扫，看视频

因为在大型的商业软件应用系统中数据量都很大，通常数据都是存储在某种数据库中的。在这一章中，我们将介绍如何使用Python程序设计语言的程序访问和操作SQLite数据库中的数据。本章是为有一定数据库背景的读者设计的，如果您没有这方面的知识，可以找一本入门水平的SQLite数据库看看。

这一章的内容并不是介绍SQLite数据库，而是介绍如何编写可以访问和操作SQLite数据库的Python程序。如果您在阅读这一章时感到有一些困难，请不用紧张，因为您将来一旦掌握了SQLite，本章的内容就会变得很好理解了。

17.1　SQLite简介

SQLite是一个软件库，它是一个自给自足的、无服务器的、零配置的、事务性的 SQL 数据库引擎。SQLite 是在世界上最广泛部署的 SQL 数据库引擎。SQLite 源代码不受版权限制（免费的）。现将SQLite的主要特性罗列如下。

（1）不需要一个单独的服务器进程或操作的系统（无服务器的）。

（2）SQLite 不需要配置，这意味着不需要安装或管理。

（3）一个完整的 SQLite 数据库是存储在一个单一的跨平台的磁盘文件。

（4）SQLite 是非常小的，是轻量级的，完全配置时小于 400KB，省略可选功能配置时小于 250KB。

（5）SQLite 是自给自足的，这意味着不需要任何外部的依赖。

（6）SQLite 事务是完全兼容 ACID 的，允许从多个进程或线程安全访问。

（7）SQLite 支持 SQL92（SQL2）标准的大多数查询语言的功能。

（8）SQLite 使用 ANSI-C 编写，并提供了简单和易于使用的 API。

（9）SQLite 可在 UNIX（Linux、Mac OS-X、Android、iOS）和 Windows上运行。

通常，传统的关系数据库管理系统都有一个复杂的内存结构和许多后台进程，而如果用户要访问数据库中的数据，需要通过网络与数据库的服务器进程相连接。也就是使用所谓的客户—服务器的体系结构。

图17-1所示Oracle数据库的体系结构。在这一体系结构中，用户进程（程序）一般是通过网络与Oracle的服务器进程连接之后，由服务器进程代表用户进程访问和操作数据库中的数据。从图17-1中可以看出：任何Oracle的内存结构或进程崩溃了或网络出现故障，用户都无法访问数据库。如此复杂的体系结构，使得Oracle系统必须有专门的数据库管理员负责安装和日常的维护。

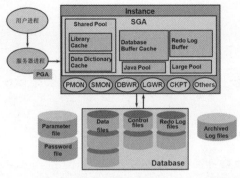

图 17-1

而SQLite数据库则完全不同，它完全没有那些复杂的内存结构和后台进程，根本没有服务器。图 17-2 所示为SQLite数据库的体系结构。SQLite数据库是将应用程序与它访问的数据库集成为一体，应用程序与SQLite数据库交互直接读/写存放在磁盘上的数据库文件。也正因为如此，SQLite数据库不需要配置，也不需要维护，更不需要数据库管理员，而且更稳定，因为它没有那么多数据库本身所需要的内存结构和进程。此外，数据库文件就在本地磁盘上，因此网络故障也不会影响它的正常工作。听起来是不是非常诱人？

图 17-2

并不是说SQLite数据库可以取代传统的关系数据库管理系统，对于大型和超大型的数据库，显然SQLite数据库是无法胜任的。按照SQLite的创始人Richard Hipp的话，除了远程数据、大数据和并发写操作应用之外，剩下的情况都可以使用SQLite数据库，如图 17-3 所示。一般情况下，SQLite是从数据中心（或远程的大型数据库）将所需数据下载到本地，之后在本地操作磁盘文件，如图 17-4 所示。

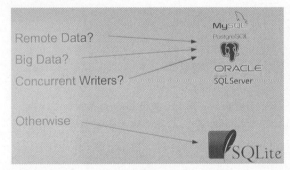

图 17-3

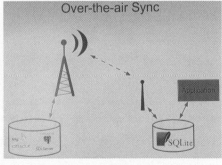

图 17-4

图 17-5 列出了目前流行的关系数据库管理系统的适用领域，图 17-6 列出了SQLite所支持的计算机程序设计语言，其中就包括我们已经熟悉的Python程序设计语言。

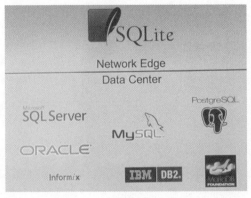
图 17-5

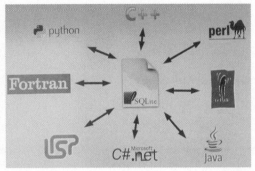
图 17-6

扫一扫，看视频

17.2 下载与安装SQLite

如果还没有安装SQLite，您需要下载SQLite并安装在您的计算机上。这里只介绍在Windows操作系统上的安装。首先您需要开启网络浏览器，随后进行如下的操作。

（1）访问https://www.sqlite.org网站。

（2）打开下载网页https://www.sqlite.org/download.html。

SQLite为各种不同的平台（如Windows、Linux和Mac）提供了多个不同的版本，您需要选择一个适用的版本下载。在这里，您需要的是Windows操作系统上的SQLite，所以需要下载如图17-7所示的预编译的二进制文件。

Precompiled Binaries for Windows

sqlite-dll-win32-x86-3230000.zip (440.48 KiB)	32-bit DLL (x86) for SQLite version 3.23.0. (sha1: 0a33fdef5084db25e24451dbde80238b487fbe78)
sqlite-dll-win64-x64-3230000.zip (730.96 KiB)	64-bit DLL (x64) for SQLite version 3.23.0. (sha1: ef73841fd55156120a0d7312ecc385bebffae780)
sqlite-tools-win32-x86-3230000.zip (1.63 MiB)	A bundle of command-line tools for managing SQLite database files, including the command-line shell program, the sqldiff.exe program, and the sqlite3_analyzer.exe program. (sha1: 21a88ca75419f8ba514dd58dfc480da36ca4c0d3)

图 17-7

下载的SQLite文件是一个压缩文件（不到2MB），您需进行如下操作来安装SQLite。

（1）在安装的磁盘上创建一个目录（文件夹），如F:\sqlite（最好不要使用C盘）。

（2）解压缩下载的文件并复制到这一目录中。

（3）可能需要将目录F:\sqlite添加到Windows环境变量PATH中。

接下来，启动Windows命令行窗口并将当前目录切换到F:\sqlite，随即使用例17-1的命令启动SQLite。

例 17-1

```
F:\sqlite>sqlite3
```

```
SQLite version 3.27.0 2019-02-07 17:02:52
Enter ".help" for usage hints.
Connected to a transient in-memory database.
Use ".open FILENAME" to reopen on a persistent database.
sqlite>
```

看到例17-1的显示结果，您就可以确定SQLite已经安装成功，接下来您就可以使用这一数据库系统了。

☞ **指点迷津：**

到目前为止，SQLite在我所使用过的数据库中是最简单的，只需熟悉标准SQL语言再加上很少的SQLite命令就可以开始工作了。由于它没有复杂的安装，也不需要什么维护，所以如果读者将来要学习SQL语言或从事普通的编程工作，SQLite应该是最适合的数据库，因为您会节省大量的学习时间和减少许多不必要的麻烦（由于数据库本身所造成的问题）。与一些大型或超大型关系型数据库管理系统相比，SQLite的学习时间可以少到忽略不计的程度。

扫一扫，看视频

17.3 在Python程序中创建一个SQLite数据库

SQLite可使用 sqlite3 模块与 Python 进行集成，sqlite3 模块是由 Gerhard Haring 编写的。它提供了一个SQL 接口。您不需要单独安装该模块，因为 Python 2.5.x 以上版本默认自带了该模块。为了使用 sqlite3 模块，您首先必须创建一个代表数据库的连接对象，然后可以有选择地创建 cursor对象，这将帮助您执行所需的SQL语句。

Python提供了两个用于SQLite数据库程序库的界面：PySQLite和APSW。它们分别是为不同需要设计的。

如果您的应用程序不仅仅要支持SQLite数据库，还要支持其他数据库系统，如MySQL、PostgreSQL和Oracle，那么PySQLite是最好的选择。本书在随后的部分将使用PySQLite来访问SQLite和Oracle数据库。

以下是在本节中要用到的两个重要的 sqlite3 模块函数，这两个函数完全可以满足您在本节的Python程序中使用 SQLite 数据库的需求。

（1）sqlite3.connect(dbfile [,timeout ,other optional arguments])：该 API打开一个到 SQLite 数据库文件 dbfile 的连接。您可以使用 ":memory:" 在内存中打开一个到 dbfile的数据库连接，而不是在磁盘上打开。如果成功地打开了数据库，则返回一个连接对象。当一个数据库被多个连接访问，且其中一个修改了数据库时，SQLite 数据库被锁定，直到事务提交为止。timeout 参数表示连接等待锁定的持续时间，直到发生异常断开连接。timeout 参数默认是 5.0（5 秒）。如果给定的数据库名称的文件不存在，则该调用将创建一个数据库。如果您不想在当前目录中创建数据库，那么您可以指定带有路径的文件名，这样就能在任意地方创建数据库。

（2）connection.close：该方法关闭数据库连接。请注意，这不会自动调用 commit——不会自动提交任何事务。如果您之前未调用 commit方法，就直接关闭数据库连接，您所做的所有更改将全部丢失！

如果要使用SQLite数据库，首先您必须创建一个数据库（也可能是之前创建的）。当您与一个SQLite数据库连接时，如果数据库文件不存在，Python程序会自动创建一个新的SQLite数据库。创建一个数据库,首先要使用sqlite3模块的connect函数创建一个代表该数据库的连接（connection）对象。

例17-2的 Python程序代码显示了如何连接到一个数据库。如果数据库不存在，那么它就会被自动创建，最后将返回一个数据库对象。这段程序代码是在Python的图形编辑器中编辑的（因为代码比较长），确认无误之后以create_db.py为文件名存入当前目录，随即执行这段代码。

例 17-2

```
# 导入所需的模块
import sqlite3
from sqlite3 import Error
# 创建一个 SQLite 数据库的连接
def create_connection(db_file):
    try:
        conn = sqlite3.connect(db_file)
        print(sqlite3.version)    # 输出 sqlite3 模块的版本
    except Error as e:            # 捕获错误
        print(e)                  # 输出错误信息
    finally:
        conn.close()             # 关闭数据库
# 调用函数 create_connection() 在指定目录中创建一个名为 fox.db 的数据库
if '__name__' == "__main__":
    create_connection("E:\\python/ch17/fox.db")
2.6.0
>>>
```

例17-2的Python程序代码并不复杂，但是需要注意的是：在指定文件的目录时，Python并不是使用的Windows格式（没有使用反斜线"\"，而是使用了正斜线"/"），这一文件目录的格式有些奇怪，不过读者还是要使用。实际上，您可以完全使用UNIX和Linux的操作系统的方式来指定目录与文件，如例17-3所示，将以上程序代码中的最后两行的文件的表示方式完全改为了UNIX（也是Linux）的文件形式（其他部分的代码与例17-2完全相同），修改后您可以运行这段代码，其执行结果与例17-2的执行结果一模一样。如果您感兴趣，可以自己试一试。

例 17-3

```
if __name__ == "__main__":
    create_connection("E:/python/ch17/fox.db")
```

☞ 指点迷津：

在一些Python书中，连接SQLite数据库的Python程序代码非常简单，只有三行代码，而真正有意义的只有两行，其代码类似如下。

（1）import sqlite3。

（2）conn = sqlite3.connect('test.db')。

（3）print("Opened database successfully")。

完全没有做出错误处理，这在实际工作中有时会遇到麻烦。因为有时你的程序确实没有问题，但是可能是文件系统出了问题，所以进行必要的错误处理是一个比较明智的选择，如例17-2和例17-3的Python程序那样。

利用注释，尽管多数读者应该基本上能够读懂例17-2的Python程序代码，但是为了帮助读者更深刻地理解例17-2的Python程序代码，我们对这段程序代码的重点解释如下。

（1）定义一个名为create_connection的函数，该函数将完成与所指的数据库文件名所定义的数据库的连接。

（2）利用sqlite3模块的connect函数，开启一个SQLite数据库的连接并返回一个代表该数据库的连接对象。而通过使用这个连接对象，您就可以完成各种数据库操作了。

（3）如果有任何错误出现，try except程序块会捕获到这一错误并输出相关的错误信息。如果一切顺利，该程序将输出sqlite3模块的版本。

（4）所有的操作结束之后，关闭数据库。注意，最好要养成习惯，当不再需要数据库时及时关闭，因为这样可以有效地避免误操作或系统崩溃对数据库的伤害。

（5）以数据库文件的全路径（可以只使用文件名，这样是在当前目录中创建数据库文件）为参数调用create_connection函数创建所指定的数据库。

如果所指定的数据库文件在指定目录下不存在（在本例中为E:\python\ch17\fox.db），例17-2的Python程序将创建这一数据库文件，如图17-8所示。

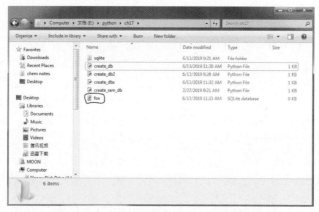

图17-8

您也可以使用SQLite的命令来测试这一数据库是否存在。启动Windows命令行界面，并将当前目录切换到数据库所在的目录（在这个例子中是E:\python\ch17）。为了操作方便，我们已经将sqlite3的执行程序复制到这个目录中。随后，使用例17-4的命令开启SQLite命令工具。

例 17-4

```
E:\python\ch17>sqlite3
SQLite version 3.27.0 2019-02-07 17:02:52
Enter ".help" for usage hints.
Connected to a transient in-memory database.
Use ".open FILENAME" to reopen on a persistent database.
```

接下来，可以使用例17-5 中SQLite的open命令试着打开刚刚创建的fox.db数据库。注意，SQLite的命令都是以“.”开始的。

例 17-5

```
sqlite> .open fox.db
sqlite>
```

SQLite执行完以上的open命令之后并不会显示任何提示信息，而是直接显示SQLite的提示符。在这一点上，SQLite数据库与UNIX和Linux操作系统非常相似。如果您之前没有接触过SQLite数据库，或已经忘记了要使用的命令，您可以使用SQLite的“.help”命令列出可以使用的全部命令。此时，您还可以使用SQLite的database命令列出目前使用的数据库的名字，如例17-6所示。

例 17-6

```
sqlite> .database
main: E:\python\ch17\fox.db
```

在以上两个例子中，sqlite>为SQLite的提示符。在例17-6的显示结果中的main:表示主数据库。

17.4　创建内存数据库及编写通用的代码

如果以:memory:为文件名传递给sqlite3模块的connect函数，那么该函数将在内存中创建一个新数据库，而不是在磁盘上，如例17-7所示。实际上，这段代码只是在例17-2的 Python程序代码基础上做了很少的修改。

例 17-7

```
# 导入所需的模块
import sqlite3
from sqlite3 import Error
# 创建一个基于内存的 SQLite 数据库连接
def create_connection():
    try:
        conn = sqlite3.connect(':memory:')
        print(sqlite3.version)   # 输出 sqlite3 模块的版本
    except Error as e:           # 捕获错误
        print(e)                 # 输出错误信息
    finally:
        conn.close()             # 关闭数据库
# 调用函数 create_connection 在内存中创建一个数据库
if __name__ == "__main__":
    create_connection()
2.6.0
>>>
```

虽然例17-2和例17-7的 Python程序代码都能够完成创建数据库连接的工作，但是它们都存在一个共同的缺陷——每次创建的数据库都是相同的。这样的程序在实际工作中会受到很大的限制。数据库的名字可以在每次运行程序时由用户来输入吗？当然可以，还记得在本书第10章中介绍的sys模块和sys.argv变量吗？利用它们，我们就可以方便地冲破以上两个程序的限制，而由用户在执行程序时随心所欲地输入自己喜欢的数据库名，如例17-8所示。

例 17-8

```python
# 导入所需的模块
import sqlite3
from sqlite3 import Error
def create_connection(db_file):
    """ create a DB connection to a SQLite DB """
    try:
        conn = sqlite3.connect(db_file)
        print(sqlite3.version)
    except Error as e:
        print(e)
    finally:
        conn.close()
if __name__ == "__main__":
    import sys          # 导入 sys 模块
    create_connection(sys.argv[1])
```

例17-8的 Python程序代码绝大部分都是读者已经熟悉的，这里解释一下这段代码的最后一行。它的含义是以在Windows命令行界面中输入的第二个字符串为参数调用函数create_connection创建一个新数据库连接。确认以上的程序代码准确无误之后，以create_db2.py为文件名存盘。

随后，开启Windows命令行界面，并将当前目录切换到create_db2.py文件所在的目录（在这里是E:\python\ch17）。最后，使用命令以dog.db为参数执行create_db2.py中的代码，如例17-9所示。

例 17-9

```
E:\python\ch17>py create_db2.py dog.db
2.6.0


E:\python\ch17>
```

此时，在当前目录中（E:\python\ch17）多了一个刚刚创建的dog.db数据库文件。为了使用这一刚刚创建的新数据库，您可以使用例17-10的命令开启SQLite的命令行工具，并且同时打开这个数据库。

例 17-10

```
E:\python\ch17>sqlite3 dog.db
SQLite version 3.27.0 2019-02-07 17:02:52
Enter ".help" for usage hints.
```

接下来，就可以使用SQLite的database命令列出目前使用的数据库的名字，如例17-11所示。

这次列出来的主数据库就是dog.db数据库了。

例 17-11

```
sqlite> .database
main: E:\python\ch17\dog.db
```

通过以上的例子，读者不难发现：例17-8的Python程序代码更灵活且适用的范围可能更广。

扫一扫，看视频

17.5　在Python程序中创建SQLite表

通过前两节的学习，读者应该已经知道如何使用Python程序创建一个SQLite数据库。读者已经想到了接下来的工作就是在数据库中创建所需的表。如果想使用Python程序在一个SQLite数据库中创建一张新表，那么您需要完成以下步骤的工作。

（1）使用sqlite3模块的connect函数创建一个Connection（连接）对象。

（2）调用Connection对象的cursor方法创建一个Cursor对象。

（3）将CREATE TABLE语句传递给Cursor对象的execute方法并执行这一方法。

在以上列出的创建表的步骤中，引用了两个前两节没有见到的方法，它们分别是连接对象的cursor方法和Cursor对象的execute方法，这两个方法的描述如下。

（1）connection.cursor([cursorClass])：该例程（方法）创建一个cursor，将在Python数据库编程中使用，该方法接收一个单一的可选参数cursorClass。如果提供了该参数，则它必须是一个扩展自 sqlite3.Cursor 自定义的 cursor 类。

（2）cursor.execute(sql [, optional parameters])：该例程（方法）执行一个SQL语句。该SQL 语句可以被参数化（用占位符代替SQL字符串）。sqlite3 模块支持两种类型的占位符：问号和命名占位符（命名样式）。例如，cursor.execute("insert into dogs values (?, ?)", (who, color))。

为了演示使用以上步骤利用Python程序在一个SQLite数据库中创建新表，我们将分别创建两张新表：suppliers（供应商）和orders（订单）表。创建这两张表的SQL语句如例17-12和例17-13所示。本书提供了创建这两张表的脚本文件。

例 17-12

```
CREATE TABLE IF NOT EXISTS suppliers(
  s_code integer PRIMARY KEY,
  sname text NOT NULL,
  contact text,
  phone text,
  fax text);
```

例 17-13

```
CREATE TABLE IF NOT EXISTS orders(
  ordno integer PRIMARY KEY,
  p_code integer,
  s_code integer NOT NULL,
  ordate text NOT NULL,
```

```
    unit integer,
    price integer);
```

这里需要指出的是，在有些中文Python书中，创建表时没有使用IF NOT EXISTS，虽然在一般情况下是没有问题的，但是当系统比较大时，有可能数据库里已经有同名的表或者您打开了错误的数据库，这时可能就要出问题了。所以在使用程序创建表时最好是使用IF NOT EXISTS，因为您很难预测将来会出现什么状况。

接下来，我们就按照在本节开始部分所列出的利用Python程序在一个SQLite数据库中创建新表的步骤，在SQLite数据库中一步一步地创建以上两张表。

第一步，开发一个名为create_connection的函数，该函数接收一个输入参数db_file（数据库文件名）以指定一个SQLite数据库，并返回一个连接到该数据库的Connection对象，如例17-14所示。

例 17-14

```
def create_connection(db_file):
    """ 创建一个数据库连接，它连接到一个由 db_file 所指定的 SQLite 数据库中
        :输入参数 db_file: 数据库文件名
        :返回值：Connection 对象或 None """
    try:
        conn = sqlite3.connect(db_file)
        return conn
    except Error as e:
        print(e)
    return None
```

例17-14的Python程序代码与例17-2的Python程序代码大部分是相同的，配合注释，读者应该不难理解这段代码的功能。

第二步，我们开发一个名为create_table的函数，该函数接收一个Connection对象和一个SQL语句（包含SQL的字符串）作为输入参数。在这个函数内部，程序将调用Cursor对象的execute方法执行CREATE TABLE语句，如例17-15所示。

例 17-15

```
def create_table(conn, create_table_sql):
    """ 利用 create_table_sql 语句创建一个表
        :输入参数 conn: Connection 对象
        :输入参数 create_table_sql: 一个 CREATE TABLE 语句
        :返回值："""
    try:
        c = conn.cursor()     # 创建一个 cursor 对象
        c.execute(create_table_sql)   # 利用方法 execute 执行创建表的语句
    except Error as e:
        print(e)
```

第三步，创建一个用来创建suppliers和orders表的main函数，如例17-16所示。在这段代码中，我们使用了刚刚创建的新数据库dog.db，因为该数据库是空的，所以操作起来不用担心。这

段程序代码乍看上去似乎比较复杂，其实比较简单。sql_create_suppliers_table实际上就是一个字符串变量，等号右边的是一个由SQL语句组成的字符串。由于字符串太长，一行写不下，所以使用三个双引号引起来的方式来表示。您可以将例17-12中的SQL语句逐行复制到三个双引号中，这样做比较简单，也不容易出错。sql_create_orders_table也是一个字符串变量，赋予该变量的值是创建orders表的SQL语句。

例 17-16

```
def main():
    database ="E:\python\ch17\dog.db"
    sql_create_suppliers_table = """ CREATE TABLE IF NOT EXISTS suppliers(
                                        s_code integer PRIMARY KEY,
                                        sname text NOT NULL,
                                        contact text,
                                        phone text,
                                        fax text);"""
    sql_create_orders_table = """ CREATE TABLE IF NOT EXISTS orders(
                                    ordno integer PRIMARY KEY,
                                    p_code integer,
                                    s_code integer NOT NULL,
                                    ordate text NOT NULL,
                                    unit integer,
                                    price integer);"""

    # 创建一个数据库连接
    conn = create_connection(database)
    if conn is not None:
        # 创建 suppliers 表
        create_table(conn, sql_create_suppliers_table)
        # 创建 orders 表
        create_table(conn, sql_create_orders_table)
    else:
        print("Error! cannot create the database connection.")
```

第四步，执行上面所定义的main函数，如例17-17所示。

例 17-17

```
if __name__ == '__main__':
    main()
```

17.6 创建SQLite表的完整Python程序

在17.5节中已经详细地介绍了利用Python程序在一个SQLite数据库中创建表所需的每一个函数。接下来，我们要将它们集成为一个完整的程序。要注意：除了我们在17.5节中所介绍过的每个函数之外，我们还必须在程序的开始处导入所需的sqlite3模块。其完整的程序代码如例17-18

所示。因为这个程序比较长，所以这个程序是在Python的图形编辑器中编辑的。确认无误之后以create_tables.py为文件名存盘，随后执行这个程序。

例 17-18

```python
# 导入所需的模块
import sqlite3
from sqlite3 import Error
def create_connection(db_file):
    """ 创建一个数据库连接，它连接到一个由 db_file 所指定的 SQLite 数据库中
        :输入参数 db_file: 数据库文件名
        :返回值：Connection 对象或 None """
    try:
        conn = sqlite3.connect(db_file)
        return conn
    except Error as e:
        print(e)
    return None
def create_table(conn, create_table_sql):
    """ 利用 create_table_sql 语句创建一张表
        :输入参数 conn: Connection 对象
        :输入参数 create_table_sql: 一个 CREATE TABLE 语句
        :返回值："""
    try:
        c = conn.cursor()
        c.execute(create_table_sql)
    except Error as e:
        print(e)
def main():
    database ="E:\python\ch17\dog.db"
    sql_create_suppliers_table = """ CREATE TABLE IF NOT EXISTS suppliers(
                                        s_code integer PRIMARY KEY,
                                        sname text NOT NULL,
                                        contact text,
                                        phone text,
                                        fax text);"""
    sql_create_orders_table = """ CREATE TABLE IF NOT EXISTS orders(
                                    ordno integer PRIMARY KEY,
                                    p_code integer,
                                    s_code integer NOT NULL,
                                    ordate text NOT NULL,
                                    unit integer,
                                    price integer);"""
    # 创建一个数据库连接
```

```
    conn = create_connection(database)
    if conn is not None:
        # 创建 suppliers 表
        create_table(conn, sql_create_suppliers_table)
        # 创建 orders 表
        create_table(conn, sql_create_orders_table)
    else:
        print("Error! cannot create the database connection.")
if __name__ == '__main__':
    main()
============= RESTART:E:\python\ch17\create_tables.py =============
>>>
```

接下来，需要验证以上程序是否真的创建了那两张表。为此，启动Windows命令行窗口，并将当前目录切换到dog.db数据库所在的目录（E:\python\ch17），随即使用例17-19的命令启动SQLite的命令行工具，并打开当前目录中的dog.db数据库。

例 17-19

```
E:\python\ch17>sqlite3 dog.db
SQLite version 3.27.0 2019-02-07 17:02:52
Enter ".help" for usage hints.
```

随即，使用例17-20的SQLite的命令".tables"列出该数据库中的所有表，验证suppliers和orders是否已经存在了。

例 17-20

```
sqlite> .tables
orders       suppliers
```

最后，使用例17-21和例17-22的".schema"命令分别列出orders和suppliers的表结构，确认所创建表的正确性。

例 17-21

```
sqlite> .schema orders
CREATE TABLE orders(
                    ordno integer PRIMARY KEY,
                    p_code integer,
                    s_code integer NOT NULL,
                    ordate text NOT NULL,
                    unit integer,
                    price integer);
```

例 17-22

```
sqlite> .schema suppliers
CREATE TABLE suppliers(
                    s_code integer PRIMARY KEY,
```

```
                            sname text NOT NULL,
                            contact text,
                            phone text,
                            fax text);
```

看到例17-21和例17-22的显示结果，您就可以完全放心了，因为显示的结果表明这两张表的结构准确无误。

扫一扫，看视频

17.7　利用Python程序向SQLite表中插入数据

在前面几节中，我们使用Python程序创建了一个SQLite数据库，并在这个数据库中创建了两张表。接下来，我们要向这两张表中插入所需的数据。如果想使用Python程序向表中插入数据，那么您需要完成以下步骤的工作。

（1）使用sqlite3模块的connect函数创建一个Connection对象。

（2）调用Connection对象的cursor方法创建一个Cursor对象。

（3）执行INSERT语句。如果想传递参数给INSERT语句，那么您要使用问号（？）作为每一个参数的占位符。

为了演示使用以上步骤利用Python程序向SQLite数据库的表中插入数据，我们将分别向suppliers和orders表中插入一些数据。

接下来，就按照在本节开始部分所列出的利用Python程序向表中插入数据的步骤，在SQLite数据库中一步一步地将所需要的数据插入这两张表中。

第一步，开发一个名为create_connection的函数，该函数接收一个输入参数db_file（数据库文件名）以指定一个SQLite数据库，并返回一个连接到该数据库的Connection对象，如例17-23所示。

例 17-23

```
def create_connection(db_file):
    """ 创建一个数据库连接，它连接到一个由 db_file 所指定的 SQLite 数据库中
        :输入参数 db_file: 数据库文件名
        :返回值: Connection 对象或 None """
    try:
        conn = sqlite3.connect(db_file)
        return conn
    except Error as e:
        print(e)
    return None
```

例17-23的Python程序代码与例17-14的Python程序代码完全相同，仔细阅读程序代码和注释之后，读者应该很容易理解这段代码的功能。

第二步，开发一个名为create_supplier的函数，该函数向suppliers表中插入一行数据（一个新的供应商），如例17-24所示。

例 17-24

```
def create_supplier(conn, supplier):
    """ 创建一个新的供应商并插入 suppliers 表中
        : 输入参数 conn:
        : 输入参数 supplier:
        : 返回值 : s_code"""
    sql = '''INSERT INTO suppliers(sname, contact, phone, fax)
            VALUES(?,?,?,?)'''
    cur = conn.cursor()
    cur.execute(sql, supplier)
    return cur.lastrowid
```

为了要返回所产生的主键s_code，该段程序代码的最后一行利用Cursor对象的属性lastrowid返回所需的主键。

第三步，开发另一个名为create_order的函数，该函数向orders表中插入数据行，如例17-25所示。

例 17-25

```
def create_order(conn, order):
    """ 创建一个新的订单并插入 orders 表中
        : 输入参数 conn:
        : 输入参数 order:
        : 返回值 : """
    sql = '''INSERT INTO orders(p_code, s_code, ordate, unit, price)
            VALUES(?,?,?,?,?)'''
    cur = conn.cursor()
    cur.execute(sql, order)
    return cur.lastrowid
```

第四步，创建一个用来创建一个供应商和两张与该供应商订货的订单的main函数，如例17-26所示。

例 17-26

```
def main():
    database ="E:\python\ch17\dog.db"
    # 创建一个数据库连接
    conn = create_connection(database)
    with conn:
        # 创建一个新的供应商（向 suppliers 表中插入一行数据）
        supplier = ('SUN-MOON Ltd', 'Lily Wong', 4444944, 4444844);
        supplier_1 = create_supplier(conn, supplier)
        # 定义两个元组类型的订单
        order_1 = (138, 1, '2019-06-14', 250, 2.5)
        order_2 = (250, 1, '2019-06-15', 380, 6.13)
```

```
      # 创建两张新订单（向 orders 表中插入两行数据）
      create_order(conn, order_1)
      create_order(conn, order_2)
```

第五步，执行上面所定义的main函数，如例17-27所示。

例 17-27

```
if __name__ == '__main__':
    main()
```

17.8　Python程序设计语言的with语句

在例17-26的Python程序代码中有一个with语句，这个语句我们并没有介绍过。在这一节中，我们将详细地介绍这一语句。在Python中，如果要访问一个文件，在访问之前您必须先打开这个文件。一般可以通过使用open函数打开文件。open函数将返回一个文件对象，这个文件对象有一些方法和属性，利用它们可以获取有关这个打开文件的信息和维护这个文件。

那么with语句有什么用处呢？利用with语句，您可以使程序更容易阅读和理解，并且也更容易处理异常。with语句通过将常用的准备和清理工作封装在一起而简化了异常处理。另外，with语句还将自动关闭文件。with语句提供一种确保清理工作总会自动完成的一种方法。

例如，如果在没有使用with语句的情况下，要操作一个文件，应该会使用类似如下的语句。

```
file = open('dogs.txt')
data = file.read()
print(data)
file.close()
```

最重要的一点是，当您操作完数据文件之后，一定要关闭文件以免数据文件遭到破坏。当使用with语句打开一个文件时，事情就变得简单了，使用with语句打开一个文件的方法如下（使用f作为引用文件对象的名字）。

```
with open("dogs.txt") as f:
 data = f.read()
 对数据进行操作的一些语句
```

如果想以可写方式打开一个名为dogs.txt的文件，并要将一些信息写入该文件，您可以使用以下的with语句（使用f作为引用文件对象的名字）。

```
with open('dogs.txt', 'w') as f:
 f.write('Brown Lion')
```

☞ **指点迷津：**

在以上两个利用with语句打开文件的例子中（无论以只读方式还是以可写方式打开文件），都不再需要使用f.close方法关闭文件，因为with语句将自动调用它——自动关闭文件。是不是很方便？

17.9 向SQLite表中插入数据的完整Python程序

在本章17.7节中，已经详细地介绍了利用Python程序向SQLite数据库的表中插入数据所需的每一个函数。接下来，要将它们集成为一个完整的程序。要注意：除了在17.7节中所介绍过的每个函数之外，还必须在程序的开始处导入所需的sqlite3模块，其完整的程序代码如例17-28所示。因为这个程序比较长，所以这个程序是在Python的图形编辑器中编辑的。确认无误之后以insert_tables.py为文件名存盘，随后执行这个程序。

例 17-28

```python
# 导入所需的模块
import sqlite3
from sqlite3 import Error
def create_connection(db_file):
    """ 创建一个数据库连接，它连接到一个由 db_file 所指定的 SQLite 数据库中
        :输入参数 db_file: 数据库文件名
        :返回值：Connection 对象或 None """
    try:
        conn = sqlite3.connect(db_file)
        return conn
    except Error as e:
        print(e)
    return None
def create_supplier(conn, supplier):
    """ 创建一个新的供应商并插入 suppliers 表中
        :输入参数 conn:
        :输入参数 supplier:
        :返回值：s_code"""
    sql = '''INSERT INTO suppliers(sname, contact, phone, fax)
             VALUES(?,?,?,?)'''
    cur = conn.cursor()
    cur.execute(sql, supplier)
    return cur.lastrowid
def create_order(conn, order):
    """ 创建一个新的订单并插入 orders 表中
        :输入参数 conn:
        :输入参数 order:
        :返回值："""
    sql = '''INSERT INTO orders(p_code, s_code, ordate, unit, price)
             VALUES(?,?,?,?,?)'''
    cur = conn.cursor()
    cur.execute(sql, order)
```

```
        return cur.lastrowid
def main():
    database ="E:\python\ch17\dog.db"
    # 创建一个数据库连接
    conn = create_connection(database)
    with conn:
        # 创建一个新供应商（向 suppliers 表中插入一行数据）
        supplier = ('SUN-MOON Ltd', 'Lily Wong', 4444944, 4444844);
        supplier_1 = create_supplier(conn, supplier)
        # 定义两个元组类型的订单
        order_1 = (138, 1, '2019-06-14', 250, 2.5)
        order_2 = (250, 1, '2019-06-15', 380, 6.13)
        # 创建两张新订单（向 orders 表中插入两行数据）
        create_order(conn, order_1)
        create_order(conn, order_2)
if __name__ == '__main__':
    main()
============== RESTART:E:\python\ch17\insert_tables.py ==============
>>>
```

接下来，需要验证以上程序是否真的在指定的表中插入了所需的数据。为此，启动Windows命令行窗口，并将当前目录切换到dog.db数据库所在的目录（E:\python\ch17），随即使用例17-29的命令启动SQLite的命令行工具，并打开当前目录中的dog.db数据库。

例 17-29

```
E:\python\ch17>sqlite3 dog.db
E:\python\ch17>sqlite3 dog.db
SQLite version 3.27.0 2019-02-07 17:02:52
Enter ".help" for usage hints.
```

随即，使用例17-30的SQL语句列出该数据库中suppliers表中的所有数据以验证插入是否成功。

例 17-30

```
sqlite> select * from suppliers;
1|SUN-MOON Ltd|Lily Wong|4444944|4444844
```

从例17-30的显示结果可以看出，向suppliers表中插入数据的操作是准确无误的，其中主键s_code的值为1，是SQLite自动生成的。虽然显示的结果是正确的，不过看上去有些怪怪的。能不能显示成表格形式呢？当然可以，可以使用例17-31的".mode"命令将显示的方式改为列，随后再次使用例17-30的SQL语句显示suppliers表中的全部内容。

例 17-31

```
sqlite> .mode column
sqlite> select * from suppliers;
```

```
1              SUN-MOON Ltd  Lily Wong    4444944     4444844
```

例17-31的显示结果是不是清晰多了？不过还是有点不完美，因为没有显示列名。没关系，可以使用例17-32的".head"命令开启头标的显示功能，随后再次使用例17-30的SQL语句显示suppliers表中的全部内容。

例 17-32

```
sqlite> .head on
sqlite> select * from suppliers;
s_code      sname        contact     phone       fax
----------  -----------  ----------  ----------  ----------
1              SUN-MOON Ltd  Lily Wong    4444944     4444844
```

例17-32的显示结果是不是更清晰？最后，使用例17-33的SQL语句列出该数据库中orders表中的所有数据以验证插入是否正确。

例 17-33

```
sqlite> select * from orders;
ordno       p_code      s_code      ordate      unit        price
----------  ----------  ----------  ----------  ----------  ----------
1           138         1           2019-06-14  250         2.5
2           250         1           2019-06-15  380         6.13
```

看到例17-32和例17-33的显示结果，您就可以完全放心了，因为显示的结果表明向这两张表中插入的数据都已经在这两张表中了。

17.10　利用Python程序查询SQLite表中的数据

扫一扫，看视频

在前两节中已经向SQLite数据库的两张表suppliers和orders中插入了数据，接下来就可以编写Python程序查询这两张表中的数据了。如果想使用Python程序查询一个SQLite表中的数据，您需要完成以下步骤的工作。

（1）使用sqlite3模块的connect函数创建一个Connection（连接）对象。

（2）调用Connection对象的cursor方法创建一个Cursor对象。

（3）执行SELECT语句。

（4）调用Cursor对象的fetchall方法提取所需的数据。

（5）循环处理Cursor对象每一独立的数据行。

在以上列出的创建表的步骤中引用了一个之前没有见到的方法，它就是Cursor对象的fetchall方法，该方法的描述如下。

connection.fetchall：该方法（例程）提取查询结果集中所有（剩余）的数据行，返回一个列表。当没有可用的数据行时，则返回一个空的列表。

接下来，将给出一个完整的以两种不同方式查询orders表中数据的程序代码：第一种方式是查询指定订单号的订单信息；第二种方式是列出orders表中的全部数据。要注意：我们还必须在程序的开始处导入所需的sqlite3模块。其完整的程序代码如例17-34所示。因为这个程序比较长，所以这个程序是在Python的图形编辑器中编辑的。确认无误之后以select_tables.py为文件名存盘，随后执行这个程序。

例 17-34

```python
# 导入所需的模块
import sqlite3
from sqlite3 import Error
def create_connection(db_file):
    """ 创建一个由 db_file 指定的 SQLite 数据库的数据库连接
            : 输入参数 db_file： 数据库文件名
            : 返回值： Connection 对象或 None """
    try:
        conn = sqlite3.connect(db_file)
        return conn
    except Error as e:
        print(e)
    return None
def select_all_orders(conn):
    """
    查询订单（orders）表中所有的数据行
    : 参数 conn： 到 SQLite 数据库的 Connection 对象
    : 返回值：
    """
    cur = conn.cursor()
    cur.execute("SELECT * FROM orders")
    rows = cur.fetchall()
    for row in rows:
        print(row)
def select_orders_by_p_code(conn, p_code):
    """
    以 p_code（订单号）查询订单（orders）表中的数据行
    : 参数 conn： Connection 对象
    : 参数： p_code
    : 返回值：
    """
    cur = conn.cursor()
    cur.execute("SELECT * FROM orders WHERE p_code=?", (p_code,))
    rows = cur.fetchall()
    for row in rows:
        print(row)
def main():
    database ="E:\python\ch17\dog.db"
    # 创建一个数据库连接
```

```
        conn = create_connection(database)
        with conn:
            print("1. Query orders by p_code:")
            select_orders_by_p_code(conn,250)
            print("2. Query all orders")
            select_all_orders(conn)
    if __name__ == '__main__':
        main()
    1. Query orders by p_code:
    (2, 250, 1, '2019-06-15', 380, 6.13)
    2. Query all orders
    (1, 138, 1, '2019-06-14', 250, 2.5)
    (2, 250, 1, '2019-06-15', 380, 6.13)
```

例17-34的Python程序代码中大部分与我们在前几节中介绍过的程序代码非常相似，配合程序中的注释是比较容易理解的。但是在函数select_all_orders(conn)中有一些新的内容，我们将在下面做比较详细的介绍。为了解释方便，我们将select_all_orders(conn)函数的全部程序代码（注释除外）重新列出（并对每一行代码进行了编号）。

```
1. def select_all_orders(conn):
2. cur = conn.cursor()
3. cur.execute("SELECT * FROM orders")
4. rows = cur.fetchall()
5. for row in rows:
6. print(row)
```

接下来，从第2行开始逐行解释select_all_orders(conn)函数的每一行程序代码的含义。

第2行：创建一个名为cursor的连接到由conn指定的数据库（E:\python\ch17\dog.db）的cursor对象。

第3行：使用cursor对象的execute()方法执行SQL语句（SELECT * FROM orders）。

第4行：使用cursor对象的fetchall()方法提取查询结果集中所有的行并返回一个名为rows的列表。

第5行和第6行：使用for循环语句输出rows列表中的每一个元素——表orders中的每一行数据。

在另一个函数select_orders_by_p_code(conn, p_code)中的Python程序代码几乎与函数select_all_orders(conn)中的程序代码完全相同，只有一点小小的不同，那就是如下的语句。

```
cur.cursor("SELECT * FROM orders WHERE p_code=?", (p_code,))
```

与select_all_orders(conn)函数中对应的语句对比，您就不难发现：在这里的查询语句中使用了WHERE子句，其中"?"是占位符，("SELECT * FROM orders WHERE p_code=?", (p_code,))表示问号在函数调用时将由后面圆括号中的参数所取代。在如下的调用语句中：

```
select_orders_by_p_code(conn,250)
```

SQL的查询语句就被替代成如下的SELECT语句：

```
SELECT * FROM orders WHERE p_code=250
```

17.11　利用Python程序修改SQLite表中的数据

在实际工作中，商业数据库中的数据经常变化。当然不仅仅是数据，在当今社会中变化已经是一种常态，唯一不变的就是"变"这个字。如果想使用Python程序修改SQLite表中已经存在的数据，您需要完成以下步骤的工作。

（1）使用sqlite3模块的connect函数创建一个Connection对象。一旦创建了数据库连接，您就可以利用这个Connection对象访问该数据库。

（2）调用Connection对象的cursor方法创建一个Cursor对象。

（3）通过调用Cursor对象的execute方法执行UPDATE语句。如果想传递参数给UPDATE语句，您需要使用问号（?）作为每一个参数的占位符。

为了演示使用以上步骤利用Python程序修改当前目录中的dog.db数据库中的数据，我们将修改orders表中已经存在的数据。

接下来，就按照以上所列出的利用Python程序修改SQLite表中数据的步骤，在SQLite数据库中一步一步地修改数据。

第一步，开发一个名为create_connection的函数，该函数接收一个输入参数db_file（数据库文件名）以指定一个SQLite数据库，并返回一个连接到该数据库的Connection对象，如例17-35所示。

例 17-35

```
def create_connection(db_file):
    """ 创建一个数据库连接，它连接到一个由 db_file 所指定的 SQLite 数据库中
        :输入参数 db_file：数据库文件名
        :返回值：Connection 对象或 None """
    try:
        conn = sqlite3.connect(db_file)
        return conn
    except Error as e:
        print(e)
    return None
```

例17-35的Python程序代码与例17-23和例17-14的Python程序代码完全相同，仔细阅读程序代码和注释之后，读者应该很容易理解这段代码的功能。

第二步，我们开发一个名为update_order的函数，该函数修改orders表中的一行数据（一张订单），如例17-36所示。在这段程序代码中，因为字符串在多行上，所以使用三个单引号引起来；在SQL字符串中的问号是占位符。在调用update_order时将被实际的参数所取代。这里需要注意的一点是，在WHERE子句中最好使用主键来作为限制条件，否则有可能无意中修改了其他的数据行，这是一件非常危险的事情，而且将来排错时很难找到原因。

例 17-36

```
def update_order(conn, order):
    """
```

```
       修改 orders 表中的一张现存的订单
       : 输入参数 : conn
       : 输入参数 : order
       : 返回值 :
       """
       sql = '''UPDATE orders
               SET p_code = ?,
                   s_code = ?,
                   unit = ?,
                   price = ?
               WHERE ordno = ?'''
       cur = conn.cursor()
       cur.execute(sql, order)
```

第三步，创建一个用来修改orders表中的一行数据的main函数，如例17-37所示。

例 17-37

```
def main():
    database ="E:\python\ch17\dog.db"
    # 创建一个数据库连接
    conn = create_connection(database)
    with conn:
        update_order(conn, (250, 1, 388, 6.38, 2))
```

第四步，执行上面所定义的main函数，如例17-38所示。

例 17-38

```
if __name__ == '__main__':
    main()
```

17.12　更改SQLite表中数据的完整Python程序

扫一扫，看视频

在本章17.11节中已经详细地介绍了利用Python程序更改SQLite数据库表中的数据所需的每一个函数。接下来，我们要将它们集成为一个完整的程序。要注意：除了在17.11节中所介绍过的每个函数之外，还必须在程序的开始处导入所需的sqlite3模块，其完整的程序代码如例17-39所示。因为这个程序比较长，所以这个程序是在Python的图形编辑器中编辑的。确认无误之后以update_orders.py为文件名存盘，随后执行这个程序。

例 17-39

```
# 导入所需的模块
import sqlite3
from sqlite3 import Error
def update_order(conn, order):
    """"
```

```
        修改 orders 表中的一张现存的订单
        : 输入参数 : conn
        : 输入参数 : order
        : 返回值 :
        """
        sql = '''UPDATE orders
                SET p_code = ?,
                    s_code = ?,
                    unit = ?,
                    price = ?
                WHERE ordno = ?'''
        cur = conn.cursor()
        cur.execute(sql, order)
def create_connection(db_file):
        """ 创建一个数据库连接，它连接到一个由 db_file 所指定的 SQLite 数据库中
            : 输入参数 db_file: 数据库文件名
            : 返回值: Connection 对象或 None """
        try:
            conn = sqlite3.connect(db_file)
            return conn
        except Error as e:
            print(e)
        return None
def main():
        database ="E:\python\ch17\dog.db"
        # 创建一个数据库连接
        conn = create_connection(database)
        with conn:
            update_order(conn, (250, 1, 388, 6.38, 2))
if __name__ == '__main__':
        main()
=============== RESTART:E:\python\ch17\update_orders.py =============
>>>
```

接下来，需要验证以上程序是否真的修改了指定表中的数据。为此，启动Windows命令行窗口，并将当前目录切换到dog.db数据库所在的目录（E:\python\ch17），随即使用例17-40的命令启动SQLite的命令行工具，并打开当前目录中的dog.db数据库。

例 17-40

```
E:\python\ch17>sqlite3 dog.db
SQLite version 3.27.0 2019-02-07 17:02:52
Enter ".help" for usage hints.
```

随即，使用例17-41的SQLite命令和SQL语句列出该数据库中orders表中的所有数据，验证所

做的修改操作是否成功。

例 17-41

```
sqlite> .mode column
sqlite> .head on
sqlite> select * from orders;
ordno       p_code      s_code      ordate      unit        price
----------  ----------  ----------  ----------  ----------  ----------
1           138         1           2019-06-14  250         2.5
2           250         1           2019-06-15  388         6.38
```

从例17-41的显示结果可以看出，修改orders表的第2行数据（ordno为2的那行数据）的操作是准确无误的。仔细核对例17-41的显示结果，您应该可以完全放心了吧？在这个例子中，我们只修改了订单数量和价格。实际上，它们也是在商业活动中变化最频繁的两列了。

☞ **指点迷津：**

需要特别指出的是，UPDATE语句是一个非常危险的语句，因为如果WHERE子句的条件写反了，就会造成该改的没改，而不该改的全都改了。另外，满足WHERE子句中条件的每一条记录都会被做同样的修改。如果所有的记录都满足条件或忘记了WHERE子句，该语句将修改表中所有的数据行。所以，在执行UPDATE语句之前，要反复问自己这个条件是否百分之百正确，任何纰漏都可能产生无法预见的错误。因此，一些有经验的程序员在测试这样的语句之前，首先将要操作的表进行备份，以防万一。

17.13 利用Python程序删除SQLite表中的数据

随着时间的流逝，数据库中的一些数据会失去用处。此时，数据库管理员或相关的工作人员就要从数据库中删除掉那些没用的数据。接下来，要从orders表中删除无用的订单记录。如果想使用Python程序从一张表中删除数据，那么需要完成以下工作步骤。

（1）使用connect函数创建一个Connection对象，建立一个与指定的SQLite数据库的连接。

（2）调用Connection对象的cursor方法，创建一个Cursor对象以执行一条DELETE语句。

（3）使用Cursor对象的execute方法执行DELETE语句。如果想传递参数给DELETE语句，那么您要使用问号（？）作为每一个参数的占位符。

为了演示使用以上步骤利用Python程序从SQLite数据库的表中删除数据，我们将分别开发一个从orders表中删除一行数据的函数和从orders表中删除所有数据的函数。

接下来，就按照在以上部分所列出的利用Python程序从表中删除数据的步骤，在SQLite数据库中一步一步地将那些无用的数据从指定的表中删除掉。

第一步，开发一个名为create_connection的函数，该函数接收一个输入参数db_file（数据库文件名）以指定一个SQLite数据库，并返回一个连接到该数据库的Connection对象，如例17-42所示。

例 17-42

```
def create_connection(db_file):
    """ 创建一个数据库连接，它连接到一个由 db_file 所指定的 SQLite 数据库中
        : 输入参数 db_file: 数据库文件名
        : 返回值：Connection 对象或 None """
    try:
        conn = sqlite3.connect(db_file)
        return conn
    except Error as e:
        print(e)
    return None
```

相信读者对例17-42的Python程序代码已经比较熟悉了，仔细阅读程序代码和注释之后，读者应该很容易理解这段代码的功能。

第二步，开发一个名为delete_order的函数，该函数从orders表中删除一行特定的数据（由订单号ordno指定），如例17-43所示。

例 17-43

```
def delete_order(conn, id):
    """
    使用订单号 (ordno) 删除一张订单
    : 输入参数 conn: 与指定 SQLite 数据库的连接对象
    : 输入参数 ordno: 订单号
    : 返回值：
    """
    sql = 'DELETE FROM orders WHERE ordno=?'
    cur = conn.cursor()
    cur.execute(sql, (id,))
```

接下来，开发另一个名为delete_all_orders的函数，该函数从orders表中删除所有的数据行，如例17-44所示。

例 17-44

```
def delete_all_orders(conn):
    """
    删除订单（orders）表中所有的数据行
    : 输入参数 conn: 与指定 SQLite 数据库的连接对象
    : 返回值：
    """
    sql = 'DELETE FROM orders'
    cur = conn.cursor()
    cur.execute(sql)
```

第三步，创建一个用来删除订单的main函数，如例17-45所示。注意：在这段程序中，我们并没有真正地调用delete_all_orders函数，而是将调用该函数的语句注释掉了，因为这一语句执行

完，orders表将被清空。

例 17-45

```
def main():
    database ="E:\python\ch17\dog.db"
    # 创建一个数据库连接
    conn = create_connection(database)
    with conn:
        delete_order(conn,2)
        # delete_all_orders(conn)
```

第四步，执行上面所定义的main函数，如例17-46所示。

例 17-46

```
if __name__ == '__main__':
    main()
```

17.14　从SQLite表中删除数据的完整Python程序

扫一扫，看视频

在17.13节中已经详细地介绍了利用Python程序从SQLite数据库的表中删除数据所需的每一个函数。接下来，要将它们集成为一个完整的程序。要注意：除了我们在17.13节中所介绍过的每个函数之外，还必须在程序的开始处导入所需的sqlite3模块。其完整的程序代码如例17-47所示。因为这个程序比较长，所以这个程序是在Python的图形编辑器中编辑的。确认无误之后，以delete_orders.py为文件名存盘，随后执行这个程序。

例 17-47

```
# 导入所需的模块
import sqlite3
# from sqlite3 import Error
def create_connection(db_file):
    """ 创建一个数据库连接，它连接到一个由 db_file 所指定的 SQLite 数据库中
        :输入参数 db_file: 数据库文件名
        :返回值： Connection 对象或 None """
    try:
        conn = sqlite3.connect(db_file)
        return conn
    except Error as e:
        print(e)
    return None
def delete_order(conn, id):
    """
    使用订单号 (ordno) 删除一张订单
    : 输入参数 conn: 与指定 SQLite 数据库的连接对象
```

```
        : 输入参数 ordno: 订单号
        : 返回值：
        """
        sql = 'DELETE FROM orders WHERE ordno=?'
        cur = conn.cursor()
        cur.execute(sql, (id,))
def delete_all_orders(conn):
        """
        删除订单（orders）表中所有的数据行
        : 输入参数 conn: 与指定 SQLite 数据库的连接对象
        : 返回值：
        """
        sql = 'DELETE FROM orders'
        cur = conn.cursor()
        cur.execute(sql)
def main():
        database ="E:\python\ch17\dog.db"
        #  创建一个数据库连接
        conn = create_connection(database)
        with conn:
            delete_order(conn,2)
            # delete_all_orders(conn)
if __name__ == '__main__':
        main()
=============== RESTART:E:\python\ch17\delete_orders.py ==============
>>>
```

接下来，需要验证以上程序是否真的删除了指定表中的数据。为此，启动Windows命令行窗口，并将当前目录切换到dog.db数据库所在的目录（E:\python\ch17），随即使用例17-48的命令启动SQLite的命令行工具，并打开当前目录中的dog.db数据库。

例 17-48

```
E:\python\ch17>sqlite3 dog.db
SQLite version 3.27.0 2019-02-07 17:02:52
Enter ".help" for usage hints.
```

随即，使用例17-49的SQLite命令和SQL语句列出该数据库中orders表中的所有数据，验证所做的删除操作是否成功。

例 17-49

```
sqlite> .mode column
sqlite> .head on
sqlite> select * from orders;
ordno         p_code        s_code        ordate        unit          price
```

```
-----------  -----------  -----------  ----------  ----------  ----------
1            138          1            2019-06-14  250         2.5
```

从例17-49的显示结果可以看出，orders表中的第2行数据（ordno为2的那行数据）已经被成功地删除了。

☞ **指点迷津：**

　　需要特别指出的是，DELETE语句也是一个非常危险的语句，因为如果WHERE子句的条件写反了，就会造成该删除的没删除，而不该删除的全都不见了。另外，满足WHERE子句中条件的每一条记录都会被删除。如果所有的记录都满足条件或忘记了WHERE子句，该语句将删除表中所有的数据行。在某种程度上，该语句比UPDATE语句更危险。设想一下，如果是一个司法系统，WHERE子句的条件写反了，就有可能造成该死都没死而死的都是不该死的，是不是很可怕？当然，最后还是要由人来进行司法复核的。所以在执行DELETE语句之前，也要反复问自己这个条件是否百分之百正确，任何纰漏都有可能产生无法预见的错误甚至灾难。因此，一些有经验的程序员在测试这样的语句之前，也是首先将要操作的表进行备份，以防万一。

17.15　Python程序的自动化

扫一扫，看视频

　　在之前所有的例子中，都是使用Python解释器来执行Python程序代码的。能不能在Windows操作系统上像执行普通的程序那样执行一个Python程序文件呢？当然可以，秘诀是使用Windows的批文件（.bat文件）。

　　接下来，以这一章的select_tables.py为例来演示如何使所编写的Python程序更像一个平常的Windows命令。

　　首先，启动Windows命令行窗口，并将当前目录切换到select_tables.py文件和dog.db数据库所在的目录（E:\python\ch17），如例17-50所示。

例 17-50

```
C:\Users\MOON>cd E:\python\ch17
C:\Users\MOON>e:
E:\python\ch17>
```

　　随后，使用例17-51的命令以命令行模式执行select_tables.py文件中的程序代码。这里解释一下，在删除操作之后，又执行了一次insert_tables.py文件中的程序代码，所以orders表中又增加了两行。

例 17-51

```
E:\python\ch17>py select_tables.py
1. Query orders by p_code:
(3, 250, 1, '2019-06-15', 380, 6.13)
2. Query all orders
(1, 138, 1, '2019-06-14', 250, 2.5)
(2, 138, 1, '2019-06-14', 250, 2.5)
(3, 250, 1, '2019-06-15', 380, 6.13)
```

确认例17-51中运行select_tables.py文件中的命令没有任何问题之后，开启记事本并将py select_tables.py文件写入记事本，之后以select_orders.bat为文件名存盘（存入当前目录），如图17-9和图17-10所示。

图 17-9

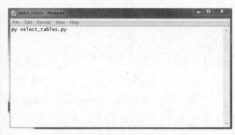

图 17-10

做完以上操作之后，在当前目录中就会出现一个名为select_orders.bat的文件。接下来，在Windows命令行界面中输入例17-52的命令就可以执行select_orders.bat文件中的命令了。注意：此时不需要输入文件的扩展名（.bat），而只输入文件名就可以了。是不是更方便，也更专业？

例 17-52

```
E:\python\ch17>select_orders
E:\python\ch17>py select_tables.py
1. Query orders by p_code:
(3, 250, 1, '2019-06-15', 380, 6.13)
2. Query all orders
(1, 138, 1, '2019-06-14', 250, 2.5)
(2, 138, 1, '2019-06-14', 250, 2.5)
(3, 250, 1, '2019-06-15', 380, 6.13)
```

有读者可能已经想到了是否可以像运行其他程序那样——使用双击该程序的图标的方法来运行select_orders.bat文件中的命令。现在虽然您可以这样做，但是每次运行select_orders.bat文件中的命令之后，Windows命令行窗口都会自动关闭。如果有兴趣，您可以试一下。

那么如何解决这一问题呢？您可以重新编辑select_orders.bat文件，在py select_tables.py的下一行添加上PAUSE或cmd/k命令即可，如例17-53和图17-11所示。修改完毕，以select.bat为文件名存盘，随后双击select.bat的图标运行该文件中的代码，之后将出现如图17-12所示的显示结果。

例 17-53

```
py select_tables.py
PAUSE
```

为了更加体现专业的效果，您可以右击select.bat文件的图标，在弹出的快捷菜单中选择Send to（发送到）命令，随后选择Desktop（桌面）命令将其发送到桌面上，如图17-13所示。右击桌面上的select.bat文件的图标，在弹出的快捷菜单中选择Rename（重新命名）命令并将名字修改为Select，如图17-14所示。

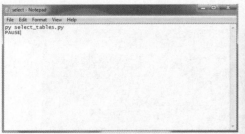

图17-11　　　　　　　　　　　图17-12

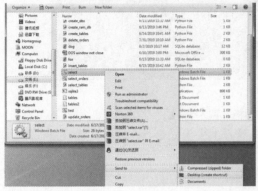

图17-13　　　　　　　　　　　图17-14

继续右击桌面上的Select图标，在弹出的快捷菜单中选择Property（属性）命令，如图17-15所示。单击Change Icon（更改图标）按钮。随即出现如图17-16所示的更改图标窗口，选择您喜欢的图标，之后单击OK按钮，并在属性界面中单击Apply（应用）按钮就完成了修改图标的操作。

图17-15　　　　　　　　　　　图17-16

最后，双击桌面上的Select的新图标运行这个程序，随即将弹出Windows命令行窗口并显示该程序运行的结果，如图17-17所示。

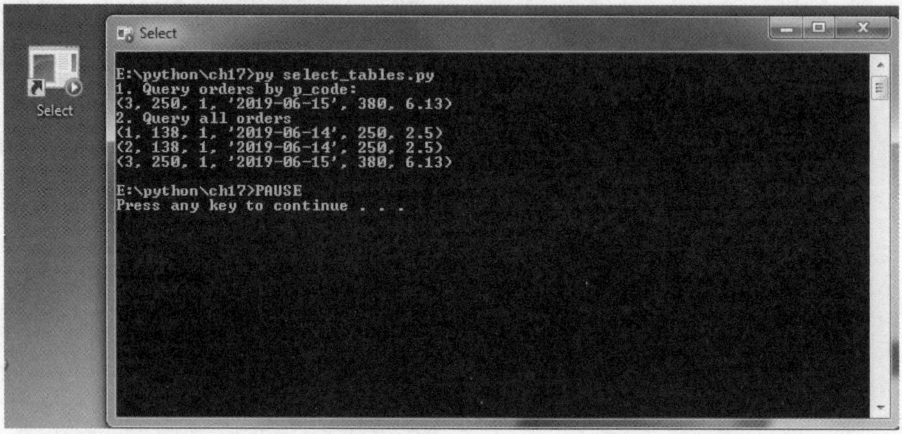

图17-17

如果有兴趣，您可以仿照以上的方法将喜欢的Python程序文件都做同样的加工，使其看上去就像一个Windows操作系统提供的命令一样。原来这看上去十分专业也没有想象中的那么难，是不是？

☞ **指点迷津：**

如果已经使用以上的方法加工了好几个相关的Python程序文件，为了管理和维护的方便，您可以在桌面上创建一个专门的文件夹，并将这些相关程序文件的图标都放入该文件夹中。例如，您开发了若干个操作SQLite数据库中数据的Python程序文件，您可以将所创建的那个桌面上的新文件夹改名为SQLite，并将那些操作SQLite数据库中数据的Python源程序文件的图标统统都放入这个文件夹中。

第18章　Python与Oracle数据库

扫一扫，看视频

许多IT专业人士将Python程序设计语言看作一种流行的通用目的动态脚本语言。随着这种语言的广泛普及，Python也广泛地应用于网络应用程序的开发。正如我们在第17章中所讲的那样，在大型的商业软件应用系统中，数据量都很大，一般都是存储在某种数据库中。而对于大型或超大型数据库，最常用的应该是Oracle数据库。如果您想使用Python程序设计语言开发基于Oracle数据库的应用程序，您就需要知道如何使用Python程序设计语言连接Oracle数据库及怎样访问Oracle数据库中的数据。

在这一章中，我们将介绍如何使用Python程序设计语言的程序访问和操作Oracle数据库中的数据。本章是为有一定Oracle数据库背景的读者设计的，如果您没有这方面的知识，可以找一本入门水平的Oracle数据库书看看（可以参阅我写的两本书：中国水利水电出版社2017年年底出版的《Oracle数据库管理——从入门到精通》；清华大学出版社2015年出版的《Oracle SQL——入门与实战经典》（名师讲坛系列））。

这一章的内容并不是介绍Oracle数据库，而是介绍如何编写可以访问和操作Oracle数据库的Python程序。如果您在阅读这一章时感到有一些困难，请不要紧张，因为您将来一旦掌握了Oracle，本章的内容就会变得很好理解了。

18.1　在Windows操作系统上启动Oracle数据库管理系统

与SQLite不同，Oracle数据库管理系统是一个非常庞大且相当复杂的系统，受到篇幅的限制，我们无法完整地介绍Oracle数据库管理系统的安装。为了帮助读者能够顺利地安装Oracle数据库管理系统，随书附有安装Oracle 12c的视频。本章的所有例子都在
扫一扫，看视频
Oracle 11g（11.2）和Oracle 12c（12.1）上测试过。如果您目前不想安装Oracle数据库管理系统也没有关系，您可以仔细阅读本章的内容，再仔细地看看本章随书的视频，本章几乎所有的例子都附有完整的视频，帮助读者（特别是没有安装Oracle数据库管理系统的读者）理解这些例子。

> 📢 提示：
> Oracle数据库管理系统可以从Oracle的官方网站上免费下载，Oracle公司声明只要不作为商业目的，Oracle的软件都是免费的，也允许进行非商业目的的复制和安装。所以，对于个人用户，Oracle软件不存在盗版问题。在下载之前，需要注册一下，注册是免费的，只是需要花一点时间而已。

本章假设已经成功地安装了Oracle 12c数据库管理系统。在这一基础上启动Oracle数据库管

理系统，随即创建一个Python程序使用的Oracle用户并授予相应的权限。之后就可以进行后续的Python编程工作。以下就是在Windows操作系统上启动已经安装好的Oracle数据库管理系统的具体步骤。

（1）单击桌面左下角的开始图标，单击控制面板（Control Panel），如图18-1所示。

（2）在控制面板窗口中单击系统和安全（System and Security）链接，如图18-2所示。

图18-1   图18-2

（3）在系统和安全窗口中单击管理工具（Administrative Tools）链接，如图18-3所示。

（4）在管理工具窗口中单击服务（Services）链接，如图18-4所示。

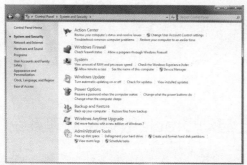 

图18-3   图18-4

（5）在服务窗口中单击监听服务（TNSListener结尾）的链接，如图18-5所示。

图18-5

（6）在监听服务的属性窗口中单击开始（Start）按钮启动监听服务，如图18-6所示。

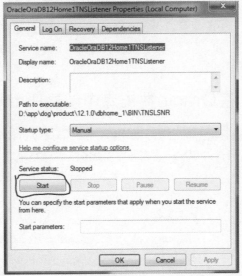

图18-6

（7）在监听服务的属性窗口中单击确认（OK）按钮退出监听服务的属性窗口，如图18-7所示。

（8）在服务窗口中监听服务的状态将被标为已开启（Started），如图18-8所示。

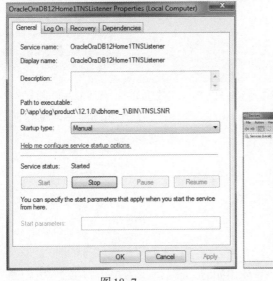

图18-7

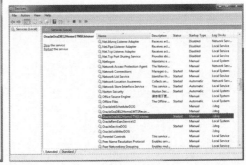

图18-8

　　使用与启动监听服务相同的方法启动数据库（OracleServiceDOG）服务，最后的DOG是数据库的实例名，在您的系统上可能不同。数据库服务启动需要一些时间，您只需耐心等待即可。运行本章的Python程序只需启动这两个Oracle服务就足够了。

☞ **指点迷津：**
　　一般在Windows操作系统上安装Oracle数据库管理系统时，默认Oracle数据库管理系统是自动启动的——开机或系统重启时Windows操作系统自动启动Oracle。此时，您最好将所有的Oracle服务都改为手动，等需要时再使用以上的方法只启动所需要的服务。因为Oracle数据库管理系统的一些服务，特别是数据库服务很大，它们会消耗大量的内存和其他系统资源，有时会严重影响计算机的效率。

扫一扫，看视频

18.2　在Oracle数据库中创建Python用户

Oracle数据库管理系统启动之后，您可以开启Windows命令行窗口，使用例18-1的命令启动Oracle的SQL*Plus命令行工具，并以SYS（数据库管理员）用户登录名为dog的Oracle数据库。

例 18-1

```
C:\Users\MOON>sqlplus / as sysdba
SQL*Plus: Release 12.1.0.2.0 Production on Wed Jun 19 11:37:46 2019
Copyright (c) 1982, 2014, Oracle.  All rights reserved.
Connected to:
Oracle Database 12c Enterprise Edition Release 12.1.0.2.0 - 64bit
ProductionWith the Partitioning, OLAP, Advanced Analytics and Real
 Application Testing options
```

随即，可以使用例18-2的SQL*Plus命令确认当前的用户是否是SYS。在这个例子中，SQL>为SQL*Plus命令行工具的提示符。

例 18-2

```
SQL> show user
USER is "SYS"
```

确认当前用户就是SYS之后，可以使用例18-3的DDL（数据定义语言）语句创建一个名为PYTHONHOL的用户。随书有一个名为creat_user.txt的正文文件，其中包括所需的全部SQL语句，您可以直接复制到SQL*Plus命令行窗口中执行。

例 18-3

```
CREATE USER PYTHONHOL
IDENTIFIED BY wang
DEFAULT TABLESPACE USERS
TEMPORARY TABLESPACE TEMP
QUOTA UNLIMITED ON USERS;
```

成功地创建了PYTHONHOL用户之后，要使用例18-4的DCL（数据控制语言）语句授予该用户连接数据库的权限（CREATE SESSION）、创建表的权限（CREATE TABLE）和创建存储过程的权限（CREATE PROCEDURE）。

例 18-4

```
SQL> grant CREATE SESSION, CREATE TABLE, CREATE PROCEDURE to pythonhol;
Grant succeeded.
```

📢 注意：

CREATE SESSION是连接数据库的权限，用户必须有这一权限才能连接Oracle数据库。CREATE TABLE是创建表的权限，有了这一权限，用户才可以在自己的用户中创建表。CREATE PROCEDURE不仅包括创建存储过程的权限，也包括创建存储函数的权限。

PYTHONHOL用户有了适当的权限之后，就可以使用例18-5的SQL*Plus命令以PYTHONHOL用户连接到默认的Oracle数据库上。

例 18-5

```
SQL> connect pythonhol/wang
Connected.
```

以PYTHONHOL用户登录了Oracle数据库之后，可以使用例18-6的查询语句列出该用户所具有的权限。

例 18-6

```
SQL> select * from session_privs;
PRIVILEGE
-------------------
CREATE PROCEDURE
CREATE TABLE
CREATE SESSION
```

18.3 创建Python与Oracle数据库的连接

扫一扫，看视频

与SQLite不同，标准Python并不能直接访问和操作Oracle数据库中的数据。如果要使用Python程序设计语言访问和操作Oracle数据库，需要下载并安装一个名为cx-Oracle的软件包。可以使用流行的Python软件包安装命令安装这个软件包。

首先，需要开启Windows命令行窗口（界面），之后使用例18-7的Python软件包安装命令安装cx-Oracle软件包（在安装软件包时，要保证您的计算机与互联网是处在连接状态）。安装过程会持续一会儿。随后，应该再次使用pip的list命令确认安装是否成功。为了节省篇幅，这里省略了输出显示结果和测试的步骤。

例 18-7

```
C:\Users\MOON>pip install cx-Oracle
```

确认cx-Oracle软件包安装成功之后，您可以开启Python的图形编辑器并输入例18-8的Python程序代码。确认无误之后以connect.py为文件名存盘（存放在当前目录中，在这里当前目录为E:\python\ch18），随即运行这个程序。

例 18-8

```
import cx_Oracle
con = cx_Oracle.connect('pythonhol/wang@localhost/dog')
print(con.version)
```

```
con.close()
12.1.0.2.0
```

为了帮助读者更好地理解以上这段程序代码，接下来将逐行解释例18-8的Python程序中的每一行代码。

（1）导入cx_Oracle模块，该模块提供了访问Oracle数据库的应用程序接口。

（2）利用cx_Oracle模块的connect方法创建一个名为con的Connect（连接）对象，括号中按顺序分别是用户名pythonhol、该用户的密码wang；@之后是连接字符串，其中localhost表示本机（如果是远程数据库，应该使用计算机的IP地址或在网络上的计算机名），dog是数据库的服务名。

（3）Python程序设计语言将任何东西都看作一个对象。而Con对象有一个version属性，该属性为一个字符串。这行代码是输出Con对象的version属性的值。实际上，就是显示目前连接的数据库的版本号。

（4）调用Connect（连接）对象的close方法关闭连接。最好要养成习惯，在完成对数据库的操作之后立即关闭连接。

如果连接成功，Python解释器会显示出数据库的版本号，如本例所显示的结果那样。如果连接失败，Python会抛出一个异常。

这里需要再次提醒读者注意的是，Python程序设计语言是使用缩进来标识程序块的；与许多其他程序设计语言不同，在Python程序设计语言中并没有结束符，也没有标识程序块开始和结束的关键字（如begin/end关键字或大括号），因此，如果要复制和粘贴Python程序代码，一定要仔细检查每一行代码的缩进（空格数目）是否正确。

18.4 将version属性字符串转换成一个数组

通过18.3节的学习，应该已经知道了Con对象的version属性是一个字符串。有时，为了进一步处理类似的属性，我们可以将其转换成一个数组以方便进一步的处理，如可以使用例18-9的Python程序代码将version属性字符串转换成一个数组（严格上讲应该是一个Python列表）。在Python的图形编辑器中输入这段Python程序代码，确认无误之后以connect_split.py为文件名存盘（存放在当前目录中），随即运行该程序。

例 18-9

```
import cx_Oracle
con = cx_Oracle.connect('pythonhol/wang@localhost/dog')
ver = con.version.split(".")
print(ver)
con.close()
['12', '1', '0', '2', '0']
```

例18-9的Python程序代码绝大部分与例18-8的Python程序代码相同。这里需要解释一下第3行和第4行的代码：第3行代码使用split()方法以"."作为分隔符将version属性字符串转换成一个数组，而字符串的每个部分（以点分隔的）转换成相应的元素；第4行代码是输出该数组中的全部内容（每一个元素）。

将version属性字符串转换成一个数组之后，就可以利用下标方便地访问该数组中的任何元素了。如可以使用例18-10的Python程序代码分别访问数组中不同的元素。在Python的图形编辑器中输入这段Python程序代码，确认无误之后以connect_split_index.py为文件名存盘，随即运行该程序。

例 18-10

```
import cx_Oracle
con = cx_Oracle.connect('pythonhol/wang@localhost/dog')
ver = con.version.split(".")
print(ver)
print(ver[0])
print(ver[-1])
print(ver[1:4])
print(ver.index("0"))
con.close()
['12', '1', '0', '2', '0']
12
0
['1', '0', '2']
2
```

除了那些输出语句之外，例18-10的Python程序代码与例18-9的Python程序代码完全相同。这里需要解释一下这段程序中的输出语句，以下顺序解释每行输出语句，为了解释方便，我们将每行输出语句按顺序编号。

（1）输出ver列表中的全部内容（每一个元素）。

（2）输出ver列表中第一个元素，Python列表的第一个元素的下标为0，还记得吗？

（3）输出ver列表中最后一个元素，Python列表的最后一个元素的下标也可以使用–1表示，还记得吗？

（4）输出ver列表中第2个到第5个元素（不包括第5个元素）——输出第2、第3和第4个元素，ver[1:4]表示下标为1到下标为4的所有元素（不包括下标为4的元素）。

（5）输出ver列表中元素值为0的下标，在这里为2。ver.index("0")表示列表ver中元素的值是"0"的下标。

18.5 利用Python列表的方法维护version属性

通过18.4节的学习，知道了怎样将version属性字符串转换成一个数组（列表）。一旦将version属性字符串转换成一个列表，您就可以使用列表的方法来操作和维护了。

如可以使用例18-11的Python程序代码提取数组中所需的元素，并与特定的字符串拼接在一起。在Python的图形编辑器中输入这段Python程序代码，确认无误之后以connect_method_operator.py为文件名存盘，随即运行该程序。

例 18-11

```
import cx_Oracle
con = cx_Oracle.connect('pythonhol/wang@localhost/dog')
ver = con.version.split(".")
print(ver)
verlist = [ver[0]] + ['c', 'R'] + [ver[1]]
print(verlist)
print("".join(verlist))
print(ver[0] + 'cR' + ver[1])
con.close()
['12', '1', '0', '2', '0']
['12', 'c', 'R', '1']
12cR1
12cR1
```

在verlist定义语句之前，例18-11的Python程序代码与例18-10的Python程序代码完全相同。这里需要解释一下这段程序中从这个语句开始一直到con.close语句之前的每一个语句，以下按顺序解释它们，为了解释方便，将每行语句按顺序编号。

（1）以[ver[0]]为第1个元素、[ver[1]]为最后一个元素、c为第2个元素、R为第3个元素构成一个列表（实际上就是['12', 'c', 'R', '1']），并赋予列表变量verlist。

（2）输出列表verlist中的全部内容（每一个元素）。

（3）利用方法join将列表中的每个元素串接成一个字符串之后输出。这里使用了一个小技巧——双引号中没有包括任何字符（空字符："")表示一个字符串来直接调用方法join。

（4）输出ver列表的第1个元素与字符串"cR"，再与ver列表的第2个元素串接之后的结果。

18.6　利用循环在version属性中查找所需的信息

有时，每个特定的程序只能在指定的Oracle（或其他数据库）版本中运行。在这种情况下，您在运行程序之前最好先确定一下Oracle版本的精确信息。可以使用for循环语句迭代地比较version属性列表中的每一个元素，确定该Oracle数据库系统的准确版本号，如可以使用例18-12的Python程序代码。在Python的图形编辑器中输入这段Python程序代码。确认无误之后以connect_loop.py为文件名存盘，随即运行该程序。

例 18-12

```
import cx_Oracle
con = cx_Oracle.connect('pythonhol/wang@localhost/dog')
ver = con.version.split(".")
for v in ver:
  print("Testing: ")
  if v == "1":
    print(v + " is 1")
```

```
    else:
        print(v + " is not 1")
 con.close()
Testing:
12 is not 1
Testing:
1 is 1
Testing:
0 is not 1
Testing:
2 is not 1
Testing:
0 is not 1
```

除了for语句之外，例18-12的Python程序的其他代码我们都已经遇到过多次了，相信读者应该比较清楚了。在这里需要解释for语句，其实这个for语句也不复杂。进入for循环体之后，首先输出一行提示信息；随即使用if语句进行判断，如果该次循环中的ver中的元素等于1就将这个元素与字符串is 1拼接在一起并输出，否则就将这个元素与字符串is not 1拼接在一起并输出。

☞ **指点迷津：**

在实际工作中会经常遇到不同软件之间的兼容问题，即使是同一家软件公司的不同产品，有时也会有兼容的问题，特别是在软件升级后，新旧版本的兼容也常常出现问题。因此，利用类似以上的例子，您可以首先确定Oracle的数据库版本信息。如果所使用的应用程序是在不同版本的Oracle的数据库上调试的，有时您需要进行一些修改之后，应用程序才能正确地执行。不少IT从业人员只要一发现软件有兼容问题就推给了软件商，这样自己就什么也不用做了。

18.7　数据库驻留连接池

数据库驻留连接池（database resident connection pooling，DRCP）是Oracle 11g开始引入的一个新特性，当然Oracle 12c也拥有这一特性。这一特性对那些运行时间很短的程序（如在网络应用程序中使用的一些脚本）非常有用。该特性可以适应随着网站使用数量的增长而产生的连接数量的快速增加。该特性允许在多台计算机上的多个Apache进程共享一小组数据库服务器进程（也称为数据库服务器进程的共享池）。在没有DRCP的情况下，每个Python连接都必须启动一个服务器进程。

图18-9是一个没有DRCP的结构示意图。其中，每一个脚本都有自己的数据库服务器进程。即使有些脚本是空闲的（不做任何与数据库有关的工作），也依然保持着与数据库的连接（保持与一个数据库服务器进程的连接），直到这个连接被关闭为止。

图18-10是一个使用DRCP的结构示意图。其中，一个脚本可以使用来自服务器进程（共享）池中的一个进程并且在不需要时将其返回到池中（此时其他连接就可以立即使用这个服务器进程了）。以这样的方式，Oracle数据库管理系统可以处理大量的网络连接。

这里需要指出的是，运行时间很长的批处理操作、在数据库管理系统上的长查询操作等是不适用于DRCP连接的，而要使用专用服务器连接——每个连接都对应着一个专门的服务器进程。

Oracle默认并不开启DRCP特性，所以在使用这一特性之前，您必须先开启这一特性，其方法如下。

首先开启Windows命令行界面，在命令行提示符下输入例18-13的命令，开启Oracle的SQL*Plus命令行工具，并以sysdba用户登录Oracle数据库管理系统。

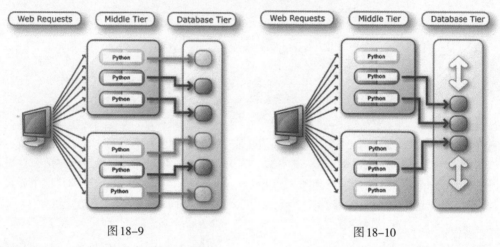

图18-9   图18-10

例 18-13

```
C:\Users\MOON>sqlplus / as sysdba
SQL*Plus: Release 12.1.0.2.0 Production on Thu Jun 20 15:05:10 2019
Copyright (c) 1982, 2014, Oracle.  All rights reserved.
Connected to:
Oracle Database 12c Enterprise Edition Release 12.1.0.2.0 - 64bit
ProductionWith the Partitioning, OLAP, Advanced Analytics and Real
 Application Testing options
```

以sysdba用户成功登录Oracle数据库管理系统之后，使用例18-14的命令开启DRCP特性。

例 18-14

```
SQL> execute dbms_connection_pool.start_pool();
PL/SQL procedure successfully completed.
```

开启了DRCP特性之后，您就可以在Python程序中使用这一特性了。除了在连接语句中使用几个参数之外，无论是新开发的应用程序还是已有的应用程序都不需要任何更改，如可以使用例18-15的Python程序代码。在Python的图形编辑器中输入这段Python程序代码，确认无误之后以connect_drcp.py为文件名存盘，随即运行该程序。

例 18-15

```python
import cx_Oracle
con = cx_Oracle.connect('pythonhol/wang@localhost/dog:pooled',
                cclass="PYTHONHOL",purity=cx_Oracle.ATTR_PURITY_SELF)
print(con.version)
```

```
con.close()
12.1.0.2.0
```

除了创建Oracle连接语句中多了几个参数之外，例18-15的Python程序代码的其他程序代码我们都已经使用许多次了，相信读者应该很熟悉了。在这里我们仅仅解释一下三个之前没有见过的参数。

（1）:pooled：添加在连接字符串的最后，表示使用DRCP连接。

（2）cclass="PYTHONHOL"：将一个连接类PYTHONHOL传递给connect方法。

（3）purity=...：连接的纯度定义为ATTR_PURITY_SELF。

连接类告诉数据库服务器进程池相关的连接。会话信息（如默认日期格式）可能在几个连接调用之间被保留，这样可以改进系统的整体效率。如果一个池中的服务器进程随后被一个应用程序以一个不同的连接类名字重用，会话的信息将被丢弃。

绝对不能共享会话信息的那些应用程序应该使用不同的连接类，或者为了强制创建一个新的会话应该使用ATTR_PURITY_NEW。这将会降低系统的整体规模（减少连接数），但是可以防止一些应用程序错误地使用会话信息。

☞ 指点迷津：

　　细心的读者可能已经发现了，利用Python程序创建与Oracle数据库的连接要比创建与SQLite数据库的连接复杂不少。这是因为Oracle数据库系统是一个相当庞大和复杂的系统（当然功能也相当强大），而且Oracle数据库中存储的数据量和数据的重要性都是SQLite数据库无法比拟的。不过读者也用不着担心，一旦您成功地创建了连接，接下来的工作就相对简单了。还有，一般大公司都有专门的数据库管理员（DBA），几乎所有与Oracle有关的配置都是由数据库管理员做的。您只需编写好您的Python程序就可以了。

18.8　PL/SQL与cursor简介

因为接下来的几节中要用到Oracle的PL/SQL程序设计语言中的一些概念，特别是cursor，所以我们在这一节中简要地介绍一下相关的内容。如果您在阅读这一节和下一节时，有些内容没有完全理解，可不用担心，您完全可以继续阅读后面的内容，不会影响Python程序设计语言的学习。如果您对Oracle的PL/SQL程序设计语言感兴趣，可以参阅我写的另一本书：中国水利水电出版社2017年年底出版的《Oracle 数据库管理——从入门到精通》。

熟悉SQL的读者都知道，SQL语言是一种非常容易学习和使用的第四代（非结构化的）程序设计语言。也正因为它的简单、易学，SQL语言中并没有分支（条件）和循环这样的开发大型软件所必需的语句。为此，Oracle公司开发了一种适合于Oracle数据库编程的程序设计语言——PL/SQL，其中PL是Procedural Language（结构化语言的缩写）。

顾名思义，PL/SQL是一种结构化的程序设计语言。PL/SQL是在20世纪七八十年代设计和研发的，它融合了当时许多程序设计语言的优点，同时特别加强了对Oracle数据库编程的支持。

实际上，PL/SQL可以说是一种对SQL进行了结构化扩展的程序设计语言。在PL/SQL中，可以直接嵌入SQL语句，也可以直接使用DML语句操作Oracle数据库中的数据。当然，PL/SQL提供了软件工程几乎全部的特性，如模块化、数据封装、信息隐藏、异常处理、面向对象的程序设计等。总之，PL/SQL包括了现代程序设计语言的所有特性，并扩展了对Oracle数据库软件开发的特殊支持。

一般在基于Oracle数据库的软件开发项目中，首选的编程语言就是PL/SQL。Oracle为了方便基于Oracle数据库的编程，需要将许多常见的数据库程序设计功能集成在PL/SQL语言中（或以软件包的形式提供了相关的功能），在使用其他程序设计语言可能需要几页的代码才能完成的编程工作，使用PL/SQL可能只需几行代码。

虽然有些资料说PL/SQL是面向对象的程序设计语言（而另一些资料说它是第四代程序设计语言），但是从严格意义上讲，PL/SQL不能算面向对象的程序设计语言（也不能算是第四代程序设计语言），它实际上是扩展了的结构化程序设计语言。Oracle官方的文档中说PL/SQL支持面向对象的程序设计，这里要注意的是支持并不等于是。

那么cursor又是什么呢？Oracle服务器为处理的每一个SQL语句分配一个私有的SQL内存区，执行SQL语句和存储处理的信息。您可以使用显式cursor来命名一个私有的SQL内存区，这样也就可以访问它的存储信息了。

对于所有的DML语句和PL/SQL的SELECT语句，PL/SQL都隐含地声明一个隐式cursor。而对于返回多行的查询，可以使用显式cursor，显式cursor是由程序员来声明和管理的，是通过在程序段中说明可执行操作的语句来完成的。

当有一个要返回多行数据的SELECT语句时，您就可以在PL/SQL程序中声明一个显式cursor。随后，您就可以一行接一行地处理这个SELECT语句所返回的所有数据行了。一个多行查询所返回的数据行的集合（全部数据行）被称为活动集（active set），活动集的大小就是满足查询条件的数据行的个数。图18-11显示了一个显式cursor是如何指向活动集的当前行的。这样的一个显式cursor结构可以使程序每次处理一行数据。

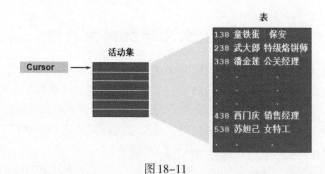

图18-11

☞ 指点迷津：

虽然几乎所有的中文PL/SQL书籍都将cursor翻译成游标，实际上这是一个失误。其实，cursor是current set of rows的缩写，与游标并没有什么关系。只是这个缩写正好与英文的游标（cursor）是一个词而已。这也可能是造成"游标"这一概念非常难理解的主要原因吧！在我们接触的一些从事了多年PL/SQL编程工作的程序员中，还有对"游标"这一概念不是十分清楚的，没想到一个巧合的翻译失误竟会让许多人困惑了这么多年！

这也说明了专家和大人物的失误与他们的贡献一样也会被放大许多倍，其影响也更深远。

虽然使用SELECT INTO语句已经可以将数据库表中的数据存入PL/SQL变量中，但是有时满足查询条件的数据行可能很多。这就使得程序的逻辑条件比较复杂，而且使用循环语句每循环一次将一行数据存入相应的PL/SQL变量中的方法存在着效率方面的问题，因为每次执行语句时PL/SQL必须访问数据库中的表，而表是存放在硬盘上的。实验数据表明，硬盘的数据访问速度比内存慢$10^3 \sim 10^5$倍。而使用显式cursor就可以一次将满足所有条件的数据全部放入内存中，之后就在内存中一行接一行地处理了，是不是快多了？以下就是显式cursor的功能。

（1）可以一行接一行地处理一个查询返回的全部结果（查询语句执行一次）。

（2）一直追踪当前正在处理的数据行。

（3）能够使程序员在PL/SQL程序块中显式地手动控制一个或多个cursor。

18.9　控制显式cursor

熟悉了显式cursor的工作原理和功能之后，当然想知道如何具体控制显式cursor的工作，图18-12显示了使用显式cursor的具体步骤。

从图18-12可以看出，使用显式cursor的具体步骤如下。

（1）声明显式cursor：在PL/SQL程序块的声明段中，通过命名并定义相关的查询结构来声明一个显式cursor。

（2）打开（OPEN）显式cursor：OPEN语句执行显式cursor所定义的查询语句并绑定所引用的变量。查询语句所标识的数据行被称为活动集，并且现在变量可以提取这些数据行了。

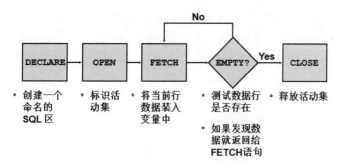

图18-12

（3）从定义的cursor中提取（FETCH）数据：将活动集的当前数据行装入定义的变量（活动集的下一行将变为当前行）。在每次提取之后，您应该测试活动集中是否还有数据存在。如果没有要处理的数据，您应该关闭cursor。

（4）关闭（CLOSE）cursor：CLOSE语句释放活动集的所有数据行。现在就可以重新打开这个cursor以建立新的活动集。注意要养成习惯，在处理完cursor中的数据之后，及时地关闭cursor以释放内存资源。

您是使用OPEN、FETCH和CLOSE语句来控制一个显式cursor的。cursor（的指针）指向活动集中当前的位置。这三个语句完成的操作如下。

（1）OPEN语句执行与这个cursor相关的查询语句、标识结果（活动）集，并将"指针"指向活动集的第1行。

（2）FETCH语句提取当前行数据，并将指针向下移动一行，直到没有数据行或说明的条件满足为止。

（3）CLOSE语句释放cursor。

图18-13显示了OPEN、FETCH和CLOSE这三个语句控制一个显式cursor的操作示意图。

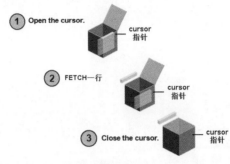

图18-13

实际上，PL/SQL显式cursor与计算机中的堆栈十分相似，而FETCH语句就类似堆栈的弹出操作。如果已经不记得什么是堆栈了，您可以复习一下本书第9章9.12节，其中用比较形象的例子解释了堆栈的工作原理。

扫一扫，看视频

18.10　使用Python程序在Oracle上创建简单查询

与一些其他的同类书籍不同，本书并没有将Python程序要操作的数据复制到Python用户中。因为在大型和超大型数据库中数据都是集中管理和维护的，一个数据最好放在一个地方，而且是进行统一的管理和维护。这样做的好处是可以减少由于数据的冗余（同一个数据放在多个不同的地方）所造成的数据奇异性和减轻管理与维护的负担。

在后面的查询例子中，我们要使用Oracle数据库中的hr用户（该用户是Oracle的一个默认用户，该用户中有几个为用户学习而准备的样本表，如departments）。为此，您可以首先开启Windows命令行窗口，使用例18-16的命令启动Oracle的SQL*Plus命令行工具并以hr用户登录默认的Oracle数据库dog。其中，第一个hr是用户名，第二个hr是该用户的密码（这是一个不安全的密码，在实际的生产或商业系统上是不能使用这样的密码的，这里使用这个简单密码的目的是简单和操作方便）。

例18-16

```
C:\Users\MOON>sqlplus hr/hr
SQL*Plus: Release 12.1.0.2.0 Production on Fri Jun 21 10:30:14 2019
Copyright (c) 1982, 2014, Oracle.  All rights reserved.
Connected to:
Oracle Database 12c Enterprise Edition Release 12.1.0.2.0 - 64bit
ProductionWith the Partitioning, OLAP, Advanced Analytics and Real
 Application Testing options
```

如果您已经登录了Oracle数据库，但是已经不记得自己是使用哪一个用户登录的了，那么您可以使用例18-17的SQL*Plus命令列出当前的用户名。

例 18-17

```
SQL> show user
USER is "HR"
```

确认当前用户确实是hr之后，您就可以使用例18-18的数据控制语言将departments表上的查询权限赋予pythonhol用户。

例 18-18

```
SQL> grant select on departments to pythonhol;
Grant succeeded.
```

◀» 注意：

在赋予用户权限时要非常谨慎，特别是在网络环境下的大型数据库中。在赋予用户权限时要使用最小化原则，即赋予用户的权限越小越好，只要够用就行，权力一定要牢牢地握在自己手里。这样才能真正有效地控制系统的安全。

在开发互联网应用程序时，一项经常的工作就是查询一个数据库并在一个网络浏览器中显示查询的结果。虽然您可以使用很多种方法查询一个Oracle数据库，但是所有查询方法的基本思想是完全相同的。

（1）编译要执行的语句。

（2）绑定一些数据值（为可选的）。

（3）执行语句。

（4）从数据库中提取查询的结果。

可以使用例18-19的Python程序代码创建一个简单的查询，并显示查询的结果。在Python的图形编辑器中输入这段Python程序代码，确认无误之后以query.py为文件名存盘，随即运行该程序。为了节省篇幅，我们省略了大部分的显示输出结果。

例 18-19

```
# Before running the following codes, you should grant pythonhol
# user select privilege on hr user's departments table.
import cx_Oracle
con = cx_Oracle.connect('pythonhol/wang@localhost/dog')
cur = con.cursor()
cur.execute('select * from hr.departments order by department_id')
for result in cur:
  print(result)
cur.close()
con.close()
(10, 'Administration', 200, 1700)
(20, 'Marketing', 201, 1800)
(30, 'Purchasing', 114, 1700)
(40, 'Human Resources', 203, 2400)
```

```
(50, 'Shipping', 121, 1500)
(60, 'IT', 103, 1400)
...
(230, 'IT Helpdesk', None, 1700)
(240, 'Government Sales', None, 1700)
(250, 'Retail Sales', None, 1700)
(260, 'Recruiting', None, 1700)
(270, 'Payroll', None, 1700)
```

在例18-19中，许多Python程序代码我们都已经使用过许多次了，相信读者应该很熟悉了。为此，在这里我们仅仅解释一下对于查询Oracle数据库至关重要的几个语句。

（1）使用cursor方法打开一个cursor以便SQL语句使用。

（2）使用execute方法编译和执行这些语句。

（3）利用for循环每次从cursor中提取一行数据并输出。

📢 注意：

从Oracle数据库的hr用户的departments中查询的结果是以Python的元组的形式显示的，因为元组中的数据是不能改变的，还记得吗？

18.11   利用fetchone和fetchmany方法提取数据

如果要在Python程序中进一步加工来自Oracle数据库的数据，您就必须将这些数据提取出来并装入Python的变量中。Python程序设计语言提供了若干种方法从Oracle数据库中提取数据，如您可以使用例18-20的Python程序代码，利用cursor对象的fetchone方法每次从指定的cursor中提取一行数据。在Python的图形编辑器中输入这段Python程序代码，确认无误之后以query_one.py为文件名存盘，随即运行该程序。

例 18-20

```
import cx_Oracle
con = cx_Oracle.connect('pythonhol/wang@localhost/dog')
cur = con.cursor()
cur.execute('select * from hr.departments order by department_id')
row = cur.fetchone()
print(row)
row = cur.fetchone()
print(row)
cur.close()
con.close()
(10, 'Administration', 200, 1700)
(20, 'Marketing', 201, 1800)
```

例18-20的Python程序代码绝大部分与例18-19的Python程序代码几乎相同，读者唯一没有见过的语句就是使用cursor对象的fetchone方法从指定cursor中提取一行数据的语句。

方法fetchone以一个元组的形式只返回cursor中的一行数据；当第二次调用这一方法时，它将返回cursor中随后的一行数据，以此类推。因为例18-20的Python程序代码中两次使用了fetchone方法，所以该段程序将在查询结果中提取头两行结果并输出。

对象cursor还有另外一个与fetchone方法类似的方法fetchmany，该方法一次可以提取cursor中的多行数据，如您可以使用例18-21的Python程序代码，利用cursor对象的fetchmany()方法一次从指定的cursor中提取三行数据。在Python的图形编辑器中输入这段Python程序代码，确认无误之后以query_many.py为文件名存盘，随即运行该程序。

例 18-21

```
import cx_Oracle
con = cx_Oracle.connect('pythonhol/wang@localhost/dog')
cur = con.cursor()
cur.execute('select * from hr.departments order by department_id')
res = cur.fetchmany(numRows=3)
print(res)
cur.close()
con.close()
[(10, 'Administration', 200, 1700), (20, 'Marketing', 201, 1800),
(30, 'Purchasing', 114, 1700)]
```

例18-21的Python程序代码绝大部分与例18-20的Python程序代码几乎相同。读者唯一没有见过的语句就是使用cursor对象的fetchmany方法从指定cursor中提取多行数据的语句（在这个例子中，因为numRows=3，所以提取三行数据）。方法fetchmany(numRows=3)以一个元组列表的形式一共返回cursor中的三行数据。

18.12　利用fetchall方法提取cursor中的全部数据

扫一扫，看视频

可能有读者会想，有没有办法一次提取一个cursor中的全部数据行。当然有，这次Python又高瞻远瞩想在您的前面了。对象cursor有另外一个与fetchmany方法类似的方法fetchall，该方法一次可以提取cursor中的所有的数据行。如您可以使用例18-22的Python程序代码，利用cursor对象的fetchall方法一次从指定的cursor中提取全部的数据行。在Python的图形编辑器中输入这段Python程序代码，确认无误之后以query_all.py为文件名存盘，随即运行该程序。

例 18-22

```
import cx_Oracle
con = cx_Oracle.connect('pythonhol/wang@localhost/dog')
cur = con.cursor()
cur.execute('select * from hr.departments order by department_id')
res = cur.fetchall()
print(res)
cur.close()
```

```
con.close()
[(10, 'Administration', 200, 1700), (20, 'Marketing', 201, 1800),
(30, 'Purchasing', 114, 1700), (40, 'Human Resources', 203, 2400),
 (50, 'Shipping', 121, 1500), (60, 'IT', 103, 1400),
(70, 'Public Relations', 204, 2700), (80, 'Sales', 145, 2500),
(90, 'Executive', 100, 1700), (100, 'Finance', 108, 1700),
(110, 'Accounting', 205, 1700), (120, 'Treasury', None, 1700),
 (130, 'Corporate Tax', None, 1700), (140, 'Control And Credit', None,
1700),
 (150, 'Shareholder Services', None, 1700), (160, 'Benefits', None, 1700),
 (170, 'Manufacturing', None, 1700), (180, 'Construction', None, 1700),
(190, 'Contracting', None, 1700), (200, 'Operations', None, 1700),
(210, 'IT Support', None, 1700), (220, 'NOC', None, 1700),
(230, 'IT Helpdesk', None, 1700), (240, 'Government Sales', None, 1700),
(250, 'Retail Sales', None, 1700), (260, 'Recruiting', None, 1700),
(270, 'Payroll', None, 1700)]
```

例18-22的Python程序代码中绝大部分与例18-21的Python程序代码几乎相同。读者唯一没有见过的语句就是使用cursor对象的fetchall方法从指定cursor中提取所有的数据行语句。方法fetchall以一个元组列表的形式返回cursor中的全部数据行，返回的结果是一个元组列表（也就是一个Python数组），其中每个元组包含了一行数据。

虽然使用例18-22的Python程序代码确实可以提取cursor中的全部数据行，但是显示出的结果却不那么容易阅读。为此，我们可以利用for循环语句每次只输出一行数据，如例18-23所示的Python程序代码。在Python的图形编辑器中输入这段Python程序代码，确认无误之后以query_all2.py为文件名存盘，随即运行该程序。为了节省篇幅，同样也省略了大部分的显示输出结果。

例18-23

```
import cx_Oracle
con = cx_Oracle.connect('pythonhol/wang@localhost/dog')
cur = con.cursor()
cur.execute('select * from hr.departments order by department_id')
res = cur.fetchall()
for r in res:
  print(r)
cur.close()
con.close()
(10, 'Administration', 200, 1700)
(20, 'Marketing', 201, 1800)
(30, 'Purchasing', 114, 1700)
(40, 'Human Resources', 203, 2400)
(50, 'Shipping', 121, 1500)
(60, 'IT', 103, 1400)
...
```

```
(230, 'IT Helpdesk', None, 1700)
(240, 'Government Sales', None, 1700)
(250, 'Retail Sales', None, 1700)
(260, 'Recruiting', None, 1700)
(270, 'Payroll', None, 1700)
```

从例 18-23 的显示结果可以看出：现在每一行只输出一个元组。是不是清晰多了？究竟使用哪一种提取的方法主要取决于您将如何处理返回的数据，并没有一个统一的标准。

接下来，我们将介绍如何改进利用 Python 程序代码查询 Oracle 数据库中数据的效率。为了能够清楚地演示改进查询效率的程序，我们首先要创建两张比较大的表。

18.13　在 pythonhol 用户中创建两张较大的表

扫一扫，看视频

首先开启 Windows 命令行窗口，并将当前目录切换到 E:\python\ch18，随后使用例 18-24 的命令启动 Oracle 的 SQL*Plus 命令行工具，并以 pythonhol 用户登录默认的 Oracle 数据库 dog。其中，pythonhol 是用户名，wang 是该用户的密码（这是一个不安全的密码，在实际的生产或商业系统上是不能使用这样的密码的，这里使用这个简单密码的目的是简单和操作方便）。

例 18-24

```
E:\python\ch18>sqlplus pythonhol/wang
SQL*Plus: Release 12.1.0.2.0 Production on Fri Jun 21 16:56:12 2019
Copyright (c) 1982, 2014, Oracle.  All rights reserved.
Connected to:
Oracle Database 12c Enterprise Edition Release 12.1.0.2.0 - 64bit
ProductionWith the Partitioning, OLAP, Advanced Analytics and Real
 Application Testing options
```

在这个目录中有一个名为 query_arraysize.sql 的 SQL 脚本文件，该脚本文件的内容如例 18-25 所示。与 Python 程序设计语言的注释不同，在 SQL 脚本中注释是以 "--" 开始的，而不是以 "#" 开始的。注释提示在运行这一脚本文件之前您可能需要执行的一些准备工作。

例 18-25

```
-- Before you run the following pl/sql codes, you shouls use sysdba role
to
-- connect oracle database, then you should execute the folowing sql
-- statements:
-- grant create table to pythonhol;
-- grant select on sh.sales to pythonhol;
-- alter user pythonhol quota unlimited on users;
set echo on
drop table bigtab;
create table bigtab(mycol varchar2(20));
begin
```

```
    for i in 1..20000
    loop
      insert into bigtab(mycol) values(dbms_random.string('A', 20));
    end loop;
end;
/
show errors
commit;
exit
```

确认query_arraysize.sql文件中的内容准确无误之后，使用例18-26的SQL*Plus命令行工具执行当前目录中的query_arraysize.sql脚本文件。为了节省篇幅，删除了显示结果中所有的空行。

例 18-26

```
SQL> @query_arraysize.sql
SQL>
SQL> drop table bigtab;
Table dropped.
SQL> create table bigtab(mycol varchar2(20));
Table created.
SQL> begin
  2      for i in 1..20000
  3      loop
  4        insert into bigtab(mycol) values(dbms_random.string('A', 20));
  5      end loop;
  6    end;
  7    /
PL/SQL procedure successfully completed.
SQL>
SQL> show errors
No errors.
SQL> commit;
Commit complete.
SQL> exit
Disconnected from Oracle Database 12c Enterprise Edition Release
12.1.0.2.0 - 64bit Production
With the Partitioning, OLAP, Advanced Analytics and Real Application
Testing options
E:\python\ch18>
```

重新以pythonhol用户登录默认Oracle数据库，使用例18-27的查询语句列出当前用户中所有表的名字，确认是否成功地创建了BIGTAB表。在这个查询语句中，user_tables为Oracle的数据字典。

例 18-27

```
SQL> select table_name from user_tables;
TABLE_NAME
-----------

BIGTAB
MYTAB
PTAB
```

接下来,再开启一个Windows命令行窗口,随即使用例18-28的命令启动Oracle的SQL*Plus命令行工具,并以sysdba用户登录默认的Oracle数据库dog。为了节省篇幅,我们省略了显示输出结果。

例 18-28

```
C:\Users\MOON>sqlplus / as sysdba
```

随后,使用例18-29的数据控制语言将sh用户中的sales表的查询权限授予pythonhol用户(这张表更大,有90多万条记录)。

例 18-29

```
SQL> grant select on sh.sales to pythonhol;
Grant succeeded.
```

之后,切换回pythonhol所在的SQL*Plus界面,随即使用例18-30的查询语句列出sh用户中sales表中数据行的总数。

例 18-30

```
SQL> select count(*) from sh.sales;
  COUNT(*)
----------
    918843
```

看了例18-30的显示结果,有什么感想? sh用户中的这张sales表中的数据还真不少,是不是?

扫一扫,看视频

18.14 改进查询的效率

在18.13节创建了操作所需的大表。在这一节中,我们将演示通过增加每一次从Oracle数据库返回给Python程序的数据行的数量的方法来提高查询的效率。在例18-31的Python程序代码中,使用cursor对象默认的arraysize提取cursor中的全部数据行。在Python的图形编辑器中输入这段Python程序代码,确认无误之后以query_arraysize.py为文件名存盘,随即运行该程序。

例 18-31

```
import time
import cx_Oracle
con = cx_Oracle.connect('pythonhol/wang@localhost/dog')
```

```
start = time.time()
cur = con.cursor()
# cur.arraysize = 100
# cur.arraysize = 2000
print(cur.arraysize)
cur.execute('select * from bigtab')
res = cur.fetchall()
# print rest # uncomment to display the query results
elapsed = time.time() - start
print(elapsed, " Seconds")
cur.close()
con.close()
100
0.14040040969848633  Seconds
```

从例18-31的显示结果可以看出：arraysize的默认值是100（100行数据）。注意，在早期的版本中默认值是50。该程序执行的时间大约为0.14秒。这里需要指出的是，在您的系统上显示的执行时间可能不同，因为系统的硬件配置和负荷都可能不同。

实际上，在例18-31的Python程序代码中并没有多少新的内容。在这里我们只是介绍一下与改进效率有关的代码：这段程序首先导入了time模块，并使用该模块测量查询的时间（首先保存程序开始时的时间，利用程序结束时间减去开始时间就获得了程序的执行时间）。因为arraysize的默认值是100，所以从Oracle数据库中每次返回100条记录（100行数据）到Python的缓存区中。这减少了访问数据库的次数——常常会减轻网络的负担及减少Oracle数据库服务器上环境切换的次数，当然也就提高了查询的效率。方法fetchone、fetchmany、fetchall将从Python缓存中读取数据（之前从Oracle数据库中已经读出的数据），而不是每次从数据库中读取数据。

为了比较不同的arraysize值对查询效率的影响程度，您可以使用例18-32的Python程序代码，将arraysize值从默认的100增加到2000。在Python的图形编辑器中输入这段Python程序代码，确认无误之后以query_arraysize2.py为文件名存盘，随即运行该程序。

例 18-32

```
import time
import cx_Oracle
con = cx_Oracle.connect('pythonhol/wang@localhost/dog')
start = time.time()
cur = con.cursor()
# cur.arraysize = 100
cur.arraysize = 2000
print(cur.arraysize)
cur.execute('select * from bigtab')
res = cur.fetchall()
# print rest # uncomment to display the query results
elapsed = time.time() - start
```

```
print(elapsed, " Seconds")
cur.close()
con.close()
2000
0.062399864196777344  Seconds
```

比较例18-32与例18-31的显示结果可以发现:arraysize值从默认的100增加到2000之后,程序执行的时间从大约0.14秒下降到不足0.0624秒。这表明查询的效率提高的幅度还是蛮大的。

接下来使用一张更大的表sales来测试增加arraysize值对查询效率的影响程度,如例18-33(arraysize使用默认值)和例18-34(arraysize增加到2000)所示。在Python的图形编辑器中输入这两段Python程序代码,确认无误之后分别以query_sales_arraysize.py和query_sales_arraysize2.py为文件名存盘,随即运行这两段程序。

例 18-33

```
import time
import cx_Oracle
con = cx_Oracle.connect('pythonhol/wang@localhost/dog')
start = time.time()
cur = con.cursor()
cur.arraysize = 100
#cur.arraysize = 2000
print(cur.arraysize)
cur.execute('select * from sh.sales')
res = cur.fetchall()
elapsed = time.time() - start
print(elapsed, " Seconds")
cur.close()
con.close()
100
5.070008754730225  Seconds
```

例 18-34

```
import time
import cx_Oracle
con = cx_Oracle.connect('pythonhol/wang@localhost/dog')
start = time.time()
cur = con.cursor()
# cur.arraysize = 100
cur.arraysize = 2000
print(cur.arraysize)
cur.execute('select * from sh.sales')
res = cur.fetchall()
elapsed = time.time() - start
```

```
print(elapsed, " Seconds")
cur.close()
con.close()
2000
2.5116043090820312  Seconds
```

对比例18-33与例18-34的显示结果可以发现：arraysize值从默认的100增加到2000之后，程序执行的时间从5.07秒多点下降到不足2.512秒。

通常，较大的arraysize会改善效率。当然，这取决于系统的速度和内存大小等因素，一般可能需要使用不同的arraysize进行测试，找到最适合于在您的系统上的值。最后，您还需要在时间和内存空间的使用之间进行权衡，因为增加arraysize，为了缓存更多的记录，Python将需要更多的内存；过大的arraysize值会排挤到系统的其他应用，结果会使得整体的系统效率反而下降。

扫一扫，看视频

18.15　在查询中使用绑定变量

绑定变量能够使您每次以新的变量值重新执行语句，而且没有重新编译这些语句的开销。绑定变量可以提高代码的重用性，并且减少SQL注入攻击的危险。可以使用例18-35的Python程序代码，利用绑定变量":id"来指定要查询的部门。在Python的图形编辑器中输入这段Python程序代码，确认无误之后以bind_query2.py为文件名存盘，随即运行该程序。

例 18-35

```
import cx_Oracle
con = cx_Oracle.connect('pythonhol/wang')
cur = con.cursor()
cur.prepare('select * from hr.departments where department_id = :id')
cur.execute(None, {'id': 240})
res = cur.fetchall()
print(res)
cur.execute(None, {'id': 70})
res = cur.fetchall()
print(res)
cur.close()
con.close()
[(240, 'Government Sales', None, 1700)]
[(70, 'Public Relations', 204, 2700)]
```

在例18-35的Python程序代码中，与之前的连接语句不同，这个程序中并没有指定主机名和数据库的服务名；如果没有指定，就连接本机的默认数据库——本机的dog数据库。

因为语句中包含了绑定变量":id"，所以该语句只编译一次，但是却在WHERE子句中以不同的值执行了两次。

对于execute方法，特殊符号None被用作语句正文参数的占位符，因为prepare方法已经设置了这个语句。对于execute方法的第二个参数是一个Python字典。在第一次执行调用时，这个关联数组的键值是240。也就是第一次执行时使用值240进行查询（即显示部门ID是240的全部信息），而第二次执行时使用值70进行查询（即显示部门ID是70的全部信息）。例18-35的显示输出结果就是这两个部门的详细信息。

18.16　在插入语句中使用绑定变量

不仅仅在查询语句中可以使用绑定变量，驱动器（程序）cx_Oracle还支持在插入语句中使用绑定数组。与每次插入一行数据相比，这样可以极大地提高插入数据的速度。为了演示如何在插入语句中使用绑定变量，先在Python用户中创建一张名为mytab的表。创建这张表所需的命令存放在当前目录的bind_insert.sql脚本文件中，其内容如例18-36所示。mytab表非常简单，一共只有两列：第一列名为id，是数字类型；第二列名为data，是一个最长可以是20个字符的变长字符类型。

例 18-36

```
set echo on
drop table mytab;
create table mytab(id number, data varchar2(20));
exit
```

开启Windows命令行窗口，并将当前目录切换到E:\python\ch18，随后启动Oracle的SQL*Plus命令行工具，并以pythonhol用户登录默认的Oracle数据库dog。接下来，使用例18-37的SQL*Plus命令执行当前目录中的bind_insert.sql脚本文件。为了节省篇幅，这里省略了显示输出结果。

例 18-37

```
SQL> @bind_insert.sql
```

重新以pythonhol用户登录默认Oracle数据库，使用例18-38的查询语句列出当前用户中所有表的名字，确认是否成功地创建了mytab表。在这个查询语句中，user_tables为Oracle的数据字典。

例 18-38

```
SQL> select table_name from user_tables;
TABLE_NAME
-----------

BIGTAB
MYTAB
PTAB
```

确认成功地创建mytab表之后，可以使用例18-39的Python程序代码，利用绑定变量往这个刚刚创建的新表mytab中插入数据。在Python的图形编辑器中输入这段Python程序代码，确认无误之后以bind_insert.py为文件名存盘，随即运行该程序。

例 18-39

```
import cx_Oracle
con = cx_Oracle.connect('pythonhol/wang@localhost/dog')
```

```
rows = [ (1, "First"),
         (2, "Second"),
         (3, "Third"),
         (4, "Fourth"),
         (5, "Fifth"),
         (6, "Sixth"),
         (7, "seventh") ]
cur = con.cursor()
cur.bindarraysize = 7
cur.setinputsizes(int, 20)
cur.executemany("insert into mytab(id, data) values(:1, :2)", rows)
# This is uncommented in the next step
# con.commit()
# Now query the results back
cur2 = con.cursor()
cur2.execute('select * from mytab')
res = cur2.fetchall()
print(res)
cur.close()
cur2.close()
con.close()
[(1, 'First'), (2, 'Second'), (3, 'Third'), (4, 'Fourth'), (5, 'Fifth'),
(6, 'Sixth'), (7, 'seventh')]
```

在例18-39的Python程序代码中有一些之前没有遇到的内容，现在顺序解释如下。

（1）rows数组包含了要插入的数据。

（2）bindarraysize被设置为7，其含义是一次插入所有的7行数据。

（3）setinputsizes方法描述了表中的列，其中第一列是整数，第二列最长为20个字节。

（4）executemany方法插入所有的7行数据。

（5）提交方法commit被注释掉了，即表示不执行提交语句。

（6）该程序的最后部分是显示mytab表中的全部内容——以一个元组列表的形式显示该表中的所有数据行。

以上程序执行完毕之后，新插入的数据会被自动地回滚，因此每次重新运行这个程序时都会显示相同的数据。如果此时您以pythonhol用户登录Oracle数据库，随后使用例18-40的SQL语句查询mytab表，将一无所获，因为插入的数据根本就没有提交。

例 18-40

```
SQL> select * from mytab;
no rows selected
```

在介绍对象的commit方法及如何在Oracle数据库上提交事务之前，我们先利用一节的篇幅简单地介绍一下为什么要引入事务及Oracle数据库中的事务是如何定义的。

18.17　引入事务的原因及Oracle的事务

假设某人在一家银行开了两个账户，一个账户为活期储蓄，另一个账户为支票。一般活期储蓄的利息比支票账户的高。为了多赚点利息，他几乎把全部的钱都存在了活期储蓄账户中。假设此人在活期储蓄账户中存了8888元，而在支票账户中只存了30元。现在他报名参加一项Python与Oracle培训课程，要交6800元的培训费，他想用支票来支付，因此，他不得不先从活期储蓄账户转6800元到支票账户中。如果把他在银行的自动取款机（ATM）上的操作转换成Oracle数据库的命令，则操作如下。

（1）查询活期储蓄账户中的余额。

（2）查询支票账户中的余额。

（3）从活期储蓄账户中减掉6800元。

（4）在支票账户中加上6800元。

如果银行的数据库正好在第（3）步之后崩溃了，该客户就可能损失6800元。如果有这样的银行数据库系统，相信没人敢在该银行里存钱。因此，Oracle数据库管理系统必须能正确地处理这种情况。

如果Oracle服务器要保证数据库中的数据是一致的，它就必须保证以上的第（3）步和第（4）步操作要么都完成，要么都放弃，即这两个操作在逻辑上是一个不可分割的整体。在Oracle数据库中称为事务（transactions），也有人翻译成交易。

为了有效地控制事务，Oracle引入了两个显式的事务控制命令（语句），一个是COMMIT；另一个是ROLLBACK。

Oracle数据库的事务的组成如下。

（1）由一个或多个DML（插入、更改和删除）语句组成。

（2）由一个DDL（数据定义语言，如CREATE和DROP）语句组成。

（3）由一个DCL（数据控制语言，如GRANT）语句组成。

那么如何标识一个事务呢？因为Oracle公司在起家时是瞄准联机事务处理（OLTP）的，所以它对事务处理提供了强有力的支持。Oracle可以自动地标识一个事务。

Oracle的一个事务以第一个DML语句开始，当下列事件之一发生时结束。

（1）用户执行了COMMIT语句（提交）。

（2）用户执行了ROLLBACK语句（回滚）。

（3）用户执行了DDL语句（自动提交）。

（4）用户执行了DCL语句（自动提交）。

（5）用户正常退出SQL*Plus（自动提交）。

（6）用户非正常退出SQL*Plus（自动回滚）。

（7）系统崩溃，包括硬件或软件故障（自动回滚）。

作为一位Oracle的专业人员，您应该尽可能地使用COMMIT和ROLLBACK语句来显式地控制事务的提交和回滚。因为使用后5条隐式事务控制特性有时可能会产生意想不到的结果。现在，我们可以使用这两个语句把本节开始时所述的在银行自动取款机（ATM）上那些逻辑上相关的操作集成为一个事务。这些逻辑上相关的操作要么全部完成（提交），要么全部放弃（回滚）。

对于每一个事务，在这个事务提交之前在事务中所做的任何改变都是临时的，即这些变化是可以取消的（回滚到原始的状态），也就是所有在执行COMMIT 或ROLLBACK语句之前的数据状态具有如下的特性。

（1）数据可以回滚（还原）到修改之前的原始的状态。

（2）当前用户可以使用SELECT 语句查看DML 操作的结果。

（3）其他用户不能查看这个DML 语句所做的修改。

（4）受影响的数据行加上行一级的排他锁，其他用户不能更改受影响行中的数据。

> 📢 注意：
>
> 从严格意义上来讲，以上所说的不应该是用户而应该是会话。一个会话是指一个用户从登录Oracle数据库到退出这段时间，而一个用户可以开启多个会话，即以相同的用户名同时建立多个数据库连接。

通过使用COMMIT语句将使以上所说的所有临时（挂起）的变化变更成永久的改变，执行了COMMIT语句之后，所操作的数据状态如下。

（1）数据的更改已经保存在数据库中。

（2）之前的数据状态被覆盖。

（3）所有用户都能看到修改之后的结果。

（4）受影响行上的锁已被释放，其他用户可以对这些行进行DML操作。

（5）所有保存点（SAVEPOINT）都已被清除（我们并未介绍保存点，保存点的目的是将一个大的事务分割成若干个小的部分以方便控制，但是我个人认为在实际的应用程序开发中，就不应该使用大的事务，因为大事务不但很难控制，而且也常常引起严重的效率问题）。

只要事务还没有提交（在执行COMMIT语句之前），可以使用ROLLBACK语句放弃所做的全部修改，执行完ROLLBACK语句之后的数据状态如下。

（1）所有数据的更改已经被取消。

（2）数据已经还原（回滚）到修改之前的原始状态。

（3）受影响行上的锁全部被释放。

18.18　创建Oracle数据库上的事务（交易）

当您在Oracle数据库中维护数据（插入、更改或删除）时，更改的数据或插入的新数据只有在数据库上提交之后，在数据库的会话中才能看到。更改的数据在数据库上提交之后，其他用户和会话就可以看到修改后的数据了。

为了演示以上有关在Oracle数据库上提交事务的操作，可以将例18-39的Python程序代码略加修改，将con.commit语句之前的注释符删除掉，如例18-41的Python程序代码所示。在Python的图形编辑器中输入这段Python程序代码，确认无误之后以bind_insert2.py为文件名存盘，随即运行该程序。

例 18-41

```
import cx_Oracle
con = cx_Oracle.connect('pythonhol/wang@localhost/dog')
rows = [ (1, "First"),
         (2, "Second"),
         (3, "Third"),
         (4, "Fourth"),
         (5, "Fifth"),
         (6, "Sixth"),
         (7, "seventh") ]
cur = con.cursor()
cur.bindarraysize = 7
cur.setinputsizes(int, 20)
cur.executemany("insert into mytab(id, data) values(:1, :2)", rows)
# This is uncommented in the next step
con.commit()
# Now query the results back
cur2 = con.cursor()
cur2.execute('select * from mytab')
res = cur2.fetchall()
print(res)
cur.close()
cur2.close()
con.close()
[(1, 'First'), (2, 'Second'), (3, 'Third'), (4, 'Fourth'), (5, 'Fifth'),
(6, 'Sixth'), (7, 'seventh')]
```

这里需要说明的是，con.commit并不是作用在cursor上，而是作用在数据库的连接上。为了证明这一点，您可以开启Windows命令行窗口，使用例18-42的命令启动Oracle的SQL*Plus命令行工具，并以pythonhol用户登录默认的Oracle数据库。为了节省篇幅，省略了输出显示结果。

例 18-42

```
C:\Users\MOON>sqlplus pythonhol/wang
```

确认成功地登录Oracle数据库之后，使用例18-43的SQL查询语句显示出mytab表中的全部内容。

例 18-43

```
SQL> select * from mytab;
        ID DATA
---------- --------------
         1 First
         2 Second
         3 Third
         4 Fourth
```

```
        5 Fifth
        6 Sixth
        7 seventh
7 rows selected.
```

与例18-39的显示结果不同，例18-43的显示结果有7行通过例18-41的Python程序代码插入的数据，因为在这个程序中使用了cursor对象的commit方法提交了插入的数据。您可以再次运行例18-41的Python程序代码，显示的结果如例18-44所示。随后，可以在pythonhol用户中再次使用例18-45的SQL查询语句重新显示出mytab表中的全部内容。为了节省篇幅，省略了大部分的输出结果。

例 18-44

```
[(1, 'First'), (2, 'Second'), (3, 'Third'), (4, 'Fourth'), (5, 'Fifth'),
(6, 'Sixth'), (7, 'seventh'), (1, 'First'), (2, 'Second'), (3, 'Third'),
(4, 'Fourth'), (5, 'Fifth'), (6, 'Sixth'), (7, 'seventh')]
```

例 18-45

```
SQL> select * from mytab;
        ID DATA
---------- -----------
         1 First
         2 Second
...
         6 Sixth
         7 seventh
         1 First
...
         6 Sixth
         7 seventh
14 rows selected.
```

如果愿意，可以多次运行例18-41的Python程序，每次运行之后都会在mytab表中插入相同的7行数据，因为在这个程序中使用了commit方法提交了插入的数据。

如果需要回滚一个程序中所做的DML操作，可以使用con.rollback方法。通常应该或者将数据全部提交或者全部都不提交。需要根据实际情况来决定如何控制您自己的事务，有时可能要平衡系统的效率和数据的一致性需求。

18.19 在Python程序中使用PL/SQL存储函数

PL/SQL存储函数和存储过程是存储在Oracle数据库中，并在Oracle服务器上运行的PL/SQL程序代码。使用PL/SQL程序代码可以让所有的数据库应用程序重用相同的程序逻辑，不论应用程序以何种方式访问数据库。与将数据从数据库中提取出来放入一个程序中处理（如使用Python程序代码）的方法相比，使用PL/SQL程序代码处理许多与数据库相关的操作效率可能会更高，而且速度也可能更快。Oracle数据库管理系统也支持Java存储过程。

为了演示Python程序如何使用PL/SQL存储函数，我们要首先创建一个PL/SQL存储函数。在当前目录中（E:\python\ch18）有一个名为plsql_func.sql的SQL脚本文件，该脚本文件的内容如例18-46所示。与Python程序设计语言的注释不同，在SQL脚本中注释是以"--"开始的，而不是以"#"开始的。注释提示在运行这一脚本文件之前，您可能需要执行的一些准备工作。在这个脚本文件中，我们不仅创建了一个PL/SQL存储函数，还创建了一个名为ptab的表，其中，在创建函数的语句中or replace表示如果Oracle数据库中已经有同名的函数（myfunc）要覆盖掉。函数myfunc的功能非常简单，只是往新创建的表ptab中插入一行数据，并将插入的数值加倍之后返回。

例 18-46

```
-- Before you create the following function, you should grant pythonhol
-- user the create procedure privilege. The SQL statement is as the
follow;
-- SQL> grant create procedure to pythonhol;
set echo on
drop table ptab;
create table ptab(mydata varchar2(20), myid number);
create or replace function myfunc(d_p in varchar2, i_p in number)
return number as
  begin
    insert into ptab(mydata, myid) values(d_p, i_p);
    return (i_p * 2);
  end;
/
show errors
exit
```

确认plsql_func.sql文件中的内容准确无误之后，在pythonhol用户中使用例18-47的SQL*Plus命令执行当前目录中的plsql_func.sql脚本文件。为了节省篇幅，删除了显示结果中所有的空行。

例 18-47

```
SQL> @query_arraysize.sql
SQL>
SQL> drop table ptab;
Table dropped.
SQL> create table ptab(mydata varchar2(20), myid number);
Table created.
SQL>
SQL> create or replace function myfunc(d_p in varchar2, i_p in number)
  2  return number as
  3    begin
  4      insert into ptab(mydata, myid) values(d_p, i_p);
  5      return (i_p * 2);
```

```
  6    end;
  7  /
Function created.
SQL>
SQL> show errors
No errors.
SQL> exit
Disconnected from Oracle Database 12c Enterprise Edition Release
12.1.0.2.0 - 64bit Production
With the Partitioning, OLAP, Advanced Analytics and Real Application
 Testing options
E:\python\ch18>
```

重新以pythonhol用户登录默认Oracle数据库，使用例18-48的查询语句列出当前用户中所有表的名字，确认是否成功地创建了ptab。在这个查询语句中，user_tables为Oracle的数据字典。

例 18-48

```
SQL> select table_name from user_tables;
TABLE_NAME
-----------
BIGTAB
MYTAB
PTAB
```

确认成功地创建ptab之后，可以使用例18-49的Python程序代码将一行数据插入ptab表中。在Python的图形编辑器中输入这段Python程序代码，确认无误之后以plsql_func.py为文件名存盘，随即运行该程序。

例 18-49

```
import cx_Oracle
con = cx_Oracle.connect('pythonhol/wang')
cur = con.cursor()
res = cur.callfunc('myfunc', cx_Oracle.NUMBER, ('fox, dog, and pig', 3))
print(res)
cur.close()
con.close()
6.0
```

在例18-49的Python程序代码中使用了callfunc方法调用和执行之前所创建的PL/SQL存储函数myfunc。其中，cx_Oracle.NUMBER表示返回值是数字类型。PL/SQL存储函数的参数是以一个元组的形式传递给myfunc函数的。

该程序将在ptab表中插入一行记录，第一列为字符串"fox、dog和pig"，第二列是3。该程序执行完返回值是6，因为第二个数字参数要乘以2之后才返回（这里可能是一对狐朋、一对狗友和一对猪队友，所以总数为6个，您觉得呢？）。

读者需要注意的是，例18–49的Python程序代码中并没有提交语句，而且在PL/SQL存储函数myfunc中也没有提交语句，所以刚刚插入的那一行数据，其他会话是看不到的。一般最好不要在存储函数或过程中使用提交语句，而将提交的权利留给调用程序。这样做可以使您的存储函数和过程的适应性更广泛。您可以使用例18–50的查询语句列出当前用户的ptab表中的全部数据，验证所插入的数据是否已经存在于该表中。

例 18-50

```
SQL> select * from ptab;
no rows selected
```

为了让插入的数据真正存储到ptab表中，可以将例18–49的Python程序代码略加修改，在调用callfunc方法的语句之后，添加上一条con.commit语句，如例18–51的Python程序代码所示。在Python的图形编辑器中输入这段Python程序代码，确认无误之后以plsql_func2.py为文件名存盘，随即运行该程序。

例 18-51

```
import cx_Oracle
con = cx_Oracle.connect('pythonhol/wang')
cur = con.cursor()
res = cur.callfunc('myfunc', cx_Oracle.NUMBER, ('fox, dog, and pig', 3))
con.commit()
print(res)
cur.close()
con.close()
6.0
```

成功地执行例18–51的Python程序代码之后，您可以使用例18–52的查询语句列出当前用户的ptab表中的全部数据，验证所插入的数据是否已经存在于该表中。

例 18-52

```
SQL> select * from ptab;
MYDATA                    MYID
-------------------- ----------
fox, dog, and pig            3
```

例18–52的显示结果清楚地表明：fox、dog和pig确实都存在于ptab表中了。

18.20 在Python程序中使用PL/SQL存储过程

为了演示Python程序如何使用PL/SQL存储过程，要首先创建一个PL/SQL存储过程。在当前目录中（E:\python\ch18）有一个名为plsql_proc.sql的SQL脚本文件，该脚本文件的内容如例18–53所示。其中，在创建过程的语句中or replace表示如果Oracle数据库中已经有同名的过程（myproc）要覆盖掉。过程myproc的功能非常简单，它有一个IN（输入）参数和一个OUT（输出）参数，唯一的操作是将输入参数乘以2并赋予输出参数。

例 18-53

```
set echo on
create or replace procedure
myproc(v1_p in number, v2_p out number) as
begin
  v2_p := v1_p * 2;
end;
/
show errors
exit
```

确认plsql_proc.sql文件中的内容准确无误之后，在pythonhol用户中使用例18-54的SQL*Plus命令执行当前目录中的plsql_proc.sql脚本文件。为了节省篇幅，省略了显示输出结果。

例 18-54

```
SQL> @plsql_proc.sql
```

成功地创建了PL/SQL存储过程myproc之后，重新以pythonhol用户登录默认Oracle数据库。随后，使用例18-55的Python程序代码调用刚刚创建的PL/SQL存储过程myproc。在Python的图形编辑器中输入这段Python程序代码，确认无误之后以plsql_proc.py为文件名存盘，随即运行该程序。

例 18-55

```
import cx_Oracle
con = cx_Oracle.connect('pythonhol/wang@localhost/dog')
cur = con.cursor()
myvar = cur.var(cx_Oracle.NUMBER)
cur.callproc('myproc', (250, myvar))
print(myvar.getvalue())
cur.close()
con.close()
500.0
```

例18-55的Python程序代码创建了一个名为myvar的变量，该变量保留myproc过程中的OUT参数的值。数值250与返回变量名是以一个元组的形式作为参数传递给PL/SQL存储过程myproc的，而getvalue方法显示返回值。

☞ **指点迷津：**

与第17章不同，并未给出使用Python程序修改和删除Oracle数据库中数据的例子。因为Oracle数据库管理系统一般都是用于大型或超大型数据库。在大型或超大型数据库中，数据的更改和删除操作都要有一套严格的规范，而且要由专门的数据库管理员或数据库操作员负责，很少会允许通过网络随便修改数据库中的数据。即使插入操作也会受到相当程度的限制，一般是先插入一个指定用户的临时表中，再由后台程序筛选之后才能插入真正的表中。

第19章 应用系统的集成

在本章中将把在第17章中所开发的使用Python程序访问和操作SQLite数据库的模块集成为一个完整的应用系统。

19.1 开发一个控制界面

首先开发一个控制菜单，即用户通过阅读菜单上的提示，根据自己的需要来选择接下来要进行的操作。该菜单实际上是在第9章的例9-15的程序代码的基础之上修改而成的，其Python程序代码如例19-1所示。在这段代码中，只是将例9-15中的Oracle改为了SQLite，并且在每个"菜单显示提示"字符串的最后添加了换行符，其目的是使提示信息显示得更清楚一点。您也可以使用像第1行和第2行的方式以单独的print语句来实现同样的目的，但是那样会使得程序代码变长（有人觉得易读性好些）。不过我更喜欢例19-1的方式。在Python的图形编辑器中输入这段Python程序代码，确认无误之后以PySQL.py为文件名存盘（存入当前目录，即E:\python\ch19中），随即运行该程序。在光标处输入字母e退出，因为目前还没有开发出其他功能。

例 19-1

```
print('=== This Application will process SQLite Data ===')
print()
print('Enter q for querying data from SQLite DB: \n')
print('Enter u for updating data in SQLite DB: \n')
print('Enter i for inserting data into SQLite DB: \n')
print('Enter d for deleting data from SQLite DB: \n')
print('Enter e for existing this application: \n')
while True:
    choice = input()
    if choice == 'e':
        break
    pass
=== This Application will process SQLite Data ===
Enter q for querying data from SQLite DB:
Enter u for updating data in SQLite DB:
Enter i for inserting data into SQLite DB:
Enter d for deleting data from SQLite DB:
```

```
Enter e for existing this application:
e
>>>
```

19.2　在应用程序中添加查询功能

将第17章中的Python源程序select_tables.py复制到当前目录中（E:\python\ch19），利用Python的图形编辑器（也可以是命令行编辑器）打开这一源程序文件，删除最后两行代码并存盘。

利用Python的图形编辑器打开PySQL.py源程序文件，在if语句中添加elif语句，导入当前目录中的select_tables模块，并执行这一模块中的主函数，如例19-2的Python程序代码所示。确认无误之后以PySQL2.py为文件名存盘（存入当前目录中），随即运行该程序，在光标处输入字母q，查询SQLite数据库中指定表中的数据。

例 19-2

```
print('=== This Application will process SQLite Data ===')
print()
print('Enter q for querying data from SQLite DB: \n')
print('Enter u for updating data in SQLite DB: \n')
print('Enter i for inserting data into SQLite DB: \n')
print('Enter d for deleting data from SQLite DB: \n')
print('Enter e for existing this application: \n')
while True:
    choice = input()
    if choice == 'e':
        break
    elif choice == 'q':
        import select_tables
        select_tables.main()
    pass
=== This Application will process SQLite Data ===
Enter q for querying data from SQLite DB:
Enter u for updating data in SQLite DB:
Enter i for inserting data into SQLite DB:
Enter d for deleting data from SQLite DB:
Enter e for existing this application:
q
1. Query orders by p_code:
(3, 250, 1, '2019-06-15', 380, 6.13)
2. Query all orders
(1, 138, 1, '2019-06-14', 250, 2.5)
(2, 138, 1, '2019-06-14', 250, 2.5)
```

```
(3, 250, 1, '2019-06-15', 380, 6.13)
```

19.3 在应用程序中添加更新功能

扫一扫，看视频

将第17章中的Python源程序update_orders.py复制到当前目录中（E:\python\ch19），利用Python的图形编辑器（也可以是命令行编辑器）打开这一源程序文件，删除最后两行代码并存盘。

利用Python的图形编辑器打开PySQL2.py源程序文件，在if语句的最后再添加一个elif语句，导入当前目录中的update_orders模块，并执行这一模块中的主函数，如例19-3的Python程序代码所示。确认无误之后以PySQL3.py为文件名存盘（存入当前目录中），随即运行该程序，在光标处输入字母u，更新SQLite数据库中指定表（orders表）中的数据。但是，Python执行完这一操作之后不会显示任何信息，为了确认修改已经成功完成，您可以再次输入字母q，重新查询SQLite数据库中指定表中的数据。

例 19-3

```
print('=== This Application will process SQLite Data ===')
print()
print('Enter q for querying data from SQLite DB: \n')
print('Enter u for updating data in SQLite DB: \n')
print('Enter i for inserting data into SQLite DB: \n')
print('Enter d for deleting data from SQLite DB: \n')
print('Enter e for existing this application: \n')
while True:
    choice = input()
    if choice == 'e':
        break
    elif choice == 'q':
        import select_tables
        select_tables.main()
    elif choice == 'u':
        import update_orders
        update_orders.main()
    pass
=== This Application will process SQLite Data ===
Enter q for querying data from SQLite DB:
Enter u for updating data in SQLite DB:
Enter i for inserting data into SQLite DB:
Enter d for deleting data from SQLite DB:
Enter e for existing this application:
u
q
1. Query orders by p_code:
```

```
(2, 250, 1, '2019-06-14', 388, 6.38)
(3, 250, 1, '2019-06-15', 380, 6.13)
2. Query all orders
(1, 138, 1, '2019-06-14', 250, 2.5)
(2, 250, 1, '2019-06-14', 388, 6.38)
(3, 250, 1, '2019-06-15', 380, 6.13)
```

比较例19-3和例19-2显示结果中第二张订单的变化，您就可以确定所做的修改准确无误。

19.4　在应用程序中添加插入功能

将第17章中的Python源程序insert_tables.py复制到当前目录中（E:\python\ch19），利用Python的图形编辑器（也可以是命令行编辑器）打开这一源程序文件，删除最后两行代码并存盘。

利用Python的图形编辑器打开PySQL3.py源程序文件，在if语句的最后再添加一个elif语句，导入当前目录中的insert_tables模块，并执行这一模块中的主函数，如例19-4的Python程序代码所示。确认无误之后以PySQL4.py为文件名存盘（存入当前目录），随即运行该程序，在光标处输入字母i，将新数据插入SQLite数据库的指定表中。但是，Python执行完这一操作之后不会显示任何信息，为了确认修改已经成功完成，您可以再次输入字母q，重新查询SQLite数据库中指定表中的数据。

例 19-4

```
print('=== This Application will process SQLite Data ===')
print()
print('Enter q for querying data from SQLite DB: \n')
print('Enter u for updating data in SQLite DB: \n')
print('Enter i for inserting data into SQLite DB: \n')
print('Enter d for deleting data from SQLite DB: \n')
print('Enter e for existing this application: \n')
while True:
    choice = input()
    if choice == 'e':
        break
    elif choice == 'q':
        import select_tables
        select_tables.main()
    elif choice == 'u':
        import update_orders
        update_orders.main()
    elif choice == 'i':
        import insert_tables
        insert_tables.main()
    pass
```

```
=== This Application will process SQLite Data ===
Enter q for querying data from SQLite DB:
Enter u for updating data in SQLite DB:
Enter i for inserting data into SQLite DB:
Enter d for deleting data from SQLite DB:
Enter e for existing this application:
i
q
1. Query orders by p_code:
(2, 250, 1, '2019-06-14', 388, 6.38)
(3, 250, 1, '2019-06-15', 380, 6.13)
(5, 250, 1, '2019-06-15', 380, 6.13)
2. Query all orders
(1, 138, 1, '2019-06-14', 250, 2.5)
(2, 250, 1, '2019-06-14', 388, 6.38)
(3, 250, 1, '2019-06-15', 380, 6.13)
(4, 138, 1, '2019-06-14', 250, 2.5)
(5, 250, 1, '2019-06-15', 380, 6.13)
```

比较例19-4和例19-3显示结果中的变化，您就可以确定所做的插入操作已经成功了。

19.5　在应用程序中添加删除功能

扫一扫，看视频

　　将第17章中的Python源程序delete_orders.py复制到当前目录中（E:\python\ch19），利用Python的图形编辑器（也可以是命令行编辑器）打开这一源程序文件，删除最后两行代码并存盘。

　　利用Python的图形编辑器打开PySQL4.py源程序文件，在if语句的最后再添加一个elif语句，导入当前目录中的delete_orders模块，并执行这一模块中的主函数，如例19-5的Python程序代码所示。确认无误之后以PySQL5.py为文件名存盘（存入当前目录），随即运行该程序，在光标处输入字母d，将从SQLite数据库的指定表中删除特定的数据行。但是，Python执行完这一操作之后不会显示任何信息，为了确认删除已经成功完成，您可以再次输入字母q，重新查询SQLite数据库中指定表中的数据。

　　例19-5

```
print('=== This Application will process SQLite Data ===')
print()
print('Enter q for querying data from SQLite DB: \n')
print('Enter u for updating data in SQLite DB: \n')
print('Enter i for inserting data into SQLite DB: \n')
print('Enter d for deleting data from SQLite DB: \n')
print('Enter e for existing this application: \n')
while True:
    choice = input()
```

```
        if choice == 'e':
            break
        elif choice == 'q':
            import select_tables
            select_tables.main()
        elif choice == 'u':
            import update_orders
            update_orders.main()
        elif choice == 'i':
            import insert_tables
            insert_tables.main()
        elif choice == 'd':
            import delete_orders
            delete_orders.main()
        pass
=== This Application will process SQLite Data ===
Enter q for querying data from SQLite DB:
Enter u for updating data in SQLite DB:
Enter i for inserting data into SQLite DB:
Enter d for deleting data from SQLite DB:
Enter e for existing this application:
d
q
1. Query orders by p_code:
(3, 250, 1, '2019-06-15', 380, 6.13)
(5, 250, 1, '2019-06-15', 380, 6.13)
2. Query all orders
(1, 138, 1, '2019-06-14', 250, 2.5)
(3, 250, 1, '2019-06-15', 380, 6.13)
(4, 138, 1, '2019-06-14', 250, 2.5)
(5, 250, 1, '2019-06-15', 380, 6.13)
```

比较例19-5和例19-4显示结果中的变化，您就可以发现Orders表中的第二张订单已经被成功地删除掉了。

19.6　在应用程序中添加刷新提示信息的功能

虽然在19.5节中例19-5的Python程序代码已经完成了我们所需的全部功能，但是它存在一个缺陷，那就是：当在这个程序运行时，经过用户多次选择后，该程序的提示菜单可能已经滚动出目前显示的窗口。为了修补这一缺陷，我们将PySQL5.py文件中的Python源程序代码做一些修改，并在显示的提示菜单中加入一行有关刷新显示菜单操作的提示信息。

利用Python的图形编辑器打开PySQL5.py源程序文件，首先将原有的所有输出语句放在一个名为display_menu的新函数中，并在其中增加一行输出有关刷新显示菜单的提示信息的程序代码。随即调用display_menu函数显示所有的菜单提示信息。在if语句的最后再添加一个elif语句，并调用display_menu函数显示所有的菜单提示信息——刷新菜单提示信息，如例19-6的Python程序代码所示。确认无误之后以PySQL6.py为文件名存盘（存入当前目录中），随即运行该程序，在光标处输入字母q，查询SQLite数据库中指定表中的数据。与之前的例子相同，Python将显示从SQLite数据库的指定表中查询到的数据。接下来，如果您输入任何不在菜单选项中的字符，系统会不显示任何信息。而您输入字母r之后，Python就会刷新菜单的提示信息。

例 19-6

```
def display_menu():
    print('=== This Application will process SQLite Data ===')
    print()
    print('Enter q for querying data from SQLite DB: \n')
    print('Enter u for updating data in SQLite DB: \n')
    print('Enter i for inserting data into SQLite DB: \n')
    print('Enter d for deleting data from SQLite DB: \n')
    print('Enter r for refreshing Display Menu: \n')
    print('Enter e for existing this application: \n')
display_menu()
while True:
    choice = input()
    if choice == 'e':
        break
    elif choice == 'q':
        import select_tables
        select_tables.main()
    elif choice == 'u':
        import update_orders
        update_orders.main()
    elif choice == 'i':
        import insert_tables
        insert_tables.main()
    elif choice == 'd':
        import delete_orders
        delete_orders.main()
    elif choice == 'r':
        display_menu()
    pass
=== This Application will process SQLite Data ===
Enter q for querying data from SQLite DB:
Enter u for updating data in SQLite DB:
Enter i for inserting data into SQLite DB:
```

```
Enter d for deleting data from SQLite DB:
Enter e for existing this application:
q
1. Query orders by p_code:
(3, 250, 1, '2019-06-15', 380, 6.13)
(5, 250, 1, '2019-06-15', 380, 6.13)
2. Query all orders
(1, 138, 1, '2019-06-14', 250, 2.5)
(3, 250, 1, '2019-06-15', 380, 6.13)
(4, 138, 1, '2019-06-14', 250, 2.5)
(5, 250, 1, '2019-06-15', 380, 6.13)
w
r
=== This Application will process SQLite Data ===
Enter q for querying data from SQLite DB:
Enter u for updating data in SQLite DB:
Enter i for inserting data into SQLite DB:
Enter d for deleting data from SQLite DB:
Enter r for refreshing Display Menu:
Enter e for existing this application:
```

对比例19-5和例19-6显示结果中的变化，您是不是会发现例19-6的Python程序代码更实用？特别是在这个应用程序需要长时间运行时。

扫一扫，看视频

19.7 自动化以上应用程序

在之前所有的例子中，都是使用Python解释器来执行Python程序代码的。能不能在Windows操作系统上像执行普通的程序那样执行一个Python程序文件呢？当然可以，秘诀是使用Windows的批文件（.bat文件）。

接下来，以这一章的19.6节最后版本的程序PySQL6.py为例，演示如何使所编写的Python程序更像一个平常的Windows命令。

首先，启动Windows命令行窗口，并将当前目录切换到PySQL6.py文件所在的目录（E:\python\ch19）中，如例19-7的命令所示。

例 19-7

```
C:\Users\MOON>cd E:\python\ch19
C:\Users\MOON>e:
E:\python\ch19>
```

接下来，使用例19-8的命令，以命令行模式执行PySQL6.py文件中的程序代码。输入字母r刷新菜单，最后输入字母e退出应用程序。

例 19-8

```
E:\python\ch19>py pysql6.py
=== This Application will process SQLite Data ===
Enter q for querying data from SQLite DB:
Enter u for updating data in SQLite DB:
Enter i for inserting data into SQLite DB:
Enter d for deleting data from SQLite DB:
Enter r for refreshing Display Menu:
Enter e for existing this application:
r
=== This Application will process SQLite Data ===
Enter q for querying data from SQLite DB:
Enter u for updating data in SQLite DB:
Enter i for inserting data into SQLite DB:
Enter d for deleting data from SQLite DB:
Enter r for refreshing Display Menu:
Enter e for existing this application:
e
E:\python\ch19>
```

确认例19-8中运行PySQL6.py的命令没有任何问题之后，开启记事本并将python pysql6.py写入记事本，之后以pysqlite.bat为文件名存盘（存入当前目录中），如图19-1和图19-2所示。

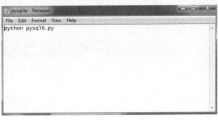

图19-1   图19-2

做完以上操作之后，在当前目录中就会出现一个名为pysqlite.bat的文件。接下来，在Windows命令行界面中输入例19-9的命令就可以执行pysqlite.bat文件中的命令了。注意：此时不需要输入文件的扩展名（.bat），而只输入文件名pysqlite就可以了。是不是更方便，也更专业？

例 19-9

```
E:\python\ch19>pysqlite
=== This Application will process SQLite Data ===
Enter q for querying data from SQLite DB:
Enter u for updating data in SQLite DB:
Enter i for inserting data into SQLite DB:
Enter d for deleting data from SQLite DB:
Enter r for refreshing Display Menu:
Enter e for existing this application:
```

```
e
E:\python\ch19>
```

为了节省篇幅，在以上的操作中直接输入字母e退出应用程序。有读者可能已经想到了是否可以像运行其他程序那样——使用鼠标左键双击该程序的图标的方法来运行pysqlite.bat文件？当然可以，还是那句老话——只有您想不到的，没有Python程序设计语言做不到的。

为了更加体现专业的效果，可以右击pysqlite.bat图标，在弹出的快捷菜单中选择Send to（发送到）命令，随后选择Desktop（桌面）命令将其发送到桌面上，如图19-3所示。右击pysqlite.bat图标，在弹出的快捷菜单中选择Rename（重新命名）命令，并将其名字修改为Python SQLite，如图19-4所示。

图19-3

图19-4

继续右击Python SQLite图标，在弹出的快捷菜单中选择Property（属性）命令，单击Change Icon（更改图标）按钮，如图19-5所示。随即出现如图19-6所示的更改图标窗口，选择您喜欢的图标，之后单击OK按钮，并在属性界面中单击Apply（应用）按钮就完成了修改图标的操作。

图19-5

图19-6

最后，双击Python SQLite的新图标以运行这个程序，随即弹出Windows命令行窗口，并显示所有菜单的提示信息，随后我们输入选项 r 刷新这个菜单，如图19-7所示。也可以输入其他的选项进行不同的测试，最后输入选项e退出该应用程序。

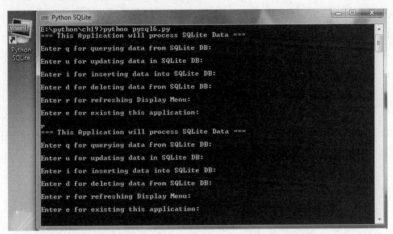

图 19-7

通过一些鼠标操作等，我们很快就将一个Python应用程序转换成了看上去就像Windows操作系统提供的命令一样，原来这看上去十分专业，其实也不过如此，您觉得呢？

19.8 应用系统设计与开发要注意的事项

掌握了程序设计语言和一些程序设计方法之后，读者将来可能会面对实际的应用系统开发。与其他的工程项目相比，软件项目失败的比例非常高，无论在国内还是在国外。大型软件项目在投入了大批的设计人员和开发人员，几百万元、几千万元甚至上亿元资金并经过了多次项目延期，最后血本无归的例子是屡见不鲜。而且更重要的是，即使一些世界知名的IT巨头也都有一些大型软件项目失败的惨痛经历。这可能是因为软件产业本身是一个新兴的产业，而且发展的速度太快了。

因为本书只是一本介绍Python程序设计的书，没有办法全面、细致地解释软件工程方面的知识和方法。在这一节中，我们将简要地列出和介绍在实际应用系统开发时要注意的一些重要的事项。

绝大部分的公司或机构的业务都基本上满足二八定律——公司中20%的功能完成了公司80%的业务。有经验的应用系统设计者或开发者，在启动应用系统开发项目时会将重点聚焦在那20%的核心业务上。一般会将核心业务（功能）划分成若干个业务模块，如果可能就首先实现最核心的业务模块，并尽快让这部分系统运行起来（用户可以使用这部分系统）。因为只要应用系统实现了公司中最核心的业务，以后公司的管理层会很愿意配合，甚至项目延期乃至追加经费都变得比较容易。

有时实现最核心的业务可能困难特别大，这时可以退而求其次，首先实现排在第二位的核心业务。通过开发这个应用模块的过程，设计人员和开发人员可以进一步理解公司的业务，甚至可以影响公司管理层对最核心业务模块的要求做某些必要的修改。

另一个要注意的问题是，许多刚入行的程序员（开发人员）习惯于追求完美——竭尽所能要开发出一个尽善尽美的程序来。这是非常危险的，因为在实际工作中，经费、时间甚至人员都是有限的——必须在这些资源的限制之内开发出应用系统来。在实际工作中，您要以最快的时间和最少的资源投入先开发出一个用户可以接受的系统，之后再不断优化和升级。只有这样，您的系统才能快速地占领市场、锁住客户并获得利润。许多流行的软件系统都是在经过无数次升级之后才成为大家离不开的应用软件。所以永远不要梦想开发出一个完美的软件系统，并且只能在现有资源的基础之上开发系统，任何超出资源限制的设计方案都不需要考虑。

如果将来使用Python程序设计语言或类似的程序设计语言开发应用程序，那么本章所介绍的应用系统集成的方法基本上够用了，当然还要对一些细节进行修改和完善。一般的原则是在开发函数或模块时应尽可能地开发通用函数和模块，以便提高程序代码的重用率。但是在通用的道路上也不能走得太远，因为越通用，代码就越抽象，也就越难阅读和理解。所以在实际工作中，要在代码的通用和易读之间进行一种巧妙的折中。

在实际工作中，如果有若干个设计可以满足要求，一般应该选择最简单的设计。因为简单的设计容易实现，出问题的概率小，易于维护，也易于推广，而且可以减少开发费用。

最初，我本来想使用Oracle的模块来讲解应用系统的集成，但是经过认真考虑还是决定使用SQLite比较好。因为我担心Oracle对于一些初学者来说可能过于复杂了，而这本书只是一本Python程序设计语言的书，没有必要让读者在这一方面投入过多的时间和精力。

依照我个人的学习和工作经历，我认为：如果初学者要学习计算机程序设计，Python程序设计语言应该是最合适的选择。因为与几乎任何目前流行的高级程序设计语言相比，Python程序设计语言都是最容易掌握的一种高级程序设计语言，而且利用它几乎可以从事绝大多数领域的程序开发工作。如果读者想学习SQL语言和基于数据库的应用程序的开发，在开始阶段SQLite数据库应该是最好的选择。因为它非常简单，而且不需要维护和管理，同时却包括了标准SQL的所有功能。我曾写过多本Oracle和Linux方面的书籍，读者问我最多的问题都是有关系统的安装、配置和维护方面的，真正SQL或编程的问题却不多。这也是我愿意花时间写这本Python程序设计书的主要原因之一，因为读者完全不需要为安装、管理、维护Python系统这些琐碎的事情分心和发愁了，而将精力都集中在学习程序设计上。

由于我很早就进入IT这个行当，所以使用过许多应用系统。发现绝大多数系统虽然能对付着完成一些日常工作，但是都很差。当时年轻气盛也是抱怨连连。随着年龄的增长和工作经验的积累，许多年后回过头来看当时的系统，却开始对那些系统的设计者和开发者们产生了敬佩感，这些IT前辈们居然能在那么差的环境下开发出可以工作的系统，实属不易。当我们在评价别人时是非常容易的，但是当自己负责设计和开发真正的系统时就会发现我们受到了方方面面的限制，能在现有资源的情况下开发出一个用户能够接受的系统已经是一件相当不容易的事情了。

如果读者将来有机会参与开发大型软件系统，一定要沉得住气。在一个大型项目中，并不是每个人都把心思放在项目上的。有些人可能希望通过项目安插自己人，或捞取个人的利益，当然也有人是混日子。有时，项目进展到一定程度，您就可能发现这个项目注定不会成功。可能有人觉得如果是这样，干脆就及早退出这个项目。其实完全没有必要，一个项目的成功与否与它的技术含量没什么直接的关系。一个失败的项目照样可以培养出一支出色的技术队伍，甚至一批专家来（UNIX的设计者就是由一个失败的大型操作系统项目培养出来的）。您可以通过这个失败的项目学习到许多平时学不到的东西，因为已经知道项目不可能成功了，您就可以将重心放在锻炼和提升自己的知识与技能上了。这样是不是更轻松？

结　束　语

　　通过前面的学习，相信读者应该已经掌握了Python程序设计语言。可能读者已经意识到了，如果使用Python语言进行程序设计，那么计算机的程序设计并不是想象中或传说中的那么难。学习Python程序设计是有规律可循的，只要掌握了其中的规律，再加上反复的实践，掌握Python程序设计语言甚至成为这一行中的专家都只是一个时间的问题。相信通过本书的学习，读者已经熟悉了使用Python程序设计语言进行程序设计的规律。

　　如果觉得对Python的知识点掌握得还不够熟练，可以通过重复练习不熟悉的部分来逐步熟练掌握Python程序设计语言的使用。同遗忘做斗争是每个人都必须面对的问题。人们越想记住的事情就越容易忘记，而越想忘掉的痛苦却永远挥之不去，因为只有牢记危险和痛苦，才不至于犯同样的致命错误以至于付出生命的代价。科学家已经证明要想使学到的知识或技能不被遗忘，唯一的方法是重复，而且要重复、重复、再重复，正所谓温故而知新。另外，在错误中学习。人们在错误中，特别是在大的错误或灾难中学习到的东西是最不容易被忘记的，也就是说错误是最好的老师。因此，学会Python程序设计语言的两件法宝就是重复与不怕犯错误。

　　学习任何软件系统，兴趣也是挺重要的。如果在学习Python程序设计语言时，突然有什么奇思妙想，不妨在计算机系统上试一试，没准就有一个伟大的新发现诞生了。

　　另外，做一些好玩的实验对学习和掌握Python程序设计语言也有很大的帮助，没准玩着玩着就把自己玩成了一个Python程序设计语言的专家。要想成为Python程序设计语言的大牛、专家，就需要不懈地努力，要坚持下去。想想看，您若是捧着一本名著没事就看，看上它几百遍甚至几千遍，不也能成为什么学的专家了吗？一件事做长了、做久了、做熟了，自然而然就成了专家。正所谓"专家都从菜鸟来，牛人全靠熬出来"。

　　通常，要熟练地掌握一门能保住饭碗的手艺（技能）需要较长的时间反复地练习才行。因此最好将本书中的例题在计算机上至少做一遍，在实际工作中当应用程序出问题时，一般是没有很多的时间查书的，作为IT的专业人员，您必须在很短的时间内就开始工作并能够快速地解决问题。正因为这样，您平时就要把常用的Python语句操作练熟。

　　重复学习或重复培训是一件非常浪费资源的事，为了不使读者陷入那种不停地重复培训和重复学习的怪圈，本书系统而全面地讲解了在这一级别Python程序设计语言从业人员工作中常用和可能用到的几乎所有的知识与技能。因此，读者在几乎完全掌握了本书的内容之后，就不用再重复学习类似的课程了，可以上到一个新的层次，学习更高级的课程。另外，与C语言类似，Python程序设计语言是一种相当稳定的程序设计语言，许多语句和结构很多年甚至从它问世以来就没什么变化。因此，只要读者认真地学会了一个版本的Python程序设计语言，升级就变得非常容易了。也就是说，使用已经掌握的Python程序设计语言知识和技能，就可以在软件开发行当里长期干下去了。

　　读者应该已经发现了，本书差不多每一章中都有很多例题，这些例题对您理解书中的内容很有帮助。科学已经证明：文字作为一种交流的工具，它的承载能力要比声音和图像小。正因为如此，在本书的许多章节中都附有一些图片，帮助读者加深对所学知识的理解和掌握。书作为一种古老的单向交流工具，它的承载能力是很有限的，因此产生二义性几乎是不可避免的。基于以上原因，当您看书时，有些内容看一遍看不懂是很正常的。这时通过上机做例题可能会帮助您理解。只要理解了书中所介绍的内容，就达到了目的。至于是通过上机做练习或通过阅读书中的解释学会的，还是看书中的图示学会的，并不重要。

　　学习Python程序设计语言（或其他命令行系统）有点像煲汤，要用文火慢慢地煲，时间越长效果越好，千万不要性急，欲速则不达。只要读者有信心坚持下去，成为Python方面的"大虾"和专家没有任何问题。

　　即使您学会了此书之后并没有从事Python方面的工作，您也会发现这本书所介绍的不少知识和技能同样可以套用到其他应用系统上，而且理解了Python之后，学习其他的软件应用系统或数据库管理系统会变得简单多了，因为许多软件系统的知识是相通的。

　　希望读者能喜欢这本书，更希望本书所介绍的内容能使读者真正领悟Python程序设计语言，并能对读者今后的IT生涯有所帮助。时间会做出正确的回答。如果读者对本书有任何意见，欢迎通过前言中的QQ联系方式与我们联系。

　　最后，恭祝读者顺利地完成Python的学习之旅，并像我们书中的那些毛孩子一样好运滚滚来，"前途是光明的，道路是曲折的"。

何明